城镇规划设计指南丛书

城镇生态建设

骆中钊　戴　俭　张　磊　张惠芳 ▪ 总主编
李　燃　刘少冲 ▪ 主　编
闫　佩　彭建东 ▪ 副主编

中国林业出版社

图书在版编目（CIP）数据

城镇生态建设 / 骆中钊等总主编 . -- 北京：中国林业出版社，2020.8

（城镇规划设计指南丛书）

ISBN 978-7-5219-0663-9

Ⅰ . ①城… Ⅱ . ①骆… Ⅲ . ①城镇 – 生态环境建设 – 城市规划 Ⅳ . ① TU984

中国版本图书馆 CIP 数据核字 (2020) 第 120557 号

策　　划：纪　亮

责任编辑：王思源　　李　顺

出版：中国林业出版社（100009 北京西城区刘海胡同 7 号）

网站：http://www.forestry.gov.cn/lycb.html

印刷：河北京平诚乾印刷有限公司

发行：中国林业出版社

电话：（010）8314 3573

版次：2020 年 8 月第 1 版

印次：2020 年 8 月第 1 次

开本：1/16

印张：13.25

字数：280 千字

定价：76.00 元

编委会

组编单位：

世界文化地理研究院

国家住宅与居住环境工程技术研究中心

北京工业大学建筑与城规学院

承编单位：

乡魂建筑研究学社

北京工业大学建筑与城市规划学院

天津市环境保护科学研究院

北方工业大学城镇发展研究所

燕山大学建筑系

方圆建设集团有限公司

编委会顾问：

国家历史文化名城专家委员会副主任　郑孝燮

中国文物学会名誉会长　谢辰生

原国家建委农房建设办公室主任　冯　华

中国民间文艺家协会驻会副会长党组书记　罗　杨

清华大学建筑学院教授、博导　单德启

天津市环保局总工程师、全国人大代表　包景岭

恒利集团董事长、全国人大代表　李长庚

编委会主任：骆中钊

编委会副主任：戴　俭　张　磊　乔惠民

编委会委员：

世界文化地理研究院　骆中钊　张惠芳　乔惠民　骆　伟　陈　磊　冯惠玲

国家住宅与居住环境工程技术研究中心　仲继寿　张　磊　曾　雁　夏晶晶　鲁永飞

中国建筑设计研究院　白红卫

方圆建设集团有限公司　任剑锋　方朝晖　陈黎阳

北京工业大学建筑与城市规划学院　戴　俭　王志涛　王　飞　张　建　王笑梦　廖含文　齐　羚

北方工业大学建筑艺术学院　张　勃　宋效巍

燕山大学建筑系　孙志坚

北京建筑大学建筑与城市规划学院　范霄鹏

合肥工业大学建筑与艺术学院　李　早

西北工业大学力学与土木建筑学院　刘　煜

大连理工大学建筑环境与新能源研究所　陈　滨

天津市环境保护科学研究院　温　娟　李　燃　闫　佩

福建省住建厅村镇处　李　雄　林琼华

福建省城乡规划设计院　白　敏

《城乡建设》全国理事会　汪法濒

《城乡建设》　金香梅

北京乡魂建筑设计有限责任公司　韩春平　陶茉莉

福建省建盟工程设计集团有限公司　刘　蔚

福建省莆田市园林管理局　张宇静

北京市古代建筑研究所　王　倩

北京市园林古建设计研究院　李松梅

编者名单

1《城镇建设规划》

总主编　骆中钊　戴　俭　张　磊　张惠芳
主　编　刘　蔚
副主编　张　建　张光辉

2《城镇住宅设计》

总主编　骆中钊　戴　俭　张　磊　张惠芳
主　编　孙志坚
副主编　陈黎阳

3《城镇住区规划》

总主编　骆中钊　戴　俭　张　磊　张惠芳
主　编　张　磊
副主编　王笑梦　霍　达

4《城镇街道广场》

总主编　骆中钊　戴　俭　张　磊　张惠芳
主　编　骆中钊
副主编　廖含文

5《城镇乡村公园》

总主编　骆中钊　戴　俭　张　磊　张惠芳
主　编　张惠芳　杨　玲
副主编　夏晶晶　徐伟涛

6《城镇特色风貌》

总主编　骆中钊　戴　俭　张　磊　张惠芳
主　编　骆中钊
副主编　王　倩

7《城镇园林景观》

总主编　骆中钊　戴　俭　张　磊　张惠芳
主　编　张宇静
副主编　齐　羚　徐伟涛

8《城镇生态建设》

总主编　骆中钊　戴　俭　张　磊　张惠芳
主　编　李　燃　刘少冲
副主编　闫　佩　彭建东

9《城镇节能环保》

总主编　骆中钊　戴　俭　张　磊　张惠芳
主　编　宋效巍
副主编　李　燃　刘少冲

10《城镇安全防灾》

总主编　骆中钊　戴　俭　张　磊　张惠芳
主　编　王志涛
副主编　王　飞

总前言

习近平总书记在党的十九大报告中指出，要“推动新型工业化、信息化、城镇化、农业现代化同步发展”。走“四化”同步发展道路，是全面建设中国特色社会主义现代化国家、实现中华民族伟大复兴的必然要求。推动“四化”同步发展，必须牢牢把握新时代新型工业化、信息化、城镇化、农业现代化的新特征，找准“四化”同步发展的着力点。

城镇化对任何国家来说，都是实现现代化进程中不可跨越的环节，没有城镇化就不可能有现代化。城镇化水平是一个国家或地区经济发展的重要标志，也是衡量一个国家或地区社会组织强度和管理水平的标志，城镇化综合体现一国或地区的发展水平。

从20世纪80年代费孝通提出“小城镇大问题”到国家层面的“小城镇大战略”，尤其是改革开放以来，以专业镇、重点镇、中心镇等为主要表现形式的特色镇，其发展壮大、联城进村，越来越成为做强镇域经济，壮大县区域经济，建设社会主义新农村，推动工业化、信息化、城镇化、农业现代化同步发展的重要力量。特色镇是大中小城市和小城镇协调发展的重要核心，对联城进村起着重要作用，是城市发展的重要递度增长空间，是小城镇发展最显活力与竞争力的表现形态，是“万镇千城”为主要内容的新型城镇化发展的关键节点，已成为镇城经济最具代表性的核心竞争力，是我国数万个镇形成县区城经济增长的最佳平台。特色与创新是新型城镇可持续发展的核心动力。生态文明、科学发展是中国新型城镇永恒的主题。发展中国新型城镇化是坚持和发展中国特色社会主义的具体实践。建设美丽新型城镇是推进城镇化、推动城乡发展一体化的重要载体与平台，是丰富美丽中国内涵的重要内容，是实现“中国梦”的基础元素。新型城镇的建设与发展，对于积极扩大国内有效需求，大力发展服务业，开发和培育信息消费、医疗、养老、文化等新的消费热点，增强消费的拉动作用，夯实农业基础，着力保障和改善民生，深化改革开放等方面，都会产生现实的积极意义。而对新城镇的发展规律、建设路径等展开学术探讨与研究，必将对解决城镇发展的模式转变、建设新型城镇化、打造中国经济的升级版，起着实践、探索、提升、影响的重大作用。

《中共中央关于全面深化改革若干重大问题的决定》已成为中国新一轮持续发展的新形势下全面深化改革的纲领性文件。发展中国新型城镇也是全面深化改革不可缺少的内容之一。正如习近平同志所指出的“当前城镇化的重点应该放在使中小城市、小城镇得到良性的、健康的、较快的发展上”，由“小城镇 大战略”到“新型城镇化”，发展中国新型城镇是坚持和发展中国特色社会主义的具体实践，中国新型城镇的发展已成为推动中国特色的新型工业化、信息化、城镇化、农业现代化同步发展的核心力量之一。建设美丽新型城镇是推动城镇化、推动城乡一体化的重要载体与平台，是丰富美丽中国内涵的重要内容，是实现“中国梦”的基础元素。实现中国梦，需要走中国道路、弘扬中国精神、凝聚中国力量，更需要中国行动与中国实践。建设、发展中国新型城镇，就是实现中国梦最直接的中国行动与中国实践。

城镇化更加注重以人为核心。解决好人的问题是推进新型城镇化的关键。新时代的城镇化不是简单地把农村人口向城市转移，而是要坚持以人民为中心的发展思想，切实提高城镇化的质量，增强城镇对农业转移人口的吸引力和承载力。为此，需要着力实现两个方面的提升：一是提升农业转移人口的市民化水平，使农业转移人口享受平等的市民权利，能够在城镇扎根落户；二是以中心城市为核心、周边中小城市为支撑，推进大中小城市网络化建设，提高中小城市公共服务水平，增强城镇的产业发展、公共服务、吸纳就业、人口集聚功能。

为了推行城镇化建设，贯彻党中央精神，在中国林业出版社支持下，特组织专家、学者编撰了本套丛书。丛书的编撰坚持三个原则：

1. 弘扬传统文化。中华文明是世界四大文明古国中唯一没有中断而且至今依然充满着生机勃勃的人类文明，是中华民族的精神纽带和凝聚力所在。中华文化中的“天人合一”思想，是最传统的生态哲学思想。丛书各册开篇都优先介绍了我国优秀传统建筑文化中的精华，并以科学历史的态度和辩证唯物主义的观点来认识和对待，取其精华，去其糟粕，运用到城镇生态建设中。

2. 突出实用技术。城镇化涉及广大人民群众的切身利益，城镇规划和建设必须让群众得到好处，才能得以顺利实施。丛书各册注重实用技术的筛选和介绍，力争通过简单的理论介绍说明原理，通过翔实的案例和分析指导城镇的规划和建设。

3. 注重文化创意。随着城镇化建设的突飞猛进，我国不少城镇建设不约而同地大拆大建，缺乏对自然历史文化遗产的保护，形成“千城一面”的局面。但我国幅员辽阔，区域气候、地形、资源、文化乃至传统差异大，社会经济发展不平衡，城镇化建设必须因地制宜，分类实施。丛书各册注重城镇建设中的区域差异，突出因地制宜原则，充分运用当地的资源、风俗、传统文化等，给出不同的建设规划与设计实用技术。

从书分为建设规划、住宅设计、住区规划、街道广场、乡村公园、特色风貌、园林景观、生态建设、节能环保、安全防灾这10个分册，在编撰中得到很多领导、专家、学者的关心和指导，借此特致以衷心的感谢！

丛书编委会

前　言

2012年，党的十八大第一次明确提出了“新型城镇化”概念。新型城镇化是以城乡统筹、城乡一体、产城互动、节约集约、生态宜居、和谐发展为基本特征的城镇化，是大中小城市、小城镇、新型农村社区协调发展、互促共进的城镇化。2013年，十八届三中全会进一步阐明新型城镇化的内涵和目标，即“坚持走中国特色新型城镇化道路，推进以人为核心的城镇化，推动大中小城市和小城镇协调发展”。新型城镇化已上升为新时期的国家战略，并成为未来我国城镇化发展的主要方向和战略。新型城镇化对推动“三农”发展、全面建成小康社会、加快推进社会主义现代化及实现“中国梦”都具有重大意义。2015年2月10日，中共中央总书记、中央财经领导小组组长习近平在中央财经领导小组第九次会议上强调，城镇化是一个自然历史过程，涉及面很广，要积极稳妥推进，越是复杂的工作越要抓到点子上，突破一点，带动全局。稳步推进新型城镇建设，对于我国的社会主义新农村建设和城镇化战略均具有重要意义。

随着我国城镇化进程的不断推进，取得高速发展显著成绩的同时，生态环境问题作为城镇化建设的副产品，逐渐对城乡居民生活构成了现实威胁。土地浪费、重复建设现象普遍，尤其是在小城镇建设初期，对城镇功能、性质和定位的不明确，且城镇规划的不完善和不延续，致使城镇建设求大求全，城区内部工业、商业、住宅等功能分区混杂，不仅造成土地等各种资源的严重浪费，也给城镇的后续发展和提升造成极大的障碍。同时，城镇化建设不仅带来人口密度的快速增大，也对生态环境造成严重破坏，生态建设的非自然化倾向突出，普遍存在填垫水面、砍伐树木、破坏植被，追求大广场、大草坪、人工护砌河道的非自然化倾向，有些地方甚至造成对当地自然物种的浩劫，加之城市环境基础设施薄弱等造成的环境污染，加剧了生态恶化的进程。传统村舍的不断消失、地区特色文化的失落、城镇建设“千篇一律，千城一面”、生态环境与人文景观破坏等，都严重制约着我国城镇化的水平和质量。因此，为了建设以人为核心的新型城镇，实现城镇的可持续发展，其社会经济发展必须要与生态环境相协调，注重地域差异，关照人文情怀，重视生态建设，让城市融入大自然，让居民望得见山、看得见水、记得住乡愁。

本书是“城镇规划设计指南丛书”中的一册。书中深入分析了新型城镇建设与生态环境变化的关系以及新型城镇发展所面临的生态环境问题，在此基础上明确了其走可持续发展之路的必要性；对新型城镇生态建设的理论基础进行了系统梳理，并结合国内外城镇生态建设的实践，对我国新型城镇的生态建设提出建议；较为系统地介绍了新型城镇生态功能区划的理论和方法，梳理了生态新型城镇可持续发展的指标体系，并结合典型案例总结出生态新型城镇指标体系构建的方法及共性技术；结合案例分别介绍了工业开发型、生态农业型、旅游服务型、历史文化名城型、城区卫星型、生态退化型等不同类型城镇的生态建设理念和模式；分章节深入介绍了新型城镇的生态景观建设、生态住区规划建设和古村落生态文化保护的规划设计的理论和方法；介绍了新型城镇生态建设案例，以便读者阅读参考。

书中内容丰富，观念新颖，是一本理论与实践相结合的新型城镇生态建设参考读物。可供从事新型城镇建设的规划师、建筑师、环境保护设计师和管理人员在工作中参考，适合广大群众阅读，也可供各大院校相关专业师生教学参考，还可作为新型城镇建设设计和管理人员的培训教材。

在本书编著过程中，参考了国内外城镇化建设相关研究领域的众多资料和科研成果，在此向有关作者致以衷心的感谢。由于时间及水平有限，书中难免出现错误、疏漏之处，敬请专家、学者及广大读者批评指教。

骆中钊

于北京什刹海畔滋善轩乡魂建筑研究学社

目　录

4 新型城镇生态功能区划

5 新型城镇可持续发展的生态指标体系

6 新型城镇的生态环境建设

7 新型城镇的生态景观建设

8 新型城镇生态住区规划与建筑设计

（提取码：t7qi）

1 概论

随着社会进步和经济发展，城镇规模不断扩大，城镇化进程日益加快。党的十五届三中全会明确提出：“发展小城镇，是带农村经济和社会发展的一个大战略”。2000年6月13日，党中央、国务院又下发了《关于促进小城镇健康发展的若干意见》，将小城镇的发展工作提上了重要议事日程。党的十六届五中全会通过的《中共中央关于制定国民经济和社会发展第十一个五年规划的建议》中明确提出了建设社会主义新农村的重大历史任务。2005年12月31日，党中央国务院下发了《关于推进社会主义新农村建设的若干意见》，显示了党中央解决“三农”问题的决心。

2012年11月党的十八大第一次明确提出了“新型城镇化”概念，新型城镇化是以城乡统筹、城乡一体、产城互动、节约集约、生态宜居、和谐发展为基本特征的城镇化，是大中小城市、小城镇、新型农村社区协调发展、互促共进的城镇化。2013年党的十八届三中全会则进一步阐明新型城镇化的内涵和目标，即“坚持走中国特色新型城镇化道路，推进以人为核心的城镇化，推动大中小城市和小城镇协调发展”。可以看出，新型城镇化已上升为新时期的国家战略。2014年3月17日，国务院颁布《国家新型城镇化规划（2014—2020年）》，明确规定了未来6年中国城镇化要实现的目标。

新型城镇化承载着亿万人民特别是广大农民群众过上美好生活的梦想。建设新型城镇化，这对推动“三农”发展、全面建成小康社会、加快推进社会主义现代化及实现“中国梦”都具有重大意义。2015年2月10日，中共中央总书记、中央财经领导小组组长习近平在中央财经领导小组第九次会议上强调，城镇化是一个自然历史过程，涉及面很广，要积极稳妥推进，越是复杂的工作越要抓到点子上，突破一点，带动全局。稳步推进新型城镇建设，对于我国的社会主义新农村建设和城镇化战略均具有重要意义。为了实现新型城镇的可持续发展，其社会经济发展必须要与生态环境保护相协调，必须重视新型城镇的生态建设和环境保护规划。

1.1 新型城镇建设与生态环境变化

1.1.1 城镇化概述

（1）城镇化的定义

城镇化，或称城市化、都市化，是英文单词urbanization的不同译法。Urban（城市）是Rural（农村）的反义词，除农村居民点外，镇及镇以上的各级居民点都属Urban Place（城镇地区），它既包括City，也包括Town。对于城镇化可以从不同的角度加以研究和表述。

地理学中对城镇化的理解是：由于社会生产力的发展而引起的农业人口向城镇人口，农村居民点形式向城市居民点形式转化的全过程。包括城市人口比重和城市数量的增加，城市用地的扩展，以及城市居民生活状况的实质性改变等。

人口学中对城镇化的定义是：农业人口向非农业人口转化并在城市集中的过程。表现在城市人口的自然增加，农村人口大量涌入城市，农业工业化，农村日益接受城市的生活方式。

社会学中对城镇化的定义是：农村社区向城市社区转化的过程。包括城市数量的增加，规模的扩大；城市人口在总人口中比重的增长；公用设施、生活方式、组织体制、价值观念等方面城市特征的形成和发展，以及对周围农村地区的传播和影响。一般以城市人口占总人口中的比重衡量城镇化水平。城镇化受社会经济发展水平的制约。

可以看出，城镇化是一个涉及社会、经济与空间等诸多因素的复杂的人口迁移过程，《中华人民共和国国家标准城市规划术语》中采用了比较综合的观点将城市化定义为："人类生产与生活方式由农村型向城市型转化的历史过程，主要表现为农村人口转化为城市人口及城市不断发展完善的过程。"

但综合来说，现代城镇化的概念有其明确的过程和完整的含义：

1）工业化导致城市人口的增加；

2）单个城市地域的扩大及城市关系圈的形成和变化；

3）拥有现代市政服务设施系统；

4）城市生活方式、组织结构、文化氛围等上层建筑的形成；

5）集聚程度达到称为"城镇"的居民点数目日益增加。

（2）世界城市化发展的历史、现状及趋势

人类生活方式进化大体经历了三个阶段：即以靠自然界谋生的游牧生活阶段，以靠农田谋生的田园生活阶段、以靠城市谋生的工业化、城市化阶段。据估计，1800 年世界城市人口为 2700 万，仅占世界总人口的 3% 左右。真正"使城市主宰了世界"的是18 世纪中叶的工业革命，它开启了世界城市化的进程。表 1-1 列举了 1950 年到 2001 年世界人口城市化的进程情况。

表 1-1 1950 ～ 2001 年世界人口的城市化进程情况
（UN World Urbanization Prospects-The 1999 Revision；UN Urban and Rural Areas 2001）

年 份	世界		发达地区		发展中地区	
	城市人口（亿人）	城市人口比重（%）	城市人口（亿人）	城市人口比重（%）	城市人口（亿人）	城市人口比重（%）
1950	7.49	29.7	4.46	54.9	3.03	17.8
1955	8.71	31.6	5.01	58.0	3.7	19.6
1960	10.16	33.6	5.62	61.4	4.54	21.6
1965	11.84	35.3	6.25	64.6	5.59	23.6
1970	13.56	36.7	6.81	67.6	6.74	25.1
1975	15.43	37.9	7.33	70.0	8.09	26.8
1980	17.57	39.6	7.73	71.5	9.83	29.3
1985	20.03	41.4	8.09	72.7	77.93	32.1
1990	22.92	43.5	8.47	73.8	14.44	35.1
1995	25.6	45.2	8.78	74.9	16.82	37.4
2000	28.45	47.0	9.02	76.0	19.42	39.9
2001	29.23	47.7	9.01	75.5	20.21	40.9

由此可见，1950 年至今是城市化快速发展、全世界基本实现城市化的阶段。

据联合国资料，到 2025 年，发达国家的城市化水平预计将达 84%；发展中国家将达 57.0%。此外，正在或即将发生的世界经济的结构性变化，如服务业、交通业和通信业的革命也将成为城市化的主要动力。"世界正向'城市世界'方向发展，21 世纪将成为真正的城市化世纪"。

（3）我国城镇化进程及其重要意义

据国家统计局资料，我国的城镇化水平，1978 年为 17.9%，1990 年为 26.4%，2001 年为 37.7%，2009 年为 46.6%，2013 年为 53.7%。"十二五"期间，我国的城镇化水平将达到 51.5%。1978 ～ 2013 年，全国设市城市由 193 个增加到 657 个，其中地级以上城市由 98 个增加到 287 个，城区人口由 0.77 亿人增加到 3.40 亿人，建成区面积增加到 3.81 万 km^2。

不论从城镇化发展的世界背景和一般规律，还是从中国社会经济发展和工业化、城镇化水平及趋势来看，我国都已进入城镇化加速发展的阶段。“推进城镇化”战略已成为21世纪中国社会经济发展的重点，是“我国现代化建设必须完成的历史任务，是促进国民经济良性循环和社会协调发展的重大举措”。

我国城镇化是新一轮财富积累的基本动力。城市作为技术进步的中心，既是先进技术的生产者和供应者，又是先进产品的消费者和需求者。存在于城市的强大购买力和旺盛的需求，促进了高利润和高附加值产品的销售与消费，城市在新一轮财富积累中扮演了特殊的角色，并处于整个经济活动的中心地位。

我国城镇化是信息时代“五流”交汇的网络节点。虚拟现实技术，将我国960万km^2的土地设置为一个巨大的平面，整个平面的物质流、能量流、信息流、人才流和资金流（五流）的运动能力和轨迹形成了巨大的动态体系，而散布着的城市和市镇，组成了巨大动态体系上的“节点”。通过“节点”对“五流”起到吞吐、储存、影响、调控、优化等作用，完成对于经济、社会活动的塑造与制约，这将直接影响到整个区域的发展与进步。

我国城镇化是培育科技竞争力的创新源头。我国城镇化的一项重大战略任务，首先要在中国的城市中大力推动科技创新，既提高城市本身的基础实力，也为整个国家的竞争能力添加动力。科技创新能力的培育与建设是解除经济与社会发展的约束“瓶颈”、推进经济与社会可持续发展、加速我国现代化建设步伐的关键之举。我国城镇化是培育科技成果转化的基地。

我国城镇化是实现可持续发展目标的操作关键。可持续发展目标的实现，从国家战略层面上必须首先将城市作为重点，对城市的外延与内涵进行整体的寻优，在城市健康发展的前提下，把可持续发展的理念和行动充分贯彻到国家各类能力建设的领域中去，通过城市的可持续发展促使其他各类可持续发展战略目标顺利完成。为了把握城市健康发展在国家可持续发展战略中的地位和作用，拟定出了城市可持续发展能力建设的度量体系（图1-1）。

1.1.2 新型城镇建设概述

（1）新型城镇化的定义

“新型城镇化”一词由来已有10余年，公认最早是伴随党的十六大“新型化”战略提出，主要是依托产业融合推动城乡一体化。然而“新型城镇化”被广大中国百姓熟知是在党的十八大，特别是2012年中央经济工作会议首次正式提出“把生态文明理念和原则全面融入城镇化全过程，走集约、智能、绿色、低碳的新型城镇化道路”及将之确立为未来中国经济发展新的增长动力和扩大内需的重要手段之后，才越来越受到各行业和学界人士的关注。

“新型城镇化”是在“城镇化”概念的基础上进一步展开，其在人口集聚、非农产业扩大、城镇空间扩张和城镇观念意识转化4个方面与“传统的”城

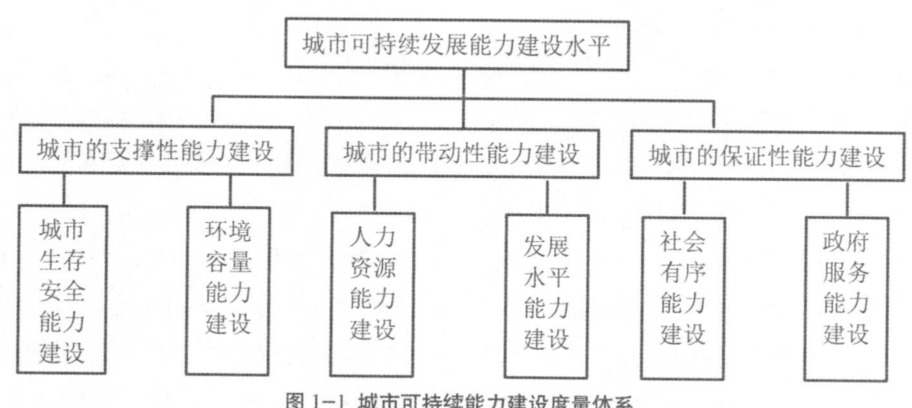

图1-1 城市可持续能力建设度量体系

镇化概念并无显著差异。但在实现这种过程的内涵、目标、内容与方式上有所区别。实际上，由于各行业、领域的针对性和研究的侧重点不同，“新型城镇化”至今尚无统一和明确的定义。本书，认为所谓新型城镇化是以民生、可持续发展和质量为内涵，以追求平等、幸福、转型、绿色、健康和集约为核心目标，以实现区域统筹与协调一体、产业升级与低碳转型、生态文明和集约高效、制度改革和体制创新为重点内容的崭新的城镇化过程。

（2）新农村建设背景下新型城镇建设的意义

《中共中央关于制定国民经济和社会发展第十一个五年规划的建议》中明确提出建设社会主义新农村的重大历史任务。与以往的新农村建设提法不同，这一次是以城带乡、以工补农、统筹城乡的战略高度来考虑新农村建设。推进城镇化与建设新农村，是中国现代化战略布局相辅相成、不可或缺的两个重要组成部分。新型城镇上联城市下接农村，是新农村建设的切入点。稳步推进新型城镇建设，对于我国社会主义新农村建设和城镇化战略均具有重要意义。

1）新型城镇建设是解决“三农”问题的根本出路

“三农问题”是指农业、农村、农民这三个问题。“三农问题”是农业文明向工业文明过渡的必然产物。但解决“三农”问题，不能局限在“三农”问题内部解决，需要“跳出三农看三农”——要解决农业问题，就要大力发展非农产业：要解决农村问题，就要促进新型城镇发展；要解决农民问题，就要大量转移农村富余劳动力。通过新型城镇聚集起来的人口，使商品生产和交换有了市场和基础，进而逐步形成较为复杂的商品生产和交换，带动农村非农产业发展，激活农村经济，并在原有乡镇企业发展的基础上，加快农村工业化的进程；非农产业的发展不但可以缓解过去以“过密化”为特征的人多地少矛盾，实现土地流转和规模经营，同时可以增加就业空间，提高农民收入，促进农村劳动力当地就业，解除外出务工之忧，成为农村劳动力转移的突破口，避免农村人口盲目流入大城市，减轻大中城市的压力。

2）新型城镇建设是城乡协调发展的“平衡杆”

新型城镇处于城乡结合的位置，依托大中城市，面向广阔的农村，是吸纳和集聚农村富余劳动力的最适宜的地域空间和农村工业发展中心，也是农村经济、政治、商业、文化、教育和服务的中心，是联系城市和乡村的纽带，在城镇化进程中起着承上启下的作用。在大中小城市合理发展的基础上，有选择地重点发展新型城镇，对于缩小城乡差别、打破城乡经济的二元结构、促进城乡空间的逐步融合，最终实现全面小康社会具有重要意义。

3）新型城镇是城镇化的“推进剂”

新型城镇有强大的辐射带动作用。在城镇建设方面，新型城镇具有较为完善的城市基础设施和医疗、养老、教育等社会保障能力，对农民就业、居住具有一定的承载力和吸引力，大大提高农民的生活水平；在农村现代化发展方面，新型城镇可以有效地将城市先进的文化、生活方式和科技知识向农村扩散，示范、辐射带动周边乡村经济的发展和农民生活方式的转变，成为促进农村经济社会发展的宝贵资源。

1.1.3 我国新型城镇建设的生态环境效应

（1）城镇化和环境变化

城镇化发展是人类科学技术进步、社会建设能力和文化建设能力提高的重要标志。城镇化发展，给人类社会带来了巨大的变化，人类大幅度地改变了生态环境的组成与结构，改变了物质循环和能量转化的功能，扩大了人们的生存空间，改善了人类的物质生活条件，如就业机会、生活方式、产业结构、社会文化等，也由此改变着人类对生态环境的作用方式。即大力发展城镇化和城市现代化，人们不禁想到城镇化进程中出现的八大公害事件。到目前为止，公害事件还时有发生。如 1985 年墨西哥城化工厂的大爆炸事故，死亡 500 多人，2.5 万余人受伤。全世界大约每年要发生 200 多起严重的化学事故。另外，城镇化过程中的交通建设引起水土流失和尘土飞扬，交通运输产生噪音污染，汽车尾气带来大气及土壤污染等，从长远的、大范围的观点来看，生态环境越来越糟，到现在，我们生活的这个星球上，几乎找不到一块地方是没有受到污染的“清洁区”，连南极的企鹅和北极苔藓地也受到了DDT的污染。在一些城市中，人们一代代的在低浓度的有害环境中生活，降低了对病毒的抵抗力，出现了各种职业病和所谓的城市高发性的文明病。可见，城镇化过程中存在着潜在的风险，城镇化过程是有风险代价的。而安全与风险紧密相联。一般认为，风险与安全互为反函数，风险是指评价对象偏离期望值的受胁迫程度，或事件发生的不确定性。而安全是指评价对象在期望值状态的保障程度，或防止不确定事件发生的可靠性。

环境和安全之间的联系一直是学术界和政策制定者广泛争论的课题。在许多文献中，城镇化一直被看作是一个对环境和安全有连带关系的过程。例如，Brennan发表的文章中，证明了人口增长、城镇化过程、公共健康、环境和国际安全之间的联动作用。Pirages也提到了城镇化、环境与安全之间的联系，指出：城市中的拥挤和缺乏平等就业机会的联合作用造成对社会秩序的威胁，Matthews主张国家安全的定义必须扩展，包括资源、环境和人口问题。从安全的角度来看，城镇化和环境有更为广泛的涵义。城镇化的环境安全主要表现为城市整体活动基础稳固、健康运行、稳健增长、持续发展，在现代经济生活中具有一定的自主性、自卫力和竞争力。

但城镇化、环境和安全，也不是必然的对立关系。大量的事实也表明，加速城镇化发展并不必然地导致城市生态环境的恶化。城镇化促进经济发展，带来更多的环保投资，提高人为净化的能力，缓解生态环境压力。如西欧发达国家城市化水平高，同时，城市生态环境建设质量也很高。关键是如何更好地把握城镇化发展的积极作用。

（2）我国新型城镇建设的生态环境效应

1）新型城镇建设可以转移农村剩余劳动力，缓解城市的人口压力

据测算，当前，我国进入农村非农业和流动就业的将近有2亿劳动力，今后20年仍将有1.2～1.8亿剩余劳动力。如果这些剩余劳动力都进入大城市，则需新建50万人以上的大中城市近千座。我国目前现有县级行政区2400多个，如果每个县级行政区重点发展3～5个中心镇，每个中心镇平均吸纳3万人左右，就可充分吸纳农村剩余劳动力，极大程度地缓解因农村剩余劳动力大量涌入城市而给城市造成的人口、生态压力。

2）新型城镇建设可以节约农村非农业用地，优化农村自然环境

农民进镇，一般要节约土地20%～30%左右。特别是在新型城镇中建设住房和公共设施，对于提高土地利用率将产生积极作用。一些新型城镇的实践表明，在相等面积的土地上，经过科学规则和合理布局的新型城镇与一般村庄相比，可以多出70%以上的使用面积。因此，发展新型城镇可以有效解决我国农村人多地少的尖锐矛盾。

3）新型城镇建设可以控制农村人口过快增长，全面提高人口综合素质

人是环境中最为重要的因素。长期以来，我国农村人口的增长一直快于城镇人口的增长。数量庞大的农村人口不仅使劳动力与土地资源的矛盾日益突出，还影响文化、教育等事业的发展，致使目前农村劳动力的整体科技文化素质普遍偏低，难以适应发展社会主义市场经济的要求。新型城镇建设，可以吸纳越来越多的农村人口到新型城镇集中居住，这样不仅可以促使农民逐步告别传统意识，把较高的人口增长率降下来，而且还将带动学校、医院、文化等设施的建设，使人们能够享有更好的教育、医疗和文化生活，从而提高人口的综合素质。

4）新型城镇建设可以提高资源利用率，有效地减少和防止污染

过去我国非农业产业的布局比较分散，90%以上分在自然村，形成了“村村点火、户户冒烟”的局面。

从而产生了以下不利：①企业“小而全”，难以充分利用社会分工，经济效益低下；②占有耕地过多，与保护耕地这一基本国策相抵触；③技术水平低，资源、能源浪费严重，加剧了农村环境污染。新型城镇建设，通过建立工业园区，不仅可以使乡镇企业向新型城镇适度集中，改变农村乡镇企业布局分散的状况，节约土地资源，而且新型城镇日益完善的水、电、路、气等基础设施也为减少和治理企业污染创造了条件。

在新型城镇建设的实际过程中，人们在注重外在直接经济效益的时候，往往忽视了其内在的间接的社会和环境效益，致使新型城镇在发展过程出现了一系列的生态环境问题，影响了新型城镇的健康发展。当前保护新型城镇的生态环境，实现经济社会的可持续发展，使子孙后代有一个永续利用和安居乐业的生态环境，已成为时代的紧迫要求和人们的强烈愿望。

1.2 我国新型城镇生态环境建设概况

与一些发达国家不同的是，我国的城镇化政策不鼓励农村人口大量地向大城市转化，而是通过发展中小城市、新型城镇，提高中小城市、新型城镇吸纳农村人口的能力，从而促进全国城镇化的发展。我国新型城镇的发展走过了一条曲折的道路，对新型城镇的认识也是逐步进入人们认识领域的。1997年我国开展了第一次全国农业普查，对中国新型城镇发展现状进行了普查，结果显示：1996年全国共有16126个建制镇，不包括县城城关镇，比1990年增长了42%，平均每个镇区占地2.23 km^2，人口4158人。到2009年，中国设市的城市已有654个，建制镇16881个，县城1636个，市镇总人口5.97亿，占全国总人口比重44.7%，建成区面积合计约8.42km^2。城镇规模、结构和布局有所改善，辐射能力和带动力增强。建制镇平均规模扩大，新型城镇开始从数量扩张向质量提高和规模增长转变。城镇经济保持良好的发展势头，城镇基础设施和环境进一步改善，一些多年滞后的领域得到加强，城镇居民生活明显改善。

然而，在新型城镇迅速发展的同时，新型城镇生态环境建设也积累了许多亟待解决的问题，如：到目前为止大多数城镇尚未进行总体规划，城镇布局不合理，工业区、商业区、居民区混杂交织；城市和城镇基础设施建设普遍滞后，多数城镇下水道不完善，污水处理设施、垃圾处理设施基本未建设；对农田保护不力，滥采乱挖、滥占耕地的现象十分严重，城市郊区土地弃耕现象比较普遍；建筑施工过程的环境破坏也极为突出，由于沙石料开采造成的农田、树林、河道、草场的破坏随处可见；技术落后和粗放经营，资源能源浪费严重，企业排放的“三废”污染，对空气、地表水体和地下水、土壤和作物以及村镇居住环境造成严重污染；乡镇大多数沿交通要道或交通干线发展，增加道路压力；新型城镇减灾防灾设施缺乏，留下自然灾害的生态隐患等等。

针对我国城镇生态环境建设的特点与存在的问题，当前在全国范围内开始了轰轰烈烈的生态示范区、生态省、生态市和生态城镇、特色城镇的建设。如海南生态省、广州生态市、贵阳循环经济型生态市、山东的大多数城市和城镇普遍进行了生态市、生态镇的规划，苏南新型城镇，温州新型城镇、深圳市的布吉镇、吉林的伊通镇等的建设，并取得了一定的可喜成绩，对其他城镇的建设具有很好的借鉴意义，为社会经济与生态环境建设协调发展起了一定的推动作用。

1.3 新型城镇发展面临的生态环境问题

1.3.1 生态系统与新型城镇生态系统

（1）生态系统

生态系统这一概念是由英国生态学家A.G.Tansley首先提出的，他认为，生态系统是一个“系统”整体，这个系统不仅包括有机复合体，而且也包括形成环境的整个物理因素复合体，因此，生态系统可定义为任何规模时空单位内由物理—化学—生物学活动所组成的一个系统。世界著名生态学家 E.P.Odum 在 1971 年指出，生态系统就是包括特定地段中的全部生物和物理环境的统一体。他认为，只要有主要成分，并能相互作用和得到某种机能上的稳定性，哪怕是短暂的，这个整体就可视为生态系统。前述定义与前苏联生态学家苏卡乔夫提出的"生物地理群落"（指在一定地表范围内相似的自然现象即大气、岩石、植物、动物、微生物、土壤、水文等条件的总和）是同义语。

总之，生态系统是在一定范围内由生物群落中的一切有机体与其环境组成的具有一定结构和功能的综合统一体。生态系统既可以是一个很具体的概念，也可以是在空间范围上抽象的概念，由生物部分（生物群落）和非生物部分（环境）两部分组成。

生态系统的结构包括两个方面的含义，一是其组成成分及其营养关系；二是各种生物的空间配置（分布）状态。具体地说，生态系统的结构包括物种结构、营养结构和空间结构。其中，营养结构，简单地说，就是食物网及其相互关系；物种结构，在实际工作中，人们主要是以群落中的优势种类，生态功能上的主要种类或类群作为研究对象；空间结构，实际上就是生物群落的空间格局状况，包括群落的垂直结构（成层现象）和水平结构（种群的水平配置格局）。

生态系统类型有两类划分方法，一是按生态系统空间环境性质把生态系统分为：① 内陆水域和湿地生态系统，如河流，湖泊，水库等；② 海洋和海岸带生态系统；③ 森林生态系统，如寒温带针叶林、热带雨林等生态系统；④ 草原生态系统；⑤荒漠生态系统。二是按人类对生态系统的影响大小分为：① 自然生态系统，如森林、草原、淡水、海洋、荒漠；② 人工生态系统，如城市生态系统，农业生态系统等。

（2）新型城镇生态系统

从生态学角度看，新型城镇是一种由自然、经济、社会三个子系统组成的复合人工生态系统，其中经济子系统在新型城镇生态系统中占据核心地位，由直接生产部门、生产服务部门和生活服务部门组成；社会子系统为新型城镇向现代化城镇的转变提供可持续的精神动力和智力支持，以满足城镇居民的就业、居住、文娱、医疗、教育及生活环境等的需求目标；自然生态子系统是新型城镇赖以生存和发展的物质基础，对新型城镇活动起支持、容纳、缓冲及净化作用（图 1-2）。

由于新型城镇只是人口集中居住的地方，是当地自然环境的一部分，它本身并非一个完整的、自我稳定的生态系统。因为，一方面新型城镇所需的物质和能量都来自周围其他系统，其状况如何往往取决于外部条件。另一方面，新型城镇也具有生态系统的某些特征，如组成城镇的生物成分，除人类外，还有植物、动物和微生物；能够进行初级生产和次级生产；具有物质的循环和能量的流动，但这些作用都因人类的参与而发生或大或小的变化。此外，新型城镇与其周围的生态系统存在着千丝万缕的联系，它们之间彼此相互影响，相互作用。因此，新型城镇是一个特殊的人工生态系统，具有区别于自然生态系统的特点和功能。

1.3.2 新型城镇生态系统的功能与特征

（1）新型城镇生态系统的功能

新型城镇生态系统的结构决定了城市生态系统

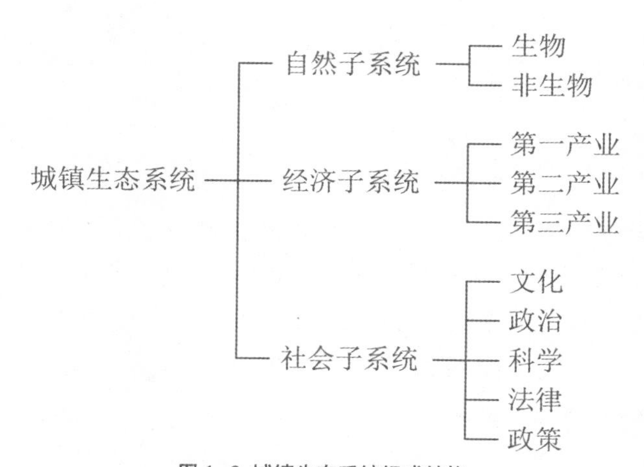

图 1-2 城镇生态系统组成结构

的基本功能，包括：生产功能、能量流动功能、物质循环功能和信息传递功能。

1）生产功能

新型城镇生态系统的生产功能是指新型城镇生态系统具有利用区域内外环境所提供的自然资源及其他资源，生产出各类“产品”（包括各类物质性及精神性产品）的能力。这一能力显然相当程度上是由新型城镇生态系统的空间特性（即具有满足包括人类在内的生物生长、繁衍的空间）所决定的。

①生物生产

新型城镇生态系统的生物生产功能是指新型城镇生态系统所具有的有利于包括人类在内的各类生物生长、繁衍的作用。

生物初级生产指绿色植物将太阳能转变为化学能的过程。新型城镇生态系统中的绿色植物包括农田、森林、草地、蔬菜地、果园、苗圃等生产的粮食、蔬菜、水果、农副产品以及其他各类绿色植物产品。虽然新型城镇生态系统的绿色植物生产（生物初级生产）不占主导地位，但生物初级生产过程中所具有的吸收 CO_2，释放 O_2 等功能依然对人类十分有利，对新型城镇生态环境质量的维持具有十分重要的作用。因此，保留城镇郊区的农田，尽量扩大城镇的森林、草地等绿地面积也是非常必要的。此外，城市生态系统的生物初级生产还具有人工化程度高、生产效率高、品种单调等特点。

新型城镇生态系统的生物次级生产是新型城镇中的异养生物（主要为人类）对初级生产物质的利用和再生产过程，即新型城镇居民维持生命、繁衍后代的过程。新型城镇生态系统的生物次级生产所需要的物质和能源不仅由城镇本身供应，还需从城镇以外调入；另外，新型城镇生态系统的生物次级生产受城镇人类道德、规范、文化、价值观等人为因素的制约，具有明显的人为可调性，即城镇人类可根据需要使其改变发展过程的轨迹。这与自然生态系统的生物次级生产中生物主要受非人为因素影响的情况有很大不同。此外，新型城镇生态系统的生物次级生产还表现出社会性城镇人群维持生存，繁衍后代的行为是在一定的社会规范和规程的制约下进行的。为了维持一定的生存质量，新型城镇生态系统的生物次级生产在规模、速度、强度上还要与城镇生态系统的生物初级生产过程协调。

②非生物生产

新型城镇生态系统生产功能所具有的非生物生产是其作为人类生态系统所特有的。是指其具有创造物质与精神财富（产品）满足城市人类的物质消费与精神需求的性质。城镇非生物生产所生产的"产品"包括物质与非物质两类。

物质生产是指满足人们的物质生活所需的各类有形产品及服务。包括：各类工业产品、设施产品、服务性产品。新型城镇生态系统的物质生产产品不仅仅为城镇地区的人类服务，更主要的是为新型城镇地区以外的人类服务。因此新型城镇生态系统的物质生产量是巨大的，其所消耗的资源与能量也是惊人的，对城市区域及外部区域自然环境的压力也是不容忽视的。

非物质生产是指满足人们的精神生活所需的各种文化艺术产品及相关的服务。其实际上是新型城镇文化功能的体现。新型城镇非物质生产功能的加强，有利于提高城市的品味和层次，有利于提高城镇人类及整个人类的精神素养。

③还原功能

新型城镇生态系统的还原功能，也就是净化还原功能，对于维持新型城镇生态平衡十分重要。人工化的新型城镇生态系统受到人类活动的干扰和破坏，保持新型城镇生态系统的平衡和稳定，使被破坏的环境尽快恢复，形成良性循环，是由新型城镇生态系统的还原功能来完成的。

a. 自然净化功能

在正常情况下，受污染的环境经过环境中自然发生的一系列物理、化学、生物和生化过程，在一定的时间、范围内都能自动恢复到原状，称为自然净化功能。如水体自净功能、大气扩散功能、土地处理能力、绿地净化功能 。但值得注意的是，自然的净化功能是脆弱而有限的，如果超出了限度，就会造成环境严重污染的后果。

b. 人工调节功能

新型城镇生态系统的多数还原功能还要靠人类通过以下途径去创造和调节：新型城镇绿地系统建设，新型城镇三废防治与控制，工业合理布局，设备更新改造，改革工艺技术和流程，疏通物质、能量流通渠道，提高资源利用率；通过消烟除尘、污水处理、垃圾处理等措施，加快废物的分解还原过程；采取一定的法律手段和保护措施，防止污染的扩散和对人体的直接危害。

2）生态流

①能量流动

能量流动又称能量流，是生态系统中生物与环境之间、生物与生物之间量的传递与转化过程。新型城镇生态系统的能量流包括两部分：一部分是新型城镇为自身运转而引入、加工、消费的能量，另一部分是新型城镇引入低级低效原生能源（一次能源），经加工输出高级高效的次生能源。城市引入的原生能源是指从自然界直接获取的能量形式，主要包括煤、石油、天然气等，还有太阳能、生物能、核能、水力、风能、地热能等。原生能源中有少数可以直接利用，如煤、天然气等，但大多数都需经过加工或转化后才能利用。城镇消费或输出的次生能源是指原生能源经过加工或转化成为便于输送、贮存和使用的能量形式，如电力、柴油、液化气等。

新型城镇消费的能源，一部分进入城镇输出的产品中，如炼钢炉把投入的焦炭、电力等能源转变为钢材输出；另一部分为新型城镇居民自身所消费，如城镇交通运输、城镇供热供电、照明等。

城镇生态系统的能量流动也遵守热力学第一、第二定律，在流动中不断有损耗，不能构成循环，具有明显的单向性；除部分热损耗是由辐射传输外，其余的能量都是由物质携带的，能流的特点体现在物质流中。与自然生态系统不同，城镇能量流动中产生气态的、固态的和液态的化学污染物，这些污染物不能在城镇生态系统内消化，因而能源生产和流动是城市重要的污染源之一。

②物质循环

物质循环，也叫物质流，是指生态系统中各种有机物质（物质）经过分解者分解成可被生产者利用的形式归还到环境中重复利用，周而复始的循环过程。

城镇生态系统中物质循环是指各项资源、产品、货物、人口、资金等在城镇各个区域、各个系统、各个部分之间以及城镇与外部之间的反复作用过程。它的功能是维持城市生存和运行，即维持城镇生态系统的生产功能和城市生态系统生产、消费、分解还原过程的开展。

城镇生态系统物质循环的物质来源有两种，其一为自然性来源，包括：日照、空气（风）、水、绿色植物（非人工性）等；其二为人工性来源，包括人工性绿色植物及采矿和能源部门的各种物质，具体为食物、原材料、资材、商品、化石燃料等。城镇生态系统物质循环中物质流类型包括自然流（资源流）、货物流、人口流和资金流几种：

a. 自然流：即由自然力推动的物质流，如空气流动、自然水体的流动等。自然流具有数量巨大，状态不稳定，对城市生态环境质量影响大的特征。尤其是其流动速率和强度，更是对城市大气质量和水体质量起着重要的影响作用。

b. 货物流：指为保证城市功能发挥的各种物质资料在城市中的各种状态及作用的集合。一般认为它是物质流中最复杂的，它不是简单的输入与输出，其中还经过生产（形态、功能的转变）、消耗、累积及排放废弃物等过程。

c. 人口流：这是一种特殊的物质流，包括人口在时间上和空间上的变化。前者即人口的自然增长和机械增长；后者是反映城市与外部区域之间人口流动中的过往人流、迁移人流以及城市内部人口流动的交通人流。

人口流对城镇生态系统各个方面具有深刻的影响。人口流的流动强度及空间密度反映了城镇人类对其所居自然环境的影响力及作用力大小，与城镇生态系统环境质量密切相关。据有关资料显示，人口流的类型之一的旅游人口所消耗的物质和能量一般都超过了城镇常住人口的水平。如桂林市调查，国外游客比城镇居民排放的生活污水多 6.8 倍，生活垃圾多 9.8 倍，废气多 8 倍；国内游客比本城镇居民排放的生活污水多 2 倍，生活垃圾多 2.5 倍，废气多 2 倍。

此外，人口流还包括劳力流与智力流两类。劳力流为一种特殊的人口流。它反映了劳力在时间上变化（即由于就业、失业、退休等导致劳力数量的变化）和劳力在空间上的变化（即劳力在各职业部门的分布）等情况。一定程度上反映了社会经济发展的轨迹与趋势。而智力流则为一种特殊的劳力流。它表明了智力和知识资源在时间上的变化（即智力的演进、开发以及智力结构的改变过程）和在空间上的变化（即人才在不同部门和地区的分布）。

由于科学技术的限制以及人们认识的局限，城镇生态系统物质循环过程中产生了大量废物，造成环境污染，降低城市环境质量。物质循环与城市污染关系密切。

③信息传递

信息传递，也可叫信息流，按信息论观点，信息流是任何系统维持正常的有目的性运动的基础条件。任何实践活动都可简化为三股流：即人流、物流、信息流，其中信息流起着支配作用，它调节着人流和物流的数量、方向、速度、目标，驾驭人和物做有目的、有规则的活动。

信息流是指消息、知识、政策、法律以及管理指令等，在系统内部和系统间的传递。自然生态系统中的“信息传递”指生态系统中各生命成分之间存在着的信息流，主要包括物理信息、化学信息、营养信息及行为信息几个方面。生物间的信息传递作用（功能）对生态系统的影响是十分明显的，特别是化学信息更为重要，它的破坏常导致群落成分的变化，同时还影响着群落的营养及空间结构和生物间的彼此联系。生物间的信息传递是生物生存、发展、繁衍的重要条件之一。城市生态系统中，信息流是城市功能发挥作用的基础条件之一，正是因为有了信息流的串结，系统中的各种成分和因素，才能被组成纵横交错、立体交叉的多维网络体，不断地演替、升级、进化、飞跃。

实际上，城镇的重要功能之一，即是对输入的分散的、无序的信息进行加工、处理。城镇有现代化的信息处理设施和机构，如新闻传播系统（报社、电台、电视台、出版社、杂志社、通讯社等），邮电通讯系统（邮政局、邮电枢纽等），科研教育系统（各类学校、科研机构等）；此外还有高水平的信息处理人才。进入城镇时还是分散的无序的信息，输出时却是经过加工的、集中的、有序的信息。

值得指出的是，人们还从经济观点出发，提出了城镇的价值流，包括投资、产值、利润、商品流通和货币流通等，反映城镇经济的活跃程度，其实质既包括物质流，更包括信息流在内。信息流是现代商业经济的神经。

城镇信息流是城镇生态系统维持其结构完整性和发挥其整体功能的必不可少的特殊因素。信息的流量大小反映了城市的发展水平和现代化程度。

（2）新型城镇生态系统的特征

任何“系统”都是一个具有一定的结构，各组分之间发生一定联系并执行一定功能的有序整体。关于城镇生态系统的特征，有很多学者已经研究得十分透彻，综合起来，主要有以下几个方面：

1）城镇生态系统的人为性

城镇生态系统是人类为了自身的生存和发展，

伴随着各种生产和生活活动，通过集聚过程的发展和演化而形成的，是通过人的劳动和智慧创造出来的。人工控制与人工作用对它的存在和发展起着决定性的作用。大量的人工设施叠加于自然环境之上，形成了显著的人工化特点，如人工化地形、人工化土壤（沥青、混凝土）、人工化水系（给排水系统、人工河湖水系），甚至还造就了人工化气候（城市小气候、城市热岛）。城镇生态系统使原有自然生态系统的结构和组成发生了“人工化”倾向的变化。在城镇生态系统中，主要生产者实际上已从绿色植物转化为从事经济生产的人类，而消费者也是人类，人类已成为兼具生产者与消费者两种角色为一体的特殊生物物种了。

城镇生态系统是人类自我驯化的系统。在城镇生态系统中，人类活动不断地影响着人类自身，它改变了人类的活动形态，创造了高度的物质文明。同时，城镇生态系统运转进程所造成的环境变化，也影响了人类的健康，如世界各国流行病学调查均表明城镇肺癌死亡率高于农村。

2）城镇生态系统的开放性

一般的自然生态系统只要有足够的太阳光输入，依靠自身内部的物质循环、能量交换和信息传输，就可以保证和协调系统平衡和持续正常的发展。城镇生态系统不能提供本身所需的大量能源和物质，必须从外部输入资源物质和能源，以及大量的人力、资金、技术、信息等，才能维系它本身的正常发展、演化及其形态、结构与功能的协调与平衡。另外，城镇也向外部系统输出，这种向外输出的产品也包括经过城镇人工加工改造后能被外部系统使用的新型能源和物质。形成城市系统合理的“供需平衡”的经济关系，才能保证城镇系统的持续发展。

此外，由于城镇生态系统生产和还原功能存在差异，它将产生大量的超过其自身还原能力的“废物”，需要其他系统来接纳这些不能被“消化吸收”的代谢物质，利用其他生态系统的自净能力进行“异地分解”，才能达到“生产与还原”的平衡。

3）城镇生态系统的复杂性

城镇生态系统是一个迅速发展和变化的复合人工系统。与自然生态系统不同，城镇生态系统中的对能源和物质的处理能力并非来自自然天赋，而是来自人们的劳动和智慧。自然生态系统的发展变化，主要表现于在生物圈内生物数量的增减上，以及各自所占地域的扩大或缩小上。而在城镇生态系统中，随着人们生产力的提高，人们在对能源和物质的处理能力上，不仅有量的扩大，而且可以不时发生质的变化，通过人工对原有能源和物质的合成或分解，可以形成新的能源和物质，形成新的处理能力。在这种情况下，城镇内部以及与外部之间的生态关系需要不时加以调整和适应，形成新的生态系统。特别在生产力高度集中的城镇，随着内外关系的变化，在形成新的生态系统的同时，其覆盖面也越来越大。与自然生态系统相比，城镇生态系统的发展和变化不知要迅速多少倍。

另外，城镇生态系统还是一个功能高度综合的系统。它是人类追求美好生存环境质量的象征和产物。城市生态系统要达到这一目标，就必须形成一个多功能的系统，包括政治、经济、文化、科学、技术及旅游等多项功能。一个优化的城镇生态系统除要求功能多样以提高其稳定性外，还要求各项功能协调，系统内耗最小，这样才能达到系统整体的功能效率最高。

4）城镇生态系统的脆弱性

城镇生态系统不是一个“自给自足”的系统，需靠外力才能维持。所以城市生态系统需要有一个人工管理完善的物质输送系统，以维持其正常机能。如果这个系统中的任何一个环节发生故障，将会立即影响城镇的正常功能和居民的生活，从这个意义上说，城市生态系统是个十分脆弱的系统。另外，城镇生态系统的高度集中性、高强度性以及人为的因素，产生了城镇污染，同时城镇物理环境也发生了迅速的变化，如城市热岛与逆温层的产生，地形的变迁，人工地面改变了自然土壤的结构和性能，增加了不透水的地面、地面下沉等等，从而破坏了自然调节机能，加剧了城镇生态系统的脆弱性。

1.3.3 新型城镇发展面临的生态环境问题

（1）新型城镇与自然环境的关系

正如前面所讲，新型城镇生态系统是一个特殊的人工生态系统，存在于自然环境之中，相对于自然村落，新型城镇人口集中，经济活动频繁，对自然环境的改造力强、影响大；而新型城镇的发展又离不开周围的自然环境，自然环境是城镇经济和社会发展的载体。新型城镇的建设发展，受制于外界多方面的自然环境条件影响。新型城镇与自然环境的关系。

（2）新型城镇发展面临的生态环境问题

人类是环境的产物，又是环境的改造者，人类通过劳动不断地改造着自然、创造着新的生活条件。然而，由于人类认识能力与科学技术水平的限制，在改造环境的过程中，往往会产生意想不到的后果，造成对环境的污染和生态的破坏，甚至是毁灭性的破坏，这给人类造成了极大的环境问题，同时也必将遭到自然对人类破坏行为的报复。

在我国，伴随着城镇建设的迅猛发展，建制镇数量的迅速增加，城镇建成面积的不断扩大，以及城镇人口和经济的不断增长，城镇环境问题也以惊人的速度摆到了世人的面前。新型城镇生态环境问题的实质是人类与其生存环境之间的关系产生了不平衡，从而导致城镇生活环境的质量下降。生态环境问题的发展具有隐蔽性、渐进性和积累性，其后果则具有间接性、全局性和突发性。

概括起来新型城镇发展建设过程中面临的生态环境问题主要有以下几个方面：

1）**人口增长**

城镇化的发展，必然伴随着人口的增长。人口和工业的高度集中，带来了雄厚的生产能力、发达的交通、先进的文化技术和灵通的情报信息，为专业化协作创造了良好的环境，从而使人力、物力、财力得以节省，劳动生产率得以提高，大大促进了城镇经济效益的增长。然而，城镇人口规模大，人口密集，则社会经济活动量增大，由此产生的各种废弃物排泄量也越大，势必大大超出城镇环境的自净能力，城镇污染加重。

目前我国人口已经达到13亿，从环境保护的角度来看，局部区域的人口数量已远远超过了环境的承载能力。另外，我国人口结构不合理，农业人口比重依然很大，人口素质低，而且在相当长的时间内降低乡村人口的生育率比较困难，这些都直接或间接地影响着城镇的生态环境质量。

针对城镇人口总数的增长问题，在城镇规划过程中，可以进行人口总数的适宜度分析。即，在特定的自然条件和经济社会条件下，为了维护区域（这里可以是某个城镇）的生态平衡并满足人民生活需求，对人口的总数要有一定的控制。规划区域人口总数适宜度是综合反映人民生活需求的满意度和自然、社会、经济等限制条件的可能度的定量指数。总人口的适宜度是采用多目标规划的方法和理论建立的适宜度（或可能—满意度）模型。

采用“可能度”这个定量指标来描述可能的程度，记之为p。当完全可能的时候，取p=1；当完全不可能的时候，取p=0；而一般可能的程度p就用0-1中的某个实数来表示。

采用“满意度”这个定量指标来描述满意的程度，记之为q。当完全满意的时候，取q=1；完全不满意时，取q=0；而一般的满意程度就用0-1间的某个实数来表示。

采用这种方法，对具体的新型城镇可以进行人口总数的适宜度分析。

2）**自然生态破坏，生物多样性减少**

人类的生存离不开其他生物。地球上多种多样的植物、动物和微生物为人类提供了必不可少的食物、纤维、木材、药物和工业原料等，还为人类提供娱乐及丰富多彩的旅游文化生活。生物与其地理环境交互作用形成的生态系统，调节着地球上的能量流动和物质循环，繁复多样的生物及其组合与它们的地理环境共同构成了人类生存和发展所必须依赖的生命保障系统和物质基础。

生态系统多样性既存在于生态系统内部，也存在于生态系统之间。在前一种情况下，一个生态系统由不同物种组成，它们的结构特点多种多样，执行功能不同，因而在生态过程中的作用很不一致。在后一种情况下，在各地区不同地理背景中形成多样的生境中分布着不同的生态系统。保持生态系统的多样性，维持各生态系统的生态过程对于所有生物的生存、进化和发展，对于维持遗传多样性和物种多样性都是必不可少、至关重要的。

新型城镇的建设中，土地使用类型发生了巨大的变化，许多土地改变了原来的面貌性质，造厂房或建筑用地，破坏了生物的栖息地。如过度砍伐森林和开荒、农垦和城乡开发等致使森林栖息地和湿地生境及其他生境遭到破坏和减少，加上工业化的活动，环境污染有增无减，自然生态受到破坏，严重威胁了生物多样性。

另外，城镇及其乡镇企业吸收了大量农村剩余劳动人口，但相应地也占用了大量的农田。同时，农田作物大量施用的化肥、农药，农用大棚薄膜及有机废弃物等，这些都使城镇及乡村生态环境质量受到了极大的危害和潜在的威胁。

资源的粗放型开发和利用是造成环境污染和生态破坏的重要原因。新型城镇之间及新型城镇内部各功能区发展不够协调，各自为了发展互争资源的问题比较突出，对资源的合理开发和有效利用不够，有的地方已经造成生态的严重破坏。就每万元国民生产总值消耗的能源而言，我国是美国的 3 倍、日本的 9 倍、德国的 7 倍、法国的 8 倍、英国的 5 倍、韩国的 4.5 倍。每万元国内生产总值消耗的钢材是美国的 5.8 倍、德国的 4 倍、法国的 7 倍。资源浪费大，必然是资源没有转化为产品，而转化成污染物进入环境，增加了环境污染和生态破坏。我国对废旧物质回收率只相当于世界先进水平的 1/4 ～ 1/3，大量可再生资源尚未得到回收利用，流失严重。

3）土地占用和土壤变化

①土地占用

我国目前现有的耕地仅 1.2 亿 hm^2，城镇土地利用普遍存在“空、散、低”现象，与我国严峻的土地国情不相适应。新型城镇发展过程中，土地利用较为粗放。据资料显示，1986 ～ 1999 年，每年新型城镇建设占用耕地 10 万 hm^2，其中 5% 闲置，40% 属于低效率利用。如果不采取严格的措施进行管理，下个世纪人口达到高峰时，将不可避免地发生粮食危机。

新型城镇是农村经济发展到一定阶段而形成的产物。在新型城镇发展初期，许多地方对新型城镇的功能、性质和定位认识不够明确。一味求大求全，盲目向外扩张，有的甚至放弃已经形成的旧集镇，重新征地建设，这样就使新型城镇占用土地面积过大，造成土地资源的破坏和浪费，使农村人地矛盾显得更加突出。

②地面及土壤变化

a. 地下水位下降与地面沉降

城镇建筑物密度增大和大规模排水系统以及其他地下建筑的增加，在很大程度上阻止了雨水向土壤的渗透，再加上过度抽取地下水，使地下水位不断下降，从而引起地面沉降现象。随着地下水位的大幅度下降，不仅使抽水地区的地面向垂直方向的沉降，而且沉降范围也向四周地区扩展，表现为含水层的水压以扬水点最低水位为中心，向四周呈平缓的漏斗形展开，称为区域下降漏斗。地面沉降程度越大，沉降区的分布范围也就随着扩大。目前，北京、天津和河北省地下水位降低，已形成一个面积超过 9 万 km^2 的巨大漏斗。地面沉降造成地面标高损失；造成河道行洪能力严重下降，海水倒灌，加剧了洪水和风暴潮的危害；使房屋被破坏，地下管线扭折破裂而发生漏水、漏气、漏电等事故，对国民经济造成难以估量的损失。

b. 土壤污染

随着工业生产和消费水平的提高，新型城镇中的固体废物大量出现。在城镇垃圾中，有机物约占36%，无机物占56%。有机垃圾是可以分解的，而无机垃圾如不处理则会永远占地皮，形成包围城镇的垃圾堆，既影响城镇容貌，又给鼠类、蚊蝇提供了繁殖的场所，威胁人类的健康。塑料垃圾进入土壤后长期不能被分解，影响土壤的通透性，破坏土质，影响植物生长。此外，用填埋法处理垃圾，往往需要占用和破坏大量土地资源，而填埋后的垃圾中的有害物质如酸类或碱类的垃圾废液，混入土壤后对土质影响严重，还会污染地下水。

另外，由于大量施用化肥、农药，施肥结构不合理，农药使用不科学，造成了农药、化肥污染土壤，土壤生态条件发生显著变化，土壤有机质下降，我国耕地有机质含量已经降到1.5%，明显低于欧美国家耕地有机质含量2.5% ～ 4%的水平；土壤板结，透气性差，肥力降低，盐碱度增高，局部地区重金属污染问题突出；农田生态系统被破坏，影响了植物的生长。

4）环境污染严重

①水资源短缺，水环境污染严重

在新型城镇建设中，许多新型城镇所在地区的地表水均受到不同程度污染，比如对滦河2000年的水质调查发现，滦河上游的大黑汀水库断面除10月和11月因总磷超标呈Ⅲ类水质外，其他月份均达到Ⅱ类水质标准，而滦河中游的滦县大桥断面高锰酸盐指数、生化需氧量、挥发酚等指标均超过Ⅴ类水质标准。分析其原因是，沿河各县市的污染物均最终排入滦河，其中也包括各个城镇所产生的生活污水和生产废水经各种渠道汇入滦河。

各地城镇的生活污水和部分工业废水一般都未经处理就排入水体，严重污染地表水，造成城镇内的河流往往变成排污渠，如滦县新城境内的别故河、宁晋县凤凰镇境内的汪洋沟等。乡镇工业的发展是带动我国城镇经济发展的重要因素之一，然而，由于其工业废水就近排放，虽然排污的绝对数量不大，但大多不经处理，给城镇水环境造成较大危害，并且这种污染量还在不断增加。比如，河北省滦县新城内7家企业中只有两家有污水处理设施。有数据显示，1990 ～ 2006年全国乡镇企业废水排放量由32.2亿t增加到89.5亿t，年均增长率达6.6%。同时，由于新型城镇大多缺乏污水处理设施和垃圾填埋场，使得日益增加的生活废水和生活垃圾随意地排入周围的水系之中，更进一步加剧了水环境的污染，导致相当一部分城镇周围水系丧失了降解污染的能力，甚至出现不同程度的水体黑臭现象。我国许多新型城镇以地下水为主要水源，而多数地区地下水超采严重，含氟量高，超过国家饮用水标准，对人民生活造成危害。水资源短缺问题已成为有些地区制约经济和发展的主要因素之一。

②大气环境质量有下降趋势

虽然新型城镇环境空间不大，由于布局分散，通常都有一个适宜的空间距离，总体而言，新型城镇大气环境质量要略好于大城市，但也有新型城镇大气中污染物含量大于城市的现象。如对我国北方的河北省的滦县新城、迁西县城、黄各庄镇和天津的杨柳青镇，几个城镇的大气环境监测数据表明，SO_2和NO_2一般都能达到环境空气质量二级标准，而TSP在个别月份超标。TSP为各城镇中主要污染物，这与城镇基础设施建设工作的逐步深入、道路整修、楼堂馆所装修翻新、住宅小区楼群建设大量增多等关系密切。加之北方不利的气候因素（如沙尘天气）以及交通施工扬尘的影响等，使颗粒物维持较高浓度。由于城镇规模的不断扩大，人口的聚集，居民生活燃煤取暖是目前许多城镇大气环境的主要污染源，此外一部分未经改造的工业锅炉、窑炉排放的烟尘、粉尘，以及化工企业排放的有毒、有害气体也是不容忽视的，随着经济的发展，更多企业的引入，来自工业的污染排放将会对城镇大气环境造成更加严重的危害。

③噪声污染

城镇中的交通噪声，是由于许多城镇是沿交通干线发展而来，加之近年来城镇发展力度加大，汽车拥有量逐年上升，交通流量日益加大，造成交通干线两侧的噪声超标。另外，由于乡镇企业大多数零星分布，靠近居民生活区，重型车、拖拉机以及一些其他机器运作时的噪声对居民生活有较大影响。

④固体废物的影响日渐突出

城镇固体废物主要包括生活垃圾、农业副产品、人畜禽的粪便、工业有机废弃物等，这些废弃物排放的结果，一方面造成大量可利用资源的浪费，另一方面也造成了严重的环境污染，特别是“白色污染”问题，在许多城镇及周边乡村地区随处可见。城镇内垃圾收集系统不健全，尤其是城镇中仍保存的村庄内生活垃圾直接堆放在道路两旁和村庄周围的现象时有发生。此外，城镇中垃圾处理方式只是简单的填埋，对有害固体废物及危险固体废物的处置技术水平较低。

总之，城镇建设发展中不重视环境因素，导致环境规划滞后，工业布局混乱，工业用地与生活用地交错分布，环境功能混杂、不合理。同时，由于乡镇工业的发展及污染严重企业向农村、城镇转移，其污染控制的难度大；以及人口增长所带来的生活污染的增加，加之城镇基础设施的不完善，形成城镇环境污染密度与人口及经济密度同步增长的态势。水、气、噪音、固体废物等环境污染日益严重，相当程度上已危及到了城镇持续健康地发展。要真正解决城镇建设中的环境问题，需要有一个新的思路，走出一条具有中国特色的城镇建设之路。城镇的环境问题是在建设过程中逐步显现的，为避免走“先污染后治理、先破坏后恢复”的老路，要求在城镇规划建设之初就充分考虑到环境因素。

（3）造成新型城镇生态环境恶化的原因

生态环境的恶化往往是由于人类的活动破坏了自然生态系统的平衡，引起了生态失调。新型城镇的生态环境恶化也是如此。

1）缺乏科学合理的城镇规划

新型城镇缺乏科学合理的规划布局，各种功能区混杂，居民生产、生活质量不高。有的新型城镇布局分散，浪费耕地，绿地不足。这些与新型城镇规划滞后于经济发展和环境保护的要求是分不开的。

2）缺乏生态环境意识

在新型城镇的建设中，不太注意生态环境和可持续发展的现象普遍存在。重视经济发展，忽视环境保护；重视眼前利益，忽视长远利益；盖厂建镇不治污，毁林建房不建绿的事情随处可见。更有许多人认为自然资源取之不尽，用之不竭的，可随心所欲，任人挥霍。

3）城镇基础设施差

由于新型城镇发展速度较快，生态建设落后于城镇建设。多数新型城镇是沿河、沿公路而建，基础设施跟不上城镇建设的速度，城镇污水处理能力低、污水收集能力差，大部分直接就近排入河道；清洁能源的使用率不高；城镇垃圾收集处理能力不强。

4）乡镇企业的自身发展

乡镇企业大多利用本地资源，就地取材，设点办厂，小而全、多而散，在发展过程中又多受到行政管辖区的限制，形成了各镇为政、各村为政的分散格局，使相对集中的污染源扩散为整个区域内的交叉性面积污染，造成更多农田、草地、林地和湖泊的严重污染。

新型城镇的工业结构不合理、技术水平和管理水平低、集约化和规模化程度低；工厂规模小，效益低，净利润低，难以进行必要的环保投资；乡镇工业高污染负荷比重大，调整困难；生产工艺落后，设备陈旧，能耗高，资源利用率和重复利用率低。生产过程中多数企业重复用水率极低，多数企业未采取任何重复用水设施，废水处理率不到 1/4，废水达标率只及 1/5，同种产品乡镇企业能耗明显高于城市企业。由于运行费用太高，没有强制措施，即便有污水处理厂，企业也不会使用。

5）大、中城市工厂的污染转嫁

改革以来，城市产业结构和功能布局调整将一些污染厂从城市迁到新型城镇，从某种意义上说是污染在空间上的迁移。大、中城市进行污染治理和产业调整，将落后淘汰的生产设备和污染严重的企业转移到新型城镇，同时也将污染转移到新型城镇。

1.4 新型城镇必须走可持续发展之路

可持续发展是人类历史进入新时期的发展战略，是对传统发展模式的一次变革，它的提出标志着人类对人口、资源、环境的认识达到一个新的高度。目前得到广泛认可的可持续发展的概念是由挪威前首相布伦特兰夫人及其主持的联合国世界环境与发展委员会在《我们共同的未来》中提出的，文中指出“可持续发展是指既满足当代人的需要，又不损害后代人满足其需求能力的发展”。可持续发展强调社会、经济的发展要与资源、环境的承载力相协调，追求人与自然的和谐。提高人类居住的社会环境质量，改善人民的生活和工作环境是可持续发展的主题。以“我们共同的未来”（WCED）和“21 世纪议程”为标志，全世界对可持续发展问题基本达成共识。世界上许多国家制定了本国 21 世纪议程，并已采取行动。1994 年，我国政府制订《中国 21 世纪议程》，从具体国情和人口、资源、环境的关系出发，提出了中国可持续发展的总体战略、对策和行动方案。1996 年在伊斯坦布尔召开的联合国第二次人居大会的两大主题之一是“在世界上建设健康、安全、公正和可持续的城市、乡镇和乡村。”城市乡镇的可持续发展开始被国际关注，城镇的可持续发展是城镇发展的唯一出路，对实现人类的可持续发展至关重要。

新型城镇可持续发展的基本涵义就是在经济增长的同时要更加注重新型城镇质量的提高，包括新型城镇的生态结构质量、环境质量、建筑美学质量和精神文化氛围质量等方面，最终实现新型城镇社会经济、生态环境的均衡发展。它要求新型城镇的发展既要立足于新型城镇发展的现状，又要着眼于新型城镇发展的未来。因此可以说，新型城镇可持续发展既是一种崭新的发展观，更是一种新型城镇进步的行为准则。

实施新型城镇可持续发展的根本途径是转变经济增长方式。经济增长方式是指在实现经济增长过程中，人的要素和物质要素的结合方式。它包括科技手段和管理手段两个方面。党的十四届五中全会提出了粗放型经济增长方式和集约型经济增长方式两种类型的划分方法。粗放型经济增长方式过分依赖对资源的粗放利用即资源的投入单纯以量的扩张为特征，而不注重技术开发和效益提高。这种经济增长方式虽然可取得一时之功，但对经济的持续发展却是十分有害的。例如我国的许多新型城镇，无论它的地理环境如何优越，其物质容量和资源储存总有一定限度。如果不考虑这一点，只是一味地大量投入劳动力和大量消耗自然资源，非但不能有效地支持新型城镇经济正常发展，而且很可能使新型城镇经济的发展缺乏后劲。因为，人们的劳动在产生社会需要的经济成果的同时，也会对人的生活和生产环境带来某些影响，产生生态效益。只有将经济效益和生态效益放在同等地位，优化组合各种生产要素，大力提高资源的利用效率，才能促使新型城镇可持续发展。因此新型城镇要获得长久而持续的发展，必须变粗放型增长为集约型增长。集约型经济增长方式主要依靠科技进步和管理效益的提高来实现经济增长。集约型经济增长的基本要求是：推动科技进步、提高资源利用率、实现充分就业、改善生态环境。这与城市可持续发展的条件是一致的，它可以避免粗放型增长给生态环境带来的种种弊端，促使新型城镇人口适度增长、资源合理利用、环境得到积极保护。

2 新型城镇生态建设的理论基础

新型城镇处于城乡结合的位置，是城镇化过程中承上启下的环节，同时也是自然环境与人工环境交织的地带，是维护自然与社会平衡发展的关键地带。因此，十五大以来，我国新型城镇的生态环境问题和保护工作受到普遍的关注，但是，新型城镇面临的生态环境总体形势仍不容乐观。人们必须充分认识到新型城镇建设、发展中生态建设和环境保护的重要性与紧迫感，采取切实可行的措施来改善新型城镇的生态环境。

2.1 新型城镇生态环境建设

2.1.1 新型城镇生态环境建设的概念

生态新型城镇的创建目标是达到社会文明生态化、经济循环化、自然可持续，把新型城镇置于生态系统之中，强调新型城镇是区域生态系统的一个有机子系统，新型城镇的建设活动受到各种生态因子的制约，同时对生态系统产生影响。新型城镇的生态规划实际上是把生态思想注入新型城镇的整体规划之中，以新型城镇生态的理论为指导，以实现新型城镇生态系统的动态平衡为目的，为新型城镇居民创造舒适、优美、清洁、安全的生存环境。所以生态规划对于新型城镇生态环境建设显得尤为重要。

新型城镇生态环境建设是在一个城镇的范围内，利用生态学和工程学的方法，以现有的生态环境为基础，对人类—生态—环境系统的多因素、多层次、多目标进行设计和调控，优化系统的结构和功能。在这个系统中，经济建设、社会发展和环境保护相互融合、高效发展、良性循环。新型城镇生态环境建设应用景观生态学的原理和方法进行规划，以循环经济和生态产业为依托，以建设生态新型城镇为目标。

加大环境治理力度是建设生态新型城镇的必要条件。

首先，加强环境管理。产业结构不合理、布局不当、盲目发展高消耗高污染的工业是新型城镇生态环境恶化的一个十分重要的原因。必须对新型城镇快速发展可能对生态环境造成的冲击有充分的认识，做好新型城镇环境保护的规划；制定各种有效的环境管理措施和政策，增强环境保护机构的能力；建立环境管理的长效机制，制止新型城镇的环境污染转移，严格审批工业项目，杜绝污染严重的项目上马；建立环境保护的公众参与机制，让公众参与环境监督和环境管理。

其次，完善法律和制度保障体系。法律保障体系是新型城镇环境保护的根本保证。要制订和实施促进新型城镇生态环境保护的税收优惠、生态补偿、人才激励、人口控制等政策，建立新型城镇生态环境保护的评价、监督、激励机制；不断完善新型城镇环境管理的法规制度，加大现有各项环境保护的法律、法规、制度的执行力度，严禁破坏和无序开发各类自然资源，严格执行各类开发建设项目的环境影响评价制度和“三同时”制度；建立环境保护专业机构和执法队伍，不断提高新型城镇生态环境管理人员的素质，切实提高环境管理部门的监管水平；进一步健全各级领导和相关部门新型城镇生态环境保护的领导责任制和部门负责制，严格监管，分工合作，形成新型城镇生态环境保护的合力。

2.1.2 新型城镇生态环境的特点

新型城镇生态环境的特点如下：

①新型城镇规模小，生态环境的开放度高于城市，自然性的一面更强。城市生态系统是人工化的生态系统，系统中生产者—消费者—分解者分布呈倒金字塔状，系统从外界输入物质和能量，在进行耗散的同时向外界输出废弃物，系统的运作依赖于外环境输入和接受废弃物的能力等因素。而新型城镇的生态环境系统由于规模较小、发展水平较低，如一叶小舟淹没在农村生态系统的海洋中，对于一般新型城镇，其对城镇系统之外的物流和能流的依赖明显弱于工业型和商业型城镇，更弱于城市系统。

②新型城镇由于历史及经济水平的限制，生态环境没有明确的规划，处于自发或被动状态。新型城镇的发展历史及性质不同，生态环境状况也有很大的差异，在历史上以旅游为主的城镇生态环境质量是保持最好的一类，交通枢纽型城镇更注重服务设施的完善，基础设施系统的完备对生态环境的保护具有一定的促进作用。

③现代的中国新型城镇是农村城镇化的产物，一方面农村人口向新型城镇集中，另一方面城市由于环境问题和产业结构而转移出来劳动密集型或污染型行业向新型城镇集中。

④环境保护没有引起高度重视。市、县、乡政府只重视经济建设忽视环境问题，新型城镇的环境管理没有提上重要议事日程；由于环境容量相对较小，不严格控制源头污染，容易出现严重的环境问题；新型城镇规划和管理水平较低，大都没有制订新型城镇发展区域的发展规划，基本处于各自为政的状态，现实的环境污染已到了刻不容缓的地步；污染防治基础设施建设严重不足，生活污水、垃圾处理设施相当落后；农村区域性、流域性、跨地区性环境污染影响农村社会稳定，所取得的经济价值不能抵消长远的负面影响；城镇地表水、地下水资源污染严重。

2.1.3 新型城镇生态环境的发展模式

生态环境模式受当地的社会和经济发展水平的制约，经济发展水平高的城镇，有可能拿出更多的资金进行生态环境和市政设施建设；居民重视生态环境消费，对环境质量的要求高，对生态环境建设投资的认同度也高，有助于生态环境的保持与维护。

生态环境建设须依托当地的生态环境和资源状况，具有地域差异性。因势利导充分利用原有的资源，使其向更有力的方向发展；生态资源条件优越的城镇比生态环境质量恶化的城镇更容易治理和建设。东部沿海地区处于湿润半湿润的季风气候条件下，与西部干旱半干旱大陆性气候条件相比，新型城镇的生态环境对人类活动和自然变异干扰的抵抗能力更强，生态恢复的周期和治理投入也相对小。

根据新型城镇生态保持或破坏程度、资源利用状况、城镇的历史及特色、经济发展水平和模式等可以将新型城镇的生态模式分为以下几种类型：工业开发型、生态农业型、旅游服务型、历史文化名城型、城市卫星型和生态退化型。各种类型的新型城镇的发展模式的具体情况，详见第五章——新型城镇的生态环境建设。

2.2 新型城镇生态建设的学科基础

2.2.1 生态学

“生态学”一词最早是由德国生物学家 E.H. Haeckel（赫克尔）于 1869 年提出的。赫克尔在其动物学著作中定义生态学是：研究动物与其有机及无机环境之间相互关系的科学，特别是动物与其他生物之间的有益和有害关系。后来，生态学定义中又增加了生态系统的观点，把生态学看做是生物学的主要分支学科之一，成为一门研究生物与其生活环境相互关系的科学。生态学把生物与环境的关系归纳为物质流动及能量交换，20 世纪 70 年代以来则进一步概括为物质流、能量流和信息流。

在新型城镇生态建设中，常用到的生态学基本原理如下：

（1）生态平衡原理

生态平衡是生态系统在一定时间内结构和功能的相对稳定状态，其物质和能量的输入输出均接近相等，在外来干扰下能通过自我调节（或人为控制）恢复到原初的稳定状态。当外来干扰超越生态系统的自我控制能力而不能恢复到原初状态时即生态失调或生态平衡被破坏。生态平衡是动态的，维护生态平衡不只是保持其原初稳定状态。生态系统可以在人为有益的影响下建立新的平衡，达到更合理的结构、更高效的功能和更好的生态效益。在新型城镇建设中，应具备全局观念，注意协调农业各部门、农业与工业、农村与城镇等各种关系，维持生态系统的动态平衡，使新型城镇生态系统形成最大生产力和活跃的生命力。

（2）生态位原理

生态位是指一个种群在生态系统中，在时间空间上所占据的位置及其与相关种群之间的功能关系与作用。生态位既表示生产空间的特性，又包括生活在其中的生物特性，如能量来源、活动时间、行为以及种间关系等。在城市及城镇等人工生态系统中，生态位不仅是地域空间概念、环境最优概念，而且涉及经济范畴。例如人口迁移总是趋于最适宜的生态位，由此而带来城镇地域的分异、空间的变化、结构的调整，从而达到经济的高效运转和资源的集约利用。因此，在新型城镇生态建设中，应努力创建生态位势高的生态系统，通过规划城镇的性质、功能、地位、作用及其人口、资源、环境等分布，为人们提供各种经济活动和生活行为的良好环境。

（3）多样性导致稳定性原理

生态系统的结构愈多样和复杂，则抗干扰的能力愈强，因而也易于保持其动态平衡的稳定状态。这是因为在结构复杂的生态系统中，当食物链（网）上的某一环节发生异常变化，造成能量、物质流动的障碍时，可由不同生物种群间的代偿作用加以克服。新型城镇生态系统中，各种用地具有的多重属性保证了城镇各类活动的展开，多种新型城镇功能的复合作用与多种交通方式使新型城镇更具有吸引力与辐射力，各部门行业和产业结构的多样性和复杂性使得城镇经济维持稳定。

（4）食物链（网）原理

食物链是生态系统中各生物之间以食物营养关系彼此联系起来的序列，由多条食物链彼此相互交错连结成的复杂营养关系为食物网。一个复杂的食物网是使生态系统保持稳定的重要条件，一般认为，食物网越复杂，生态系统抵抗外力干扰的能力就越强，食物网越简单，生态系统就越容易发生波动和毁灭。在新型城镇生态建设中，可以应用食物链（网）原理建立生态工艺、生态工厂、生态农业，综合利用各种物质，将“废弃物”重新回收到复杂系统的循环利用过程中，形成各种类型的“生态产业链”，在提高资源利用效率，减少污染物排放的同时，也可以维持新型城镇生态系统的稳定性。

（5）系统整体功能最优原理

新型城镇各个子系统功能的发挥影响了系统整体功能的发挥，同时，各子系统功能的状态，也取决于系统整体功能的状态；各子系统具有自身的目标与发展趋势，作为个体存在，它们都有无限制地满足自身发展的需要，而不顾其他个体的潜势存在。新型城镇各组成部分之间的关系并非总是协调一致的，而是呈现出共生、竞争等多重复杂的关系状态。因此，理顺新型城镇生态系统结构，改善系统运行状态，要以提高整个系统的整体功能和综合效益为目标，局部功能与效率应当服从于整体功能和效益。

2.2.2 环境科学

环境科学是现代社会经济和科学发展过程中形成的一门综合性学科，它是研究人类社会发展与环境（结构和状态）演化规律之间相互作用关系，寻求人类社会与环境协同演化、持续发展途径与方法的科学。从宏观层面研究人类同环境之间的相互作用、相互促进、相互制约的对立统一关系，揭示社会经济发展和环境保护协调发展的基本规律；从微观层面研究环境中的物质，尤其是人类排放污染物的分子、原子等微小颗粒在环境中和生物有机体内迁移、转化和积蓄的过程及其运动规律，探讨它们对生命的影响及作用机理等。

环境容量和环境承载力原理是新型城镇生态建设中最常用到的环境科学原理。

环境容量是指某区域环境对该区域发展规模及各类活动要素的最大容纳阈值。这些区域环境容量包括自然环境容量（大气环境容量、水环境容量、土地环境容量）和人工环境容量（用地环境容量、工业容量、建筑容量、人口容量、交通容量等），这些容量的总和，即为整体环境容量。区域环境容量的大小取决于区域环境功能的作用与区域的自然条件、社会经济条件和所选取的环境质量标准。环境承载力是指在一定时期、一定的状态或条件下，在一定区域范围内，维持区域环境系统结构不发生质的变化、环境功能不遭受破坏的前提下，区域环境系统所能承受的人类各种社会经济活动的能力，或者说是区域环境对人类社会发展的支持能力。因为区域环境承载力的容量大小主要取决于现有自然地理条件下的环境自调节水平，因此具有一定的稳定性，但也会通过经济社会及技术的发展得以改善和提高。

在新型城镇生态建设中，可通过分析新型城镇生态系统的环境容量和环境承载力，为新型城镇总体规划、空间布局、发展方向、发展水平、人口规模和用地规模等规划建设决策提供先决条件，并为供应各种物质资源和消纳废物的空间和基础设施系统设计提供依据。

2.2.3 产业生态学

20 世纪 80 年代物理学家 R.Frosch 等人模拟生物的新陈代谢过程和生态系统的循环时开展了“工业代谢”研究，N.Gallopoulos 等人进一步从生态系统的角度提出产业生态系统和产业生态学的概念。1991 年美国国家科学院与贝尔实验室共同组织产业生态学论坛，对产业生态学的概念、内容和方法以及应用前景进行全面系统的总结，产业生态学是应用生态学的一个分支，工业生态系统也应遵循自然生态系统的“循环性、多样性、地域性、渐变性”原则，遵循工业系统的规律，建立生态工业，实现可持续发展。

产业生态学认为工业系统既是人类社会系统的一个子系统，也是自然生态系统的一个子系统，认为工业系统中的物质、能源和信息的流动与储存不是孤立、简单的叠加关系，而是可以如同在自然生态系统中那样循环运行，形成复杂的、相互连接的网络系统，类似于自然生态学中稳定的自然生态系统。理想的工业生态系统应能以完全循环的方式运行，实现“零污染”“零排放”。在这种状态下，没有绝对意义上的废料，对某一个部门来说是废料，对另一部门来说却可能是资源。产业生态学从局地、区域和全球三个层次系统研究产品、工艺、产业部门和经济部门中的物质与能量的使用和流动。

产业生态学为研究人类工业社会与自然环境的协调发展提供了一种全新的理论框架，为协调各学科与社会各部门共同解决工业系统与自然生态系统之间的问题提供了具体可供操作的方法，是人类社会活动中协调经济、社会和环境各系统之间关系的最为有效的理论工具。

2.2.4 生态经济学

生态经济学形成于20世纪60年代，是自然科学中的生态学和社会科学中的经济学交叉渗透形成的一门边缘学科，也是一门研究人的经济活动与自然生态之间关系和运动规律性的科学。生态经济学研究的最终目的是为人类提供一种科学的决策依据和方法，即选择什么样的经济发展模式将使人类付出的代价最少，以及如何规划人类的社会行为，谋求在生态平衡、经济合理、技术先进条件下的生态与经济的协调，其理论核心是生态与经济协调发展。因此，生态经济既要受客观经济规律的制约，也要受客观生态平衡自然规律的制约，表现出明显的生态与经济协调的特征。

生态经济学具有明显的整体性、综合性、协调性和持续性特点。

生态经济系统、生态经济平衡和生态经济效益是其最基本的理论范畴：生态经济系统是一切经济活动的载体，也是生态经济学的研究对象，要充分认识人在生态经济系统中地位的两重性；生态经济平衡是检验生态与经济协调发展的信号，是推动实现生态与经济协调发展的动力；生态经济效益是人类发展经济的最终目的，这里的效益是经济效益、生态效益和社会效益的综合。三者互相联系又互相制约，指导人类努力正确经营管理生态经济系统，保持生态经济平衡，取得最好的生态经济效益。

生态经济学的研究内容除了经济发展与环境保护之间的关系外，还有环境污染、生态退化、资源浪费的产生原因和控制方法，环境治理的经济评价，经济活动的环境效应等。另外，它还以人类经济活动为中心，研究生态系统和经济系统相互作用而形成的复合系统及其矛盾运动过程中发生的种种问题，从而揭示生态经济发展和运动的规律，寻求人类经济发展和自然生态发展相互适应、保持平衡的对策和途径。更重要的是，生态经济学的研究结果还应当成为解决环境资源问题、制定正确的发展战略和经济政策的科学依据。总之，生态经济学研究与传统经济学研究的不同之处就在于，前者将生态和经济作为一个不可分割的有机整体，改变了传统经济学的研究思路，促进了社会经济发展新观念的产生。

在新型城镇生态建设中，生态经济学主要应用于：①生态环境资源可持续利用的生态经济评价；②经济系统的可持续性判断评价指标体系；③揭示大量严重的生态环境问题背后的社会经济关系，为制定协调这种关系的政策提供理论依据；④探索切实可行的生态经济系统量化方法。

2.2.5 景观生态学

邬建国博士在《景观生态学－格局、过程、尺度与等级》一书中定义景观有狭义和广义之分，狭义景观指在几十千米到几百千米的范围内，由不同生态系统组成的、具有重复性格局的地理单元，广义景观包括出现在微观到宏观不同尺度上的，具有异质性或缀块性的空间单元。广义景观强调空间异质性，景观的绝对空间尺度随研究对象、方法和目的而变化。

景观生态学是研究景观单元的类型组成、空间配置及其与生态学过程相互作用的综合性学科。景观生态学研究的核心是空间格局、生态学过程和尺度之间的相互作用。强调空间异质性的维持与发展，生态系统之间的相互作用，大区域生物种群的保护与管理，环境资源的经营与管理，以及人类对景观及其组分的影响。

景观生态学的研究对象可以概括为结构、功能和动态，景观的结构、功能和动态是耦合的动态过程。在景观生态学的各个组织层次上，景观系统的结构决定景观的功能，反过来结构的形成与发展也受到功能的影响。景观也是一个动态变化的过程，景观的结构和功能在自然的、人为的、生物的和非生物的因素影响下随时间而变化。

景观生态学的研究重点主要集中在以下几个方面：①空间异质性或格局的形成和动态过程；②格局－过程－尺度之间的相互关系；③人类活动与景观结构和功能的关系；④景观异质性的维持与管理；⑤景观的演化和干扰。

传统生态学的思想强调生态系统的动态平衡、稳定性、均质性、确定性及可预测性。但实际中时间和空间上的异质性才是生态系统的普遍特征，人类的干扰活动加强了这种异质性。景观生态学强调多尺度空间格局和生态学过程的相互作用以及斑块动态过程，更能合理和有效地解决实际的环境和生态问题。

景观生态学为景观及城乡规划提供了一个新的思维模式——景观生态规划，它是在追求“秩序”和生态适应性的经典规划和生态规划方法论之上的又一次思维转变。

新型城镇景观生态规划的基本原则是：

（1）协调人与自然的关系，保持文化特色的同时，在人工环境中营造多样化和本地化的自然，以增加生态的多样性和视觉的多样性；

（2）合理安排城市空间结构，尤其是城市生态用地的斑块和廊道的布局，保持一定的相对集中的敞开生态空间；

（3）维持景观生态过程和布局的连续性，为物种提供连续的生存空间；

（4）保护生态环境敏感区，对破坏的生境给以生态补偿；

（5）生态建设和基础设施建设要相互结合，互相协调。

2.3 新型城镇生态建设的基本理论

2.3.1 区域可持续发展理论

（1）区域可持续发展的概念

1987 年 7 月，世界环境与发展委员会向联合国提交了题名为《我们共同的未来》的报告。报告对当前人类在发展和环境保护方面进行了全面和系统的分析，提出了一个为世人普遍接受的有关可持发展的概念，即：既满足当代人的需求，又不损害后代人满足其需求能力的发展。

“区域可持续发展”是可持续发展思想在地域上的落实与体现，是指不同尺度区域在较长一段时期内，经济和社会同人类、资源生态环境之间保持和谐、高效、优化、有序的发展，亦即是确保其经济和社会获得稳定增长的同时，谋求人口增长得到有效控制，自然资源得到合理开发利用，生态环境保持良性循环。

区域可持续发展的研究对象是区域可持续发展系统。区域是一个不断发展的多层次的巨系统，区域可持续发展系统同一般系统一样，具有集合性、关联性、整体性、功能性、层次性和动态性的特点。

（2）区域可持续发展的实质和内涵

1）区域可持续发展的实质

发展是人类永恒的主题，是生命本性的需求，是经济和社会循序前进的变革。但传统的区域发展理论往往将经济增长率和产业结构转换作为发展的目的，忽视了人的需求以及资源的有限性和发展对环境的破坏，完全立足于市场而发展。区域可持续发展理论的实质是追求人类自身的发展，以人的发展为本位，谋求社会公平和人人康乐。

2）区域可持续发展的内涵

区域可持续发展理论具有深刻的内涵，综合了可持续发展的经济观、社会观和自然观。区域可持续发展在经济观上追求经济的持续发展。经济的持续发展是区域发展的前提和基础。在发展的过程中为了满足人们的需要而追求效率，以最少的资源成本获得最大的福利总量，最终形成一种持续发展的经济。区域可持续发展在社会观上主张公平，包括区内公平和区际公平、代内公平和代际公平，消除贫困，公平分配有限资源。本区域的发展以不影响其他区域的发展为前提，当代人的发展以不影响后代人的发展为保证。区域可持续发展在自然观上注重环境效益，要求在经济持续发展的同时，充分考虑到经济、社会发展对生态环境造成的压力，要努力改善环境质量，注意协调人与自然的关系。

（3）区域可持续发展的原则

1）公平性原则

在区域可持续发展理论中，人与自然作为构成区域复合生态系统的重要组成部分，在系统中的地位应是公平的，人不能把自己凌驾于自然之上。人与人之间也是公平的，包括当代人之间的横向公平和不同世代人之间的纵向公平两层意思，这也是可持续发展理念中公平性原则的体现。地区之间同样公平，一个区域的生产、消费以及对资源环境的实践活动不能够对其他区域生产、消费和资源、环境产生削弱与危害。

2）持续性原则

区域环境生态系统作为发展的支持系统，其维持取决于系统内部物质与能量的平衡。在一定限度内，人类活动可以改变物质与能量的流量，满足社会对自然资源、环境适度以及废物处理能力的需要。但一切环境系统都有一定的承载力，存在着承受干扰的上限与下限，如果超过这些界限，就会造成环境破坏，从而限制了发展也危害了人类。在区域可持续发展理论中，要求区域在发展同时，也要根据区域生态系统持续性的条件和限制因子调整生产生活方式和对资源的需求，在生态系统可以保持相对稳定的范围内确定发展的消耗标准，把资源视为财富，而不是把资源视为获得财富的手段。

3）共同性原则

由于发展历史、发展条件的不同，不同区域间发展水平差异很大。在区域可持续发展理论中，各区域可持续发展的具体目标、政策和实施步骤不可能是统一的，应该根据自身的环境特点、相关因素、发展过程，因地制宜地探讨各自适当的发展模式。

4）需求性原则

需求是人的生命存在、发展和延续的直接反映，是人体机能的客观的综合要求，是自然界生命物质和社会历史长期进化的产物。人类在追求幸福的过程中，从来没有忘记过寻找满足自己需要的最优途径。在区域可持续发展理论中，需求性原则要求区域发展要立足于人的合理需求而发展，强调人对区域资源和环境无害的需求，而不是一味地追求市场利益，目的是向所有的人提供实现美好生活愿望的机会。

5）高效性原则

区域可持续发展的高效性不仅仅是根据区域经济生产率来衡量的，更重要的是根据人们的基本需求所得到的满足程度来衡量，是人类整体发展的综合和整体的高效。对于物质生产来讲，高效性是指在区域生态系统可容许的界限内，达到在时空上对资源的最大利用效率和以尽可能低的代价产出尽可能多的效益；对于非物质生产来讲，高效性包括能充分吸收利用人类一切先进文明成果，形成有利于实践活动实现高效率的社会文化价值和经济运行机制。

（4）区域可持续发展理论在新型城镇生态建设中的应用

在新型城镇生态建设中应用区域可持续发展理

论，应主要从以下几方面去考虑：

1）新型城镇基础设施建设中不要盲目仿效大城市，片面求大、求宽、求洋、求高、求快，应根据自身特点，在功能区划分、交通布局、建筑形式等方面，因地制宜，形成新型城镇的独特个性优势，同时避免大城市所特有的环境公害。

2）新型城镇不仅要满足人的物质需要，更要满足人的精神需要，不仅要追求物质量的增加，而且要追求文明的行为和生态环境的美化舒适。在新型城镇生态建设中，应根据新型城镇的资源环境特点，建立符合自身特点的低消耗、少污染、高附加值的可持续发展生产体系，重视保护自然资源，保持资源的可持续供给能力，特别是保持耕地总量，提高工业废水和生活污水的处理率，实现生态环境趋向良性循环。

3）新型城镇建设中，自然山水的价值和本地生物往往被忽略和遗忘，城镇周围任意开山取石、自然河道任意裁弯取直、河流水面堤岸随意固化，一些具有重要生态价值的山体、湿地被夷平或者填平，连接城乡之间的一些天然绿色通道因人为开发不当而被破坏，失去了作为永久生物栖息地和城市中残遗的自然保护地的功能和价值，当地乡村和自然山水中的动物种类数量减少。这些均会对新型城镇生态平衡造成严重的影响，降低新型城镇生态系统的稳定性。

2.3.2 生态城市理论

（1）生态城市概念

生态城市这一概念是在联合国教科文组织发起的“人与生物圈计划”研究过程中提出的，与“绿色城市”“健康城市”“园林城市”“山水城市”“环保模范城市”等概念虽有联系，但又具有一定的差别。

生态城市可以理解为在生态系统承载能力范围内运用生态经济学原理和系统工程方法去改变生产和消费方式、决策和管理方法，挖掘市域内外一切可以利用的资源潜力，建设经济发达、生态高效的产业，体制合理、社会和谐的文化以及生态健康、景观适宜的环境，实现经济、社会和环境的协调统一与持续发展。

黄光宇教授认为生态城市是根据生态学原理，综合研究城市生态系统中人与“住所”的关系，并应用生态工程、环境工程、系统工程等现代科学与技术手段协调现代城市的经济系统与生物的关系，保护与合理利用一切自然资源与能源，提高资源的再生与合理利用水平，提高人类对城市生态系统的自我调节、修复、维持和发展的能力，使人、自然、环境融为一体，互惠共生。

（2）生态城市建设的目标

生态城市建设的目标应该从社会、经济、生态三方面来界定，即实现社会文明、经济高效、生态和谐。

促进城市生态环境向净化、绿化、美化的可持续生态系统演变，全面协调人与自然、人与环境的关系，为社会经济发展创造良好的生态基础；促进传统经济向资源型、知识型和循环型高效持续生态经济的转型，以高新技术产业和生态产业为龙头，带动经济的腾飞；促进居民由传统的生产、生活方式及价值观念向环境友好、资源高效循环、系统和谐、社会融洽的生态文化转型，培育一代有理想、有文化、高素质的生态社会建设人才。

（3）生态城市的内涵与特征

1）生态城市的内涵

黄光宇教授在《生态城市理论与规划设计方法》一书中将生态城市的内涵归纳为哲学层次、文化层次、经济层次和技术层次四个方面，具体内容如下：

①哲学层次

传统的哲学主张通过对自然的改造进而统治自然，现代技术的发展强化了这种人对自然的主宰地位和理念，这是工业文明时代的哲学，为工业文明的发展奠定了世界观的基础。另一方面，工业文明带来的生态和环境危机催生了生态哲学。

生态哲学是一种新的伦理观与道德观，在承认自然价值的基础上强调自然的权利，它强调人是自然界的一部分，和其他物种一样受自然规律的制约，是自然界这个整体中的有机组成。生态城市的生态世界观决定了其是在人—自然系统整体协调、和谐的基础上实现自身的发展，人与自然的价值都不能大于人—自然统一体的整体价值。

②文化层次

生态城市是生态文化的产物，又是生态文化的创造者，是一种人与自然协调发展的文化，是实现人与自然的关系由对立走向统一的文化，从整体角度协调、统一不同文化背景下生态城市的发展。生态城市文化崇尚健康、公平、协调的消费观与发展观，崇尚的是城市个性的张扬与共性的保存。

③经济层次

经济的发展历程经历了粗放型向集约型再向生态经济的转变，粗放型经济已经淘汰，集约型经济强调的是以最少的消耗、最快的速度、最短的周期谋求最大的经济效益，衡量社会总体经济效益的指标是人均国民生产总值。人均国民生产总值存在的致命缺陷是既不能反映自然资源和环境的消耗和价值，也反应不出经济活动的全部效应和价值。

生态城市的经济发展是集约内涵式的，重视质量和综合效益，以效用价值论为基础，承认自然资源的价值，主张绿色核算、清洁的生产和资源能源的节约与循环利用。

④技术层次

生态技术主张和其他生命物种相互依存、共同繁荣，对资源和能源进行可再生利用，根据自然生态规律确定技术发展的界限，以知识、信息技术为核心，是人、自然和社会高度协调的新技术体系。生态技术的目的是实现经济效益、生态效益和社会效益的统一，是生态城市得以运转的重要物质手段。

2）生态城市的特征

生态城市是在对传统城市发展扬弃的基础上发展起来的，以生态文明的思想为引领，其结构和功能与传统的城市相比具有鲜明的生态特征。

①和谐性

生态城市将自然引入城市，将城市的功能由单纯的社会经济功能繁衍到在生态功能支持下的社会经济功能，实现了经济功能与生态功能的协调统一，使人的天性得以充分的表现，自然性得以充分的发挥。

②高效性

生态城市推广循环经济和生态农业，鼓励引进和应用先进、清洁的技术，以低投入获得高受益；经济、社会和生态的高度和谐，也是高效性的原因和表现。

③整体性

生态城市通过资源的合理利用和结构的调整实现社会、经济和环境效益的统一，协调发展与公平之间的关系，兼顾当代与后代的利益和对发展的需求。不仅重视经济发展与环境的协调，更注重对人类生活质量的提高和改善，强调人与自然的协同发展。

④多样性

生态城市是与特定的地域空间、社会文化联系在一起的，不同地域、不同社会历史背景下的生态城市必将显示不同的特色与个性，呈现多样化的特征。

（4）生态城市建设的内容

2002年，在广东省深圳市召开的第五届国际生态城市大会讨论通过了《生态城市建设的深圳宣言》以下简称《宣言》，《宣言》阐述了建设生态城市包含的5个方面内容：

一是生态安全，即向所有居民提供洁净的空气、安全可靠的水、食物、住房和就业机会，以及市政服务设施和减灾防灾措施的保障。

二是生态卫生，即通过高效率低成本的生态工程手段，对粪便、污水和垃圾进行处理和再生利用。

三是生态产业，即促进产业的生态转型，强化资源的再利用、产品的生命周期设计、可更新能源的开发、生态高效的运输，在保护资源和环境的同时，满足居民的生活需求。

四是生态景观，即通过对人工环境、开放空间（如公园、广场）、街道桥梁等连接点和自然要素（水路和城市轮廓线）的整合，在节约能源、资源，减少交通事故和空气污染的前提下，为所有居民提供便利的城市交通。同时，防止水环境恶化，减少热岛效应和对全球环境恶化的影响。

五是生态文明，帮助人们认识其在与自然关系中所处的位置和应负的环境责任，引导人们的消费行为，改变传统的消费方式，增强自我调节的能力，以维持城市生态系统的高质量运行。

《宣言》呼吁城市规划应以人为本；确定生态敏感地区和区域生命保障系统的承载能力，并明确应开展生态恢复的自然和农业地区；在城市设计中大力倡导节能、使用可更新能源、提高资源利用效率和物质的循环再生；将城市建成具有高效、便捷和低成本的公共交通体系的生态城市；为企业参与生态城市建设和旧城的生态改造项目提供强有力的经济激励手段；鼓励社区群众积极参与生态城市设计、管理和生态恢复工作。

（5）生态城市理论在新型城镇生态建设中的应用

针对目前我国新型城镇建设存在的“水泥化”、管理无序、设施不配套、绿化面积和水平低、环境污染和生态破坏严重等问题，我国的新型城镇化建设应吸取城市发展的经验和教训，尽可能减少新型城镇化的负面影响，以保持良好的发展势头，走可持续发展的生态道路。如何建设可持续发展的生态新型城镇应注意以下几点：

1）科学论证，做好新型城镇总体规划

新型城镇规划是研究新型城镇的未来发展、新型城镇的合理布局和综合安排新型城镇各项工程建设的综合布置，是一定时期新型城镇发展的蓝图，是新型城镇建设和管理的依据，是一项政策性、科学性、区域性和综合性很强的工作，它要预见并合理地确定新型城镇的发展方向、规模和布局，作好环境预测和评价，协调各方面在发展中的关系，统筹安排各项建设，使整个新型城镇的建设和发展，达到技术先进、经济合理、环境优美的综合效果。

2）加强新型城镇基础设施建设，提高居民的生活质量

新型城镇基础设施是新型城镇为顺利进行各种经济活动和其他社会活动而建设的各类机构和设施。近几年来，我国的新型城镇基础设施建设虽然得到了很大的发展，但从总体来看，水平还比较低。要从新型城镇的总体效益出发，遵循客观规律，与经济发展水平和市场发育程度相适应，循序渐进，逐步形成合理体系，在政府的引导下，发挥市场机制的作用，加强新型城镇生态建设和污染综合防治，全面提高管理水平，形成各具特色的新型城镇风格，为居民创造一个整洁、宁静、高雅、舒适、便利的工作和生活环境。

3）加强新型城镇绿化建设

加强新型城镇绿化建设，创造良好的人居环境。实行严格的新型城镇绿化管理制度，切实保证绿化用地，合理划定绿化用地，科学安排绿化布局，充分利用原有的人文和自然条件，优先培育和种植区域适应性强、体现本地特色的绿化植物种类，通过规划和优化新型城镇用地结构、提高新型城镇土地利用率、扩大绿地比例等多种形式，不断增加绿地面积，保持生态功能和植物的多样性。“溶解”公园，使其成为新型城镇的绿色基质；“溶解”新型城镇，保护利用高产农田作为新型城镇有机组成部分，建设山、水、城、林相依的宜居型生态新型城镇，加强城郊防护林体系与新型城镇绿地系统相结合，使防护林体系在总体布局、设计、林相结构、树种选择等方面，与新型城镇、文化艺术、市民休闲、医疗健康、保健等方面密切相关。

新型城镇的生态建设要求各部门密切配合，强化新型城镇管理。新型城镇管理涉及城建、环保、土地、园林、工商、公安、交通、水利、科技等许多部门和单位，单靠一个部门或单位难以奏效。环保部门对所有新、扩、改建项目要严格执行“三同时”和“环境影响评价”制度，对生产过程中产生的废水、废气、固体废物及其他污染物严格控制，促进环境资源的合理配置和污染物排放总量削减，同时要积极实施对环境的统一监督管理权；城建、园林、公安、工商、交通、土地要合理配置土地资源，合理安排新型城镇建筑密度，提高建筑物和构筑物的审美价值。

4）推行清洁生产，发展生态产业

生态产业是按生态经济原理和知识经济规律组织起来的基于生态系统承载能力，具有高效的经济过程及和谐的生态功能的产业。它将污染控制应用于生命周期的全过程，将“动脉产业”和“静脉产业”循环耦合，谋求资源的高效利用和有害废物的“零排放”，将产业基地与生态环境融为一体，纳入整个生态系统统一管理。通过ISO14000认证，建立生态产业园区，发展循环经济，逐步把传统产业调整、发展为生态产业，形成一种可持续发展的生态化产业体系，努力提高生态经济（绿色GDP）在国民经济中的份额。该系统的有效运行是以合理的产业结构、产业布局和生态产业链为基础的。

5）倡导生态文化，提高公众的持续发展意识

生态文化提倡天人合一的自然观和简朴和谐的消费方式。以生态文化逐步改变人的价值取向和行为模式，从而诱导绿色、文明的生产消费方式。提高公众的参与意识，使善待自然、保护环境成为全社会的自觉行为，促进可持续发展的现代化生态新型城镇建设。

6）构筑现代交通网络，形成高效益的流转系统

现代化的生态新型城镇系统应以良好基础设施为支撑，为物流、能源流、信息流、价值流和人流的运动创造条件，在加速的有序运动中，减少经济损耗和对新型城镇生态环境的污染。高效益的流转系统，包括能畅通地连接内外并形成网络的交通运输系统，建立在通讯数字化、智能化和网络化基础上的快速有序的信息传输系统，配套齐全、保障有力的物资和能源的供给系统，网络完善、布局合理、服务良好的商业、金融服务系统。

7）生态农业建设

在一定程度上，农业生态系统的弊病表现为均一化和同化，生物多样性低，系统的调节和恢复能力差。生态新型城镇的全面建设要求实现农业的生态化，重点应该从以下几项工程入手：

①“两高一优”生态农业基础建设工程

②高产优质高效综合开发工程

③畜牧水产生产加工服务体系建设工程

④节能增效、净化环境的农村环境治理与能源建设工程

⑤改善生态环境的植树绿化工程

⑥人口素质与质量建设

⑦农业机械化配套

8）保护和建立多样化的乡土生态环境系统和建设乡土植物苗圃

地球生态系统的生命力就在于其丰富的多样性，在大规模的新型城镇建设、道路修筑、水利工程以及农田开垦过程中，毁掉了太多独具特色被视为荒滩荒地的乡土植物生境和生物的栖息地。这些地方往往具有非常重要的生态和休闲价值，保留这种景观的异质性，对维护新型城镇及国土的生态健康和安全具有重要意义，也可维护大地景观格局的连续性，维护自然过程的连续性。

新型城镇即使达到30%甚至50%的绿地率，由于过于单一的植物种类和过于人工化的绿化方式，其绿地系统的综合生态服务功能并不很强。建立乡土植物苗圃是维护生物多样性和区域特色最好的方式，而且系统的稳定性和应变性强，投入相对要少。

2.3.3 循环经济理论

（1）循环经济的概念

循环经济一词是对物质闭环流动型经济的简称。20世纪90年代以来，学者和政府在实施可持续发展战略旗帜下，越来越有共识地认识到，当代资源环境问题的根本在于工业化运动以来高开采、低利用、高排放（所谓两高一低）为特征的线性经济模式，为此提出人类社会的未来应该建立起一种以物质闭环流动为特征的经济，即循环经济，其本质上是一种生态经济，是在可持续发展思想指导下把资源的综合利用、清洁生产、生态设计和可持续消费融为一体的经济模式。从而实现可持续发展所要求的环境与经济“双赢”，即在资源环境不退化甚至得到改善的情况下促进经济增长。

（2）循环经济的3R原则

循环经济的建立依赖3R原则，即减量化原则、再利用原则和再循环原则。3R原则分别从输入端、过程和输出端对生产提出了要求。循环经济3R原则要求减少进入生产和消费流程的物质量，延长产品和服务的时间强度，把废物再次变成资源以减少其最终处理量。

减量化原则要求在生产过程中减少进入生产和消费流程的物质量，以尽量少的资源和能源的投入达到给定的生产目的和消费目标，即是预防废弃物的产生而不是产生后治理，从而在经济活动的源头就注意节约资源和减少污染。同时要求产品体积小型化和产品质量轻型化，在包装上要求简单、朴实。在消费中，要求人们减少对物品的过度需求，选择包装物较少和可循环的物品等。

再使用原则要求产品和包装容器能够以初始的形式被多次使用，防止物品过早地成为垃圾，从而提高产品和服务的利用效率。在生产中制造商要按标准尺寸和模式进行设计和生产，以便物品的维修和部件的更换，而不是整个物品的废弃；在生活中，应该对物品进行维修而不是简单地更换，对于可利用的物品要送入到循环利用的渠道而不是简单地抛弃。

在循环原则要求生产出来的物品在完成其使用功能后作为新的资源重新利用，即把废物变成资源以减少末端处理的负荷和废物对环境的污染。

（3）循环经济的特点

循环经济是按照生态规律组织整个生产、消费和废物处理过程，其本质是一种生态经济，与传统的经济模式相比，循环经济具有三个重要的特点和优势。

第一，循环经济可以最大限度地提高资源和能源的利用效率，减少废弃物的排放，保护生态环境。传统经济是由“资源—产品—污染物排放”所构成的单向物质流动的经济，对资源的利用是粗放式的和一次性的。循环经济的模式是“资源－产品－再生资源－再生产品”，遵循资源输入减量化、延长产品和服务使用寿命、使废物再生资源化等三个原则，使得整个产业过程基本不产生或者产生很少的废物，提高资源的使用周期和寿命。

第二，循环经济可以实现社会、经济和环境的协同发展。传统的经济发展片面追求经济效益的最大化，盲目地开发资源和破坏生态，各个产业之间各自为战，缺少必要的联系和合作，其经济特点是高开采、高消耗、高排放、低利用的线性经济。循环经济以协调人与自然关系为准则，使社会生产从数量型的物质生产转行质量型的服务增长，拉长了产业链，推动环保产业和其他新型产业的发展，增加就业机会，促进社会发展。

第三，循环经济通过三个层面将生产和消费有机结合成为一个整体。循环经济的三个层面是：企业内部的清洁生产和资源循环利用；共生企业间或产业间的生态工业网络；区域和整个社会的废物回收和再利用体系。

因此发展循环经济是协调社会经济发展的前进性和资源能源供给的有限性的根本途径，也是解决生态环境问题的重要措施。

（4）循环经济的要点

循环经济在 3R 原则指导下，通过清洁生产、生态工业、生态农业、持续农业、绿色消费和废物处理等环节，使物质和能量在企业、区域乃至整个社会系统实现闭路循环流动。

1）清洁生产

清洁生产将整体预防的思想应用于生产过程、产品和服务中，以增加生态效率以减少人类及环境的风险。对生产过程要求节约原材料和能源，淘汰有毒原材料，减少或降低所有废弃物的数量和毒性；对产品要求减少从原材料提炼到产品最终处置的生命周期的不利影响；对服务要求将环境因素纳入设计和所提供的服务中。

2）生态工业

生态工业是以清洁生产为导向的工业，根据循环经济的思想设计生产过程。生态工业园是实现生态工业和工业生态学的重要途径，他通过在工业园区内模拟自然生态系统的物流和能流，在企业间建设共生网络，以实现原料和能源的循环和梯级利用，减少废弃的物和能的产生。

3）持续农业

持续农业包括有机农业、生态农业等形式，其目的是实现农业增产、农业安全的同时保护环境，持续农业以有机肥代替化肥，培育优良品种，改善耕作和灌溉技术等手段促进农业的发展。

4）绿色消费

绿色消费包含三方面的内容：一是选择未被污染，有助于促进清洁生产或有助于公众健康的绿色产品；二是在消费中注重对产品的淘汰方式和对垃圾的处理，不造成环境污染；三是崇尚自然、健康的消费观念。

5）废物处理

“垃圾是放错地方的资源”，循环经济中的废物处理要求将废旧物资回收利用，用循环经济理论改造传统的生产方式，将废物循环利用，以实现零排放。

（5）循环经济的层次

循环经济具体体现在经济活动的三个重要层面上，分别运用 3R 原则实现三个层面的物质闭环流动。

1）企业层面（小循环）

在企业内通过推行清洁生产，减少生产和服务中物料和能源使用量，实现废弃物排放的最小化，组织厂内物料循环是循环经济在微观层次的基本表现。

2）区域层面（中循环）

按照工业生态学原理，通过区域间的物质、能量和信息集成，形成区域间的产业代谢和共生关系，建立生态工业园区。单个企业的清洁生产和厂内循环具有一定的局限性，因为它肯定会形成厂内无法消解的一部分废料和副产品，于是需要从厂外组织物料循环。生态工业园区就是要在更大的范围内实施循环经济，把不同的工厂联接起来形成共享资源和互换副产品的产业组合，使得一家工厂的废气、废热、废水、废物成为另一家工厂的原料和能源。

3）社会层面（大循环）

通过废弃物的再生利用，实现消费过程中和消费过程后物质和能量的循环。大循环有两个方面的交互内容：政府的宏观政策指引和市民群众的微观生活行为。政府必须制定和完善适应生态城市的法律法规体系，使城市生态化发展到法律化、制度化；政府必须加强宣传教育，普及环境保护和资源节约意识，倡导生态价值观和绿色消费观，使公众特别是各级领导干部首先树立牢固的可持续发展思想，在决策和消费时能够符合环境保护的要求；政府要通过实行城市环境信息公开化制度，通过新闻媒体将环境质量信息公之于众，不断提高公众环境意识。

总之，在循环经济发展模式中，没有了废物的概念，“所有的废弃物都是放错了地方的资源”，每一个生产过程产生的废物都变成下一个生产过程的原料，所有的物质都得到了循环往复的利用，是一种可持续发展模式。发展循环经济是保护环境和削减污染的根本手段，同时也是实现可持续发展的一个重要途径。

（6）我国发展循环经济的政策环境

朱镕基同志 2002 年 11 月 25 日会见第三届中国环境与发展国际合作委员会第一次会议的中外委员时的讲话：“增强国家的可持续发展能力将是中国全面建设小康社会进程中的一项重要任务。中国政府高度重视可持续发展战略，将环境保护作为强国富民安天下的大事来抓。中国将把发展循环经济放在突出的位置，使环境保护与经济建设互相促进。”

曾培炎副总理 2003 年 7 月 2 日在全国重点流域区域污染防治工作会议上的讲话：“在发展经济的同时，降低资源消耗，是减少污染排放、减轻生态破坏、促进可持续发展的治本之策。要坚定不移地走新型工业化道路，积极发展循环经济和环保产业。要鼓励发展资源节约型和废物循环利用的产业。规范资源回收与再利用的市场运行机制，扶持并鼓励资源再生利用产业的发展。建立健全各类废旧资源回收制度和生产者责任延伸制度，通过法律法规明确资源回收责任。加强政策引导，制定和完善废物循环利用的经济政策、自然资源合理定价相关政策。”

循环经济是国际社会推进可持续发展的一种实践模式，强调最有效利用资源和保护环境，表现为“资源—产品—再生资源”的经济增长方式，做到生产和消费“污染排放最小化、废物资源化和无害化”，以最小的成本获得最大的经济效益。

2.3.4 低碳经济理论

（1）低碳经济的概念

“低碳经济”是国际社会应对人类大量消耗化石能源、大量排放 CO_2 引起全球气候灾害性变化而提出的新概念。“低碳经济”一词最早出现在 2003 年公布的英国能源白皮书《我们能源的未来——创建低碳经济》中。在其中，“低碳经济是通过更少的自然资源消耗和更少的环境污染，获得更多的经济产出；低碳经济是创造更高的生活标准和更好的生活质量的途径和机会，也为发展、应用和输出先进技术创造了机会，同时也能创造新的商机和更多的就业机会。”

我国环境保护部认为：低碳经济是以低能耗、低排放、低污染为基础的经济模式，是人类社会继原始文明、农业文明、工业文明之后的又一大进步。其实质是提高能源利用效率和创建清洁能源结构，核心是技术创新、制度创新和发展观的转变。发展低碳经济是一场涉及生产模式、生活方式、价值观念和国家权益的全球性革命。

我国著名学者冯之浚和牛文元认为：低碳经济是低碳发展、低碳产业、低碳技术、低碳生活等一类经济形态的总称；是以低能耗、低排放、低污染为基本特征，以应对碳基能源对于气候变暖影响为基本要求，以实现经济社会的可持续发展为基本目的。

中国发展低碳经济途径研究课题组认为：低碳经济是一个新的经济、技术和社会体系，与传统经济体系相比在生产和消费中能够节省能源，减少温室气体排放，同时还能保持经济和社会发展的势头。

（2）低碳经济的实质

低碳经济的实质在于提升能源的高效利用、推行区域的清洁发展、促进产品的低碳开发和维持全球的生态平衡，是从高碳能源时代向低碳能源时代演化的一种经济发展模式。发展低碳经济关键在于降低化石燃料消耗，提高可再生能源比重。

（3）低碳经济的特点

综合性。低碳经济不是一个简单的技术或经济问题，而是一个涉及到经济、社会、环境系统的综合性问题。

战略性。气候变化所带来的影响，对人类发展的影响是长远的。低碳经济要求进行能源消费方式、经济发展方式和人类生活方式进行一次全新变革，是人类调整自身活动、适应地球生态系统的长期的战略性选择，而非权宜之计。

全球性。全球气候系统是一个整体，气候变化的影响具有全球性，涉及人类共同的未来，超越主权国家的范围，任何一个国家都无力单独面对全球气候变化的严峻挑战，低碳发展需要全球合作。

（4）低碳经济的要素

低碳经济包括五大要素：低碳技术、低碳能源、低碳产业、低碳城市和低碳管理。

1）低碳产业是载体，起到承载、传递和催化作用，带动现有高碳产业转型，形成新的经济增长点，促进经济“乘数”发展。

2）低碳城市是平台，以低碳理念为指导，以低碳技术为基础，以低碳规划为抓手，从生产、消费、交通、建筑等各个方面推行低碳发展模式。

3）低碳能源是核心，主要包括可再生能源、核能和清洁的化石能源。

4）低碳技术是驱动力，主要包括化石能源的清洁高效利用、可再生能源和新能源开发利用、传统技术节能改造、碳捕获和封存等。

5）低碳管理是保障，包括明确的发展目标、完善的法律法规、创新的体制机制等。

（5）低碳经济发展的重点

《中国发展低碳经济途径研究课题组》通过深入的分析和研究，给出了我国发展低碳经济的途径：

1）走新型、低碳工业化道路，提高碳生产力

优化产业结构，淘汰落后产能，促进产业升级；大力发展服务业，特别是知识、技术和管理密集型的现代服务业；工业内部培育发展新型产业和高技术产业，如节能环保、电子信息、技术密集型的制造业等。大力发展循环经济，开展资源节约利用，降低资源使用量；强化重点行业资源能源消耗管理，提高资源综合利用率；推进清洁生产，强化污染预防和全过程控制，降低污染物和温室气体排放。加快技术进步，提高工业部门能源利用效率。

2）走新型城市化道路，建设低碳城市

倡导紧凑型城市化道路，适度提高城市密度；优化城市土地使用功能布局，改善城市形态与空间布局；依托特大城市和中心城市，发展城市群、城市带和城市组团，提高城市资源配置效率。大力发展公共交通和步行、自行车等无碳交通系统，倡导改善出行方式，提高公共交通分担率，优化城市交通模式；大力发展混合燃料汽车、电动汽车等低碳排放的交通工具。加强建筑节能技术和标准的推广，开展既有高耗能建筑节能改造，建设城市低碳建筑。改进城市能源供给方式，推进热电联产和热、电、冷三联供分布式能源供给方式，推进供热体制改革，扩大新能源利用。加强城市能源管理，开展节能产品认证。

3）优化能源结构，大力发展低碳能源

大力发展先进燃煤发电技术，推进热电、热电冷联供等多联产技术，提高煤炭资源清洁、高效利用水平。优化石油天然气供应，增加天然气对煤炭和石油的替代，提高天然气在能源消费中的比重。大力发展水电、核电、风电、太阳能等低碳和无碳能源。构建智能电网，增加可再生能源入网率，就地利用可再生能源。

4）加强宣传教育和政策引导，建立可持续消费模式

加强制度建设，制定出台相关法律、法规、标准等。加强宣传教育力度，研究开展国家、社区、企业、学校、家庭等不同层面的宣传教育，增强公民绿色消费意识；逐步建立公民低碳消费行为准则。建立绿色信息共享和监督机制，建立有关法律、标准、行政程序、技术和产品的信息公开制度；研究提出适合中国国情的碳排放量（碳足迹）公式，并在全社会推广；建立实时的、可监测的碳排放信息公开机制。

5）改善土地利用，扩大碳汇潜力

通过造林和再造林、退化生态系统恢复、建立农林复合系统、减少毁林、改进采伐作业措施、采取替代物减少林业产品使用等措施增加森林碳汇。通过秸秆还田、施肥管理、退耕还林和还草、施用有机肥、发展替代产业等增加耕地碳汇。通过草地恢复、防止过度放牧、采取合理的畜牧业管理措施等保持和增加草原碳汇。

6）促进低碳技术的创新和应用，形成新的国际竞争优势

推广应用先进成熟技术，积极引进国外先进能效技术，提高能效水平。安排部署新一代低碳技术研发和示范。构建低碳技术创新支撑体系，完善政策激励。

（6）我国发展低碳经济的政策环境

2007年9月8日，中国国家主席胡锦涛在亚太经合组织（APEC）第15次领导人会议上，明确主张“发展低碳经济”、研发和推广“低碳能源技术”“增加碳汇”“促进碳吸收技术发展”。

2008年1月，清华大学在国内率先正式成立低碳经济研究院，重点围绕低碳经济、政策及战略开展系统和深入的研究，为中国及全球经济和社会可持续发展出谋划策。

2008年“两会”，全国政协委员吴晓青明确将“低碳经济”提到议题上来，建议应尽快发展低碳经济，并着手开展技术攻关和试点研究。

2009年8月24日，在十一届全国人大常委会第十次会议上，国家发改委副主任解振华受国务院委托，向大会作了《国务院关于应对气候变化工作情况的报告》指出：我国将继续建设性地推进气候变化国际谈判，以最大的诚意，尽最大的努力，推动今年12月哥本哈根会议取得成功；中国将试行碳排放强度考核制度，探索控制温室气体排放的体制机制，在特定区域或行业内探索性开展碳排放交易。

2009年9月15日，时任国家主席胡锦涛在新加坡出席气候变化非正式早餐会，强调各方应恪守《联合国气候变化框架公约》、《京都议定书》以及“巴厘路线图”中的原则和要求，遵循共同但有区别的责任原则。发达国家应继续承担大幅量化减排义务；发展中国家根据本国国情，在发达国家资金和转让技术的支持下，尽可能减缓温室气体排放，努力适应气候变化；建立有效资金机制，发达国家应承担向发展中国家提供资金支持的责任。

2009年9月22日，时任国家主席胡锦涛在联合国气候变化峰会开幕式上发表题为《携手应对气候变化挑战》的重要讲话。指出，应对气候变化，实现可持续发展，是摆在我们面前一项紧迫而又长期的任务，事关人类生存环境和各国发展前途，需要各国进行不懈努力。

2009年11月，在哥本哈根世界气候大会上，我国政府作出了降低单位国内生产总值CO_2排放量的承诺，到2020年中国国内单位生产总值CO_2排放量将比2005年下降40%～45%。

2010年7月19日，国家发展改革委发布《关于开展低碳省区和低碳城市试点工作的通知》（发改气候〔2010〕1587号），确定广东、辽宁、湖北、陕西、云南五省和天津、重庆、深圳、厦门、杭州、南昌、贵阳、保定八市为我国第一批国家低碳试点。

2011年11月，国家发改委发布《关于开展碳排

放权交易试点工作的通知》（发改办气候[2011]2601号），同意北京市、天津市、上海市、重庆市、广东省、湖北省、深圳市开展碳排放权交易试点。《通知》要求，各试点地区要研究制定碳排放权交易试点管理办法，明确试点的基本规则，测算并确定本地区温室气体排放总量控制目标，研究制定温室气体排放指标分配方案，建立本地区碳排放权交易监管体系和登记注册系统，培育和建设交易平台，建设碳排放权交易试点支撑体系。

2012年11月26日，国家发改委下发《国家发展改革委关于开展第二批低碳省区和低碳城市试点工作的通知》（发改气候[2012] 3760号文件），确立了包括北京、上海、海南和石家庄等29个城市和省区成为我国第二批低碳试点。

2013年6月18日，深圳碳交易市场正式开市交易，11月26日和11月28日，上海和北京也相继启动碳交易。

2014年11月13日，中美发表气候变化联合声明，我国提出计划到2030年左右CO_2排放达到峰值的目标，并计划到2030年非化石能源占一次能源消费比重提高到20%左右。

2014年11月24日，《国家应对气候变化规划（2014—2020年）》公开发布，明确2020年前我国应对气候变化总体工作部署。

2014年12月12日，国家发改委发布《碳排放权交易管理暂行办法》，2015年1月起实施。京津沪渝鄂粤深7试点省市碳交易平台全部上线交易。

2.4 新型城镇生态环境建设规划的原理和方法

2.4.1 新型城镇生态环境规划的任务

新型城镇的生态规划是根据一定时期新型城镇的经济和社会发展目标，以新型城镇的环境和资源为条件，确定新型城镇生态建设的方向、规模、方式和重点的规划。新型城镇的生态环境规划是新型城镇生态建设和环境管理的基本依据，是保证合理的生态建设和资源合理开发利用和正常的生活、生产的前提和基础，是实现新型城镇可持续发展的重要手段。

2.4.2 新型城镇生态环境规划的指导思想

贯彻可持续发展战略，坚持环境与发展综合决策，努力解决新型城镇建设与发展中的生态环境问题；坚持以人为本，以创造良好的人居环境为中心，加强城镇生态环境综合整治，努力改善城镇生态环境质量，实现经济发展与环境保护“双赢”。

2.4.3 新型城镇生态环境建设规划的原则

生态环境是经济发展的重要条件之一，城镇生态系统是一个复合的生态系统，包括社会的和经济的要素，同时又与区域的生态系统密切联系，生态环境的好坏直接影响城镇的发展方向和速度。新型城镇的发展不能脱离水、土地、能源、资源和环境而独立存在。因此，新型城镇的生态建设应遵循如下的原则。

（1）“以人为本，生态优先”的原则

以人为本，生态优先是在生态问题日益成为阻碍经济发展和社会进步的情况下形成的一种新的生态观、伦理观，是正确处理生态与发展关系的前提条件。要求将新型城镇看作一个有机的生态系统，利用生态学的原理、社会与经济学的原理来明确新型城镇的发展目标、发展途径。确立优化环境的资源观念，改变粗放的发展模式，建设生态化城镇。

（2）正确处理社会、经济和环境的关系

发展的目标是实现人类或区域社会福利的最大化，社会的进步是目的，环境的优化是保障，经济的发展是手段。所以新型城镇的生态环境建设要在保证生态系统物质循环和能量流动平衡的前提下，坚持环境建设、经济建设、城镇建设同步规划、同步实施、同步发展的方针，实现经济效益、社会效益与生态效益的统一。

（3）立足实际，发扬特色

根据区域生态建设的总体要求，密切结合区域资源、环境特点，统筹规划，形成具有区域特色的和弹性的生态环境系统。针对新型城镇所处的特殊地理位置、环境特征、功能定位，正确处理经济发展同人口、资源、环境的关系，合理确定新型城镇产业结构和发展规模。

（4）污染防治与生态建设并重

坚持污染防治与生态环境保护并重、生态环境保护与生态环境建设并举。预防为主、保护优先，统一规划、同步实施，努力实现城乡环境保护一体化。

（5）突出重点，统筹兼顾

以建制镇环境综合整治和环境建设为重点，既要满足当代经济和社会发展的需要，又要为后代预留可持续发展空间。

（6）开发与保护

坚持将城镇传统风貌与城镇现代化建设相结合，自然景观与历史文化名胜古迹保护相结合，科学地进行生态环境保护和生态环境建设。

（7）统一性原则

坚持新型城镇环境保护规划服从区域、流域的环境保护规划。注意环境规划与其他专业规划的相互衔接、补充和完善，充分发挥其在环境管理方面的综合协调作用。

（8）坚持前瞻性与可操作性的有机统一

既要立足当前实际，使规划具有可操作性，又要充分考虑发展的需要，使规划具有一定的超前性。

2.4.4 新型城镇生态环境规划的特点

新型城镇的生态规划是将生态学的思想和原理渗透于城市规划的各个方面，使城市规划生态化，同时关注城市的社会生态、城市生态系统的可持续发展。新型城镇生态规划是在新型城镇总体规划基础上进行的专项规划，城市总体规划为新型城镇生态专项规划确定了方向和指标，同时新型城镇生态规划又是一项综合性的工作，新型城镇的生态建设以良好的市镇基础设施和经济发展模式为依托，完善的新型城镇生态规划要辅以基础设施规划、经济发展规划。

2.4.5 新型城镇生态环境规划的程序

新型城镇环境规划的编制一般按下列程序进行：

（1）确定任务

当地政府委托具有相应资质的单位编制新型城镇环境规划，明确编制规划的具体要求，包括规划范围、规划时限、规划重点等。

（2）调查、收集资料

规划编制单位收集编制规划所必需的当地生态环境、社会、经济背景或现状资料，社会经济发展规划、城镇建设总体规划，以及农、林、水等行业发展规划的有关资料。必要时，对生态敏感地区、代表地方特色的地区、需要重点保护的地区、环境污染和生态破坏严重的地区，以及其他需要特殊保护的地区进行专门调查或监测。

（3）编制规划大纲

按照有关要求编制规划大纲。

（4）规划大纲论证

环境保护行政主管部门组织对规划大纲进行论证或征询专家意见。规划编制单位根据论证意见对规划大纲进行修改后作为编制规划的依据。

（5）编制规划

按照规划大纲的要求编制规划。

（6）规划审查

环境保护行政主管部门依据论证后的规划大纲组织对规划进行审查，规划编制单位根据审查意见对规划进行修改、完善后形成规划报批稿。

（7）规划批准、实施

规划报批稿报送县级以上人大或政府批准后，由当地政府组织实施。

2.4.6 新型城镇生态环境建设规划的主要内容

新型城镇是农村系统向城市系统演化过程中的一个阶段，与城市系统相比在规模、结构和功能等方面都要简单得多，生态方面比城市也更接近与自然状态。因而在城镇生态环境建设规划中要结合城镇的特点加强资源、环境和生态的规划与管理。通过合理的规划布局和规划产业结构的调整，改善资源的利用情况，控制新型城镇发展对生态环境干扰的强度，增强和完善环保设施及绿化状况，防治环境污染。

新型城镇生态环境建设规划的主要内容包括：

（1）基本概况

介绍规划地区自然和生态环境现状、社会、经济、文化等背景情况，介绍规划地区社会经济发展规划和各行业建设规划要点。

（2）现状调查

现状调查是规划的基础，包括区域现状调查和新型城镇现状调查，调查的具体内容如下：地形图；自然条件，包括气象、水文、地貌、地质、自然灾害、生态环境等；资源条件；主要的产业及工矿企业状况；历史沿革，性质，人口和用地规模，经济发展水平；基础设施状况；主要风景名胜，文物古迹，自然保护区的分布和开发利用条件；三废污染状况；土地开发利用情况；有关经济社会发展计划、发展战略、区域规划等方面的资料。

（3）环境功能区划分

根据土地、水域、生态环境的基本状况与目前使用功能、可能具有的功能，考虑未来社会经济发展、产业结构调整和生态环境保护对不同区域的功能要求，结合新型城镇总体规划和其他专项规划，划分不同类型的功能区（如：工业区、商贸区、文教区、居民生活区、混合区等），并提出相应的保护要求。要特别注重对规划区内饮用水源地功能区和自然保护小区、自然保护点的保护。各功能区应合理布局，对在各功能区内的开发、建设提出具体的环境保护要求。严格控制在城镇的上风向和饮用水源地等敏感区内有污染项目的建设（包括规模化畜禽养殖场）。

（4）生态环境质量预测与规划目标

分析新型城镇的土地利用、水资源、经济、交通、市政等发展规划，预测人口规模、城市规模、经济规模，进而分析环境污染和生态破坏的发展趋势和强度。对生态环境随社会、经济发展而变化的情况进行预测，并对预测过程和结果进行详细描述和说明。在调查和预测的基础上确定规划目标（包括总体目标和分期目标）及其指标体系，可参照全国环境优美新型城镇考核指标。

（5）制定新型城镇生态环境建设和规划的方案

首先要确定环境保护目标，再确定生态建设的规划方案。生态环境建设不仅要有良好的自然生态系统，还要有设计和运行良好的市政基础设施的协助，才能全面实现生态环境的保护和建设，所以生态环境建设规划方案包括以下几方面的内容。并结合资源能源规划、产业发展规划、科技发展规划统筹进行。

各专业规划要首先确定保护目标和控制目标，调查现状并预测发展趋势，提出相应的治理措施。

1）水环境综合规划

在对影响水环境质量的工业、农业和生活污染源的分布，污染物种类、数量，排放去向，排放方式，排放强度等进行调查分析的基础上，制定相应措施，对镇区内可能造成水环境（包括地表水和地下水）污染的各种污染源进行综合整治。加强湖泊、水库和饮用水源地的水资源保护，在农田与水体之间设立湿地、植物等生态防护隔离带，科学使用农药和化肥，大力发展有机食品、绿色食品，减少农业面源污染；按照种养平衡的原则，合理确定畜禽养殖的规模，加强畜禽养殖粪便资源化综合利用，建设必要的畜禽养殖污染治理设施，防治水体富营养化。有条件的地区，应建设污水收集和集中处理设施，提倡处理后的污水回用。重点水源保护区划定后，应提出具体保护及管理措施。

地处沿海地区的新型城镇，应同时制定保护海洋环境的规划和措施。

2）大气环境综合规划

针对规划区环境现状调查所反映出的主要问题，积极治理老污染源，控制新污染源。结合产业结构和工业布局调整，大力推广利用天然气、煤气、液化气、沼气、太阳能等清洁能源，实行集中供热。积极进行炉灶改造，提高能源利用率。结合当地实际，采用经济适用的农作物秸秆综合利用措施，提高秸秆综合利用率，控制焚烧秸秆造成的大气污染。

3）声环境综合规划

结合道路规划和改造，加强交通管理，建设林木隔声带，控制交通噪声污染。加强对工业、商业、娱乐场所的环境管理，控制工业和社会噪声，重点保护居民区、学校、医院等。

4）固体废物的综合规划，坚持减量化、资源化和无害化原则

工业有害废物、医疗垃圾等应按照国家有关规定进行处置。一般工业固体废物、建筑垃圾应首先考虑采取各种措施，实现综合利用。生活垃圾可考虑通过堆肥、生产沼气等途径加以利用。建设必要的垃圾收集和处置设施，有条件的地区应建设垃圾卫生填埋场。制定残膜回收再利用和可降解农膜推广方案。

5）生态环境保护规划

根据不同情况，提出保护和改善当地生态环境的具体措施。按照生态功能区划要求，提出自然保护小区、生态功能保护区划分及建设方案。制定生物多样性保护方案。加强对新型城镇周边地区的生态保护，搞好天然植被的保护和恢复；加强对沼泽、滩涂等湿地的保护；对重点资源开发活动制定强制性的保护措施，划定林木禁伐区、矿产禁采区、禁牧区等。制定风景名胜区、森林公园、文物古迹等旅游资源的环境管理措施。

洪水、泥石流等地质灾害敏感和多发地区，应做好风险评估，并制定相应措施。

（6）可达性分析

从资源、环境、经济、社会、技术等方面对规划目标实现的可能性进行全面分析。

（7）实施方案分析

1）经费概算

按照国家关于工程、管理经费的概算方法或参照已建同类项目经费使用情况，编制按照规划要求，实现规划目标所有工程和管理项目的经费概算。

2）实施计划

提出实现规划目标的时间进度安排，包括各阶段需要完成的项目、年度项目实施计划，以及各项目的具体承担和责任单位。

3）保障措施

提出实现规划目标的组织、政策、技术、管理等措施，明确经费筹措渠道。规划目标、指标、项目和投资均应纳入当地社会经济发展规划。

3 国内外城镇生态环境建设概况

3.1 国外城镇生态环境建设理论与技术

国外保护小城镇生态环境、建立生态型城镇的思想产生于19世纪英国社会学家霍华德1898年在《明日的田园城市》中提出的“田园城市”思想之后。这本书首次系统地提出了城乡一体化思想。他在序言中写道：“事实上并不像通常所说的那样只有两种选择——城市生活和乡村生活，而有第三种选择。可以把一切最生动活泼的城市的优点和美丽、愉快的乡村环境和谐地结合在一起。这种生活现实性将是一种磁铁。”霍华德的这一理论后来被誉为现代城市规划的理论基石，其城乡一体化理论也成为小城镇发展的主要指导思想。以芒福德的区域整体论、罗马俱乐部的《增长的极限》、英国 Guldmsiht 等人的《生命的蓝图》以及 Casron 的《寂静的春天》为代表的著作呼吁注重环境保护，掀起了人们系统研究城镇生态环境的热潮。此后，欧美发达国家在小城镇建设上开始从数量型转向质量型，20世纪80年代初前后，其经济支撑、科技投入、功能质量和环境质量不断得到提高。如：美国的“新城主义”、日本的“造乡运动”、德国的“村落更新”、瑞士村镇的“美学营造”等，其实质上都是建设生态环境优良、基础设施完备、建筑景观优美的小城镇。在生态小城镇的研究方面，围绕城市的可持续发展战略，开展生态城镇建设，采取了科学规划、建立生态指标体系、推行生态预算等方法。对生态城镇的建设和评价应用了数学模型法。小城镇的建设不仅有较为完善的管理体制，而且对环境保护和生态环境给予了极大的重视。

3.1.1 美国

作为世界上最发达国家之一的美国，其小城镇建设是在其国家工业化和城镇化任务基本完成的背景下进行的。

早在19世纪美国就开始了从农村社会向城市社会的转变。工业化的启动以及国内市场的扩大使城市数量迅速增加，规模逐渐扩大，城市空间结构也由最初的紧凑和密集结构向边缘区的小城镇、郊区小城镇和农业地带小城镇三种类型转变。这三种类型的小城镇都具有不同产业特色和功能，总体来看，有三个特点：一是注重宜居宜业环境的创造。始终把创造一个比城市更优美舒适的生活居住环境放在首位，十分注重改善小城镇的交通、通讯、公共服务等条件，为私人投资建设创造一个有利的投资环境。而处于农业地带的小城镇则把吸引和促进农副产品加工业和储运业的发展作为发展小城镇的重点。二是注重科学规划的引领。小城镇规划具有综合性、科学性。小城镇建设总体规划一般是依据联邦和州的有关法律规定的该区位特点及产业特色进行的，注重规划的综合性和长远性，市区建设规划比较强调整体协调和功能分区。三是注重城镇功能的提升。小城镇的交通、通讯、排污等公共基础设施建设都有预见性，避免多次修建、扩建造成损失。

20 世纪 80 年代，一种被称为新城市主义的创造和复兴城镇社区的思潮在美国悄然出现。新城市主义力图使现代生活的各个部分重新成为一个整体，即居住、工作、商业和娱乐设施结合在一起，成为一种紧凑的、适宜步行的、复合功能的新型社区。能将自然环境与人造社区结合成一个可持续的整体的功能化和艺术化的走廊。

新城市主义的社区和城镇设计在本质上是一种"可持续发展"的社区和城镇模式。可持续发展的城市和社区概念考虑诸如土地的使用、城市和郊区扩散、城市生长界限、合理的郊区城镇模型、旧城和城市中心的复苏、城市交通的多样性与社区和城市组织、城市文脉等问题。

（1）新城市主义的设计思想和设计理念中包含了较丰富的生态学思想，是属于可持续发展的思潮范畴的，这也是新城市主义的活力源泉之一。

1）城市发展的生态极限

2）城市的生长（演替）性

3）多样性

4）关键因素（生态因子）耦合性

5）活力与公平性

6）生命保障系统的完善与应急需要性

7）共生性

8）地方（域）性

9）重视城市构成元素的生态功能

10）类型性与整体性

11）有机性

12）紧凑性

（2）新城市主义的基本原则：

1）规模适度

2）连通性

3）混合使用和多样性

4）混合居住

5）优化的建筑和城市设计

6）低碳节能

7）公共服务设施步行的可达性

8）关注儿童与弱势群体

9）传统邻里结构

10）增大密度

11）灵便多样的交通

12）可持续原则

13）优质的生活环境与交往公共空间

14）适宜公共交通、步行与非机动车的交通模式

15）全生命周期的生态管理

图 3–1 美国新城市主义思潮下建设的海滨城（Seaside）

美国政府特别重视环境建设。在美国，环境建设是城镇建设的主要内容之一，给小城镇提供了一个可持续发展的社会经济环境。政府在规划时，重视城镇特色，追求个性，无论走到哪里，都能看到不同面貌和特色的小城镇，那种千城一面、万镇雷同的现象是见不到的。小城镇建好后，仍然重视建设管理，所谓"三分建设，七分管理"。美国的城市建设管理经验主要有两点：一是拥有健全完善的规章制度；二是依法办事，违法必究。

3.1.2 英国

受空想社会主义者欧文、傅立叶理论和实践的影响，1898 年霍华德提出了"田园城市"的规划理

论并发起了田园城市运动，希望彻底改良资本主义的城市形式，解决城市与乡村的矛盾，创建新的舒适宜人的理想家园。霍华德的田园城市可以概括为以下几点：①位于大城市周边的、人口为3.2万人的卫星城（即小城镇）；②周围为农田，即存在于田园之中；③中央为商业、住宅、工业混合区，具有经济独立性的城市。20世纪初，霍华德的田园城市理想得以付诸实施。在英国最具代表性的有4个，即格拉斯格附近的纽兰纳克、利兹附近的索太利、伯明翰附近的鲍尼利、利物浦附近的阳光城。英国的城镇化以乡村工业的高度发展为前提，环境规划从20世纪60年代末开始。英国在新市镇的规划中，非常注重环境规划的研究，在制订国家经济发展的规划中，必须包含环境规划的内容，并且要求在区域规划中也必须注重环境规划。为确保小城镇居民生活方便、舒适，政府特别注重环境的整体规划和生活设施的配套。根据城镇的功能和规模，在交通、通信设施、医院、学校、商业网点、文化娱乐场所等点面都经过严格的科学论证。自20世纪90年代以来，英国政府要求全国各地编制包括环境规划在内的“地方规划”作为开发建设的规划依据。探讨基于可持续发展的土地利用规划理念与方法，逐渐成为国际规划领域的共识。英国城乡规划协会可持续发展研究组提出，要在各个层次的空间规划中纳入自然资源、能源、污染等环境要素。

2007年英国政府宣布建立10个生态镇，其目的除了创造可持续的宜居环境外，更期望建立一系列生态城镇的成功示范，在降低CO_2排放量上作出贡献。为此，政府规定生态城镇必须是一个新城（区），且制定了住房数量、功能混合、可再生能源、服务设施、碳排放目标、公共绿地及管理机构等方面的标准。具体包括：采用创新的、覆盖全城镇范围的可再生能源系统，全面实施可再生能源利用；通过高水平的城市设计减少至少50%的非小汽车的出行；提高步行、汽车和实用公共交通出行的比例，实现10分钟以内的步行距离能抵达城间距较密的公共交通车站和邻里社区服务设施；在住宅建设和建筑材料上体现和显示高标准的节能性。另外提供不低于全部住宅数量30%的低价、可支付住宅；制定一个可持续的社区建设的目标。提供各种能够保障人民富裕、健康和愉快生活的设施；建设绿色基础设施，其中包括40%的绿色空间。在规划和建设中，将绿色空间与更为广阔的乡村衔接在一起；实施节水措施，明确水循环战略，实施“可持续的排水系统”（SUDS）；强化防洪风险管理；提高市政垃圾的处理和回收水平；在处理本地区的垃圾废弃物时考虑如何将其作为燃料，获取生态城镇的热能和电能资源等。

Rackheath生态镇位于诺维奇市东北部，其生态规划中重点实施可再生能源、公共交通、废弃物处理、基础设施、开放空间的策略。该镇新建5000个生态住宅，每家每户都使用当地可再生能源（风能），采用雨水循环利用，并且保证40%的家庭负担得起住房费用。建立了便于使用的公共交通系统，鼓励人们使用火车、公共汽车、自行车，鼓励步行。建设了高品质的设施，包括商店、学校、医疗中心和体育设施等。此外，还结合公园、庭院建立了绿色的公共开放空间网络，其中公共空间至少占总面积的40%。

3.1.3 德国

小城镇是德国城市化发展的重点。德国城市化建设遵循“小的即是美的”原则，其产业政策的重点均以中小城市和小城镇为主，这些城镇虽然规模不大，但基础设施完善，城镇功能明确，经济异常发达。小城镇一般距大中城市0.5～1h的车程，面积一般为50km^2，人口在3000左右。在德国，几乎有1/3的居民生活在10万以上人口的城市里，大部分人生活在人口为0.2万～10万人的小城镇里。市政管理实行市政经理负责制，市政经理由市民聘任，统管城市管理中的日常事务。这种管理体制融服务、经营、收益于一体，把城镇资源的开发和经营作为市政管理的重要内容，围绕服务和开发来聘用管理人员，真正把“该管的事管好”。

在德国城镇化的建设过程中，流淌着社会文化和思想意识的血液。城镇化建设必定要在一定程度上对自然环境进行改造。“德意志森林”“自然崇拜”等意识深深植根于德国的城镇化建设，并且为德国的绿色和平运动提供了充足的精神养分，也为后代留下了优美的自然景观。先进科学技术的运用确保了城镇建设和农业生产的完美结合，也形成了一种独特的人文农业的建设，不仅提高了农业生产者的生活水平，也为观光农业的发展创造了便利的条件，形成独特的城市特色，实现了自然与科技的完美和谐。

德国的小城镇一般制订中长期规划，规划期一般为15年，生态观贯穿城镇建设的始终：①对于建设用地，严格控制其增量，尽量满足其建设需要，将建设用地规模与环境保护力度相适应，合理地利用小城镇的每寸土地；②注重保持小城镇的历史风格，在新城区规划建设中，保存旧区的传统风格，使小城镇在新貌的基础上，不失原有格局与特色格调；③在小城镇的公共基础设施规划方面，合理利用土地，遵循环保要求；④保护环境、保护自然的观念在规划建设中得到体现，以保障德国的环境质量和生态平衡。例如，任何项目的规划建设都要保证绿地在总量上不减少、绝不允许没经过处理的污水排放等；⑤普及公众环保意识，重视公众广泛参与。德国各市、镇政府在制订本市、镇的发展规划时，都会向本市、镇的居民发送规划宣传稿征求意见。

近年来，在德国的德累斯顿、海德堡、图宾根市等都开展了生态城镇建设。在做法上采取了科学规划、建立生态指标体系，推行生态预算等方法。德国南部的图宾根市强调把生态环境和城镇建设一体化，即在全市范围内设计若干个绿色坐标，加大对偏离生态状况的市区进行调整，强调生态城镇要增强生态功能。海德堡市生态的建设已形成了一套科学的体系，包括生态经济、生态道德、生态标准等，强调生态城市的建设一定要具有理论高度和战略高度。如今，该市的生态预算方法已经被7个城市仿效，不少的欧盟国家前来学习。循环经济已经渐渐成为生态市的支撑和标志。

德国还积极推动小城镇开发绿色环保能源，以摆脱对水电、石油和天然气等常规能源的依赖。最近，德国政府在下哈兴小镇正在进行地热开发的试点工作。如果获得成功，将在全国条件适合的小城镇推广。下哈兴镇地热资源丰富，在紧靠德国8号高速公路的田野上，耸立着一台55m的钻机。该地热井钻成后，井深3350m、温度123℃。该井距2001年启动的地热井4km，钻成后一采一灌形成热流循环，以保障地热能的可持续开发。下哈兴镇有两万常住居民，政府为实现地热能开发特拨5000万欧元建设地热管网和一座地热发电站。镇长科纳佩克表示：“投资虽多，建成后最晚在15～16年后就能收回成本。”这笔账是根据德国政府推出的《可再生能源法》计算得出。该法规定，德国电力公司必须以明显高于市场价格的固定价格收购可再生能源电力。将来下哈兴镇地热电站每生产1度电，就可得到15欧分的收入。该电站的装机容量为5MW，相当于一座小型水电站的发电量，除供应全镇居民的生活、工业和农业用电，还可以满足冬天的供暖需求和生活热水供应。

3.1.4 日本

日本的城镇化始于明治维新时期，直至1945年，其城镇化率只有28%。二战后，日本城镇化驶入快车道，1955年城镇化率上升到56%，2005年达到86%，2011年，日本的城镇化率已达到91.3%，远远超过了东亚地区55.6%的平均水平。

日本城镇化的突出特点，是高度集中的都市化。其原因是日本国土面积狭小，人口稠密，开发空间有限，依靠工业布局和出口型经济拉动，从而使日本的人口、产业和城镇高度集中在东京、大阪和名古屋三大都市圈，面积仅占日本国土面积的14.4%，但人口和国内生产总值占全国的50%以上。

工业化是城镇化的最核心推动力，随着产业的升级，日本城镇化也展现出不同的形态。20世纪50～70年代，日本工业处于黄金发展期，实行了产业振兴，统筹发展城乡工业，尤其发展壮大了农村副业、农产品加工、农具制造等传统产业，通过招商引资创办新型农村工业，工业促进了城镇的快速发展和人口的集聚。70年代以后，日本居民渐渐向中心城市周边的郊区或卫星城转移，从而推动了大城市郊区及周围城市的发展。90年代，第三产业成为日本城市发展的新动力，第三产业的从业人员在全部就业人数中所占的比重持续上升，至2010年第三产业人数已升至66.5%，信息技术、金融以及服务业等已经取代了传统工业成为城市发展的重要动力，城市也随之由产品制造中心向信息中心、金融中心和服务中心转变，这个重要转变支撑着日本城镇化水平继续提高。

日本小城镇的成功经验主要在于：纳入大城市圈，瞄准城市大市场；与中小城市联合，共同发展；运用地方资源，创建特色城镇。如日本的大分县早在20世纪80年代初就发起了“一村一品”运动，旨在鼓励人们运用地方资源，生产“本地产品”，行销国内外。所谓“本地产品”，除了农产品还包括历史遗址、文化活动和旅游名胜等。位于大分县首府的汤布院镇充分利用当地丰富的自然资源，在保持土地原始形象的基础上，开发特色鲜明的旅游活动和旅游贸易。如每年举办一次烧烤会，促销当地生产的牛肉。每年吸引游客约380万人，其中60%为回头客。随着旅游业的发展，带动了全镇经济的增长，也促进了城镇建设。

日本的城镇化进程中也曾出现过严重的环境问题。川崎市就是其中一个。资料照片显示，当时川崎上空因工业排放造成污染，整天烟雾弥漫，大气污浊不堪，围绕川崎的主要河川河面上漂满了各种生活垃圾，工业废水也大量不经处理排放到河流各处。川崎市市长阿部孝夫接受记者专访时介绍说，为应对环境灾难，川崎市采取了一系列整治措施。1968年，川崎市对SO_2等主要大气污染源进行日常监测；1969年，川崎市建立了公害受害者救援制度，对因大气污染造成的健康危害实行公共医疗等救助手段；1970年，川崎市与市内39个主要工厂签订了防止大气污染协定，强化对公害发生源的对策；1972年，川崎市率先制定和颁布了《川崎市公害防止条例》，引入了废气排放总量限定、建成公害监视中心等对策。以川崎市与市内主要的39家工业企业签订的防止大气污染协定为例，包括企业有义务制定各自防止污染计划，城市预警发布污染事故发生时的对策和通报体制，企业重点设施建设事先与市政府协商，企业提交使用燃料情况报告等。这39家企业占川崎市石油消费的90%。这些措施对减轻大气污染起到了关键作用。到1979年，川崎市在全市范围达到了SO_2浓度的环境标准。除川崎市外，在东京牵头下，东京与邻近县市构成了首都圈联手行动，针对汽车尾气排放和污染问题制定指定条例限制汽车尾气排放，要求汽车均有义务装上废气过滤装置，实现了广域范围的尾气污染总量控制。经过努力，日本自然环境得到了明显的改善，通过卫星城市建设，人口、产业和城市功能开始疏散，都市圈环境、交通状况也明显改善。今后一个时期，随着国家后工业化进程的不断发展，如何改变此前以工业为主的城镇发展模式，将一座座“钢铁城市”“化工城市”和“汽车城市”逐步改造为“清洁城市”“智能城市”和“宜居城市”，已经成为了日本城镇化的未来发展方向。

3.1.5 韩国

20世纪70年代开始的“新村运动”开创了农村

向现代化推进的“韩国模式”。其最大特点是在政府适当扶持基础上，以农民为主体，改变农民的态度，唤醒农民“自强自立”的精神，让农民用自己的双手建设美好新农村。

韩国政府自1972年开始了“国土培育”事业，包括“国道边培育”“城镇培育”“旅游景点培育”等内容。其中“城镇培育”项目在1976年独立发展成为“小城镇培育事业”，原因是持续的人口减少导致生产力的低下，地域经济基础也到了崩溃的边缘。为了把小城镇培育成周边农渔村的中心据点，增加居民收入，提高福利，实现地域的均衡发展，“小城镇培育事业”得以实施。1978年，韩国行政自治部在此基础上依次实施了小城镇职能化事业（1978～1982年）和地方定住生活圈规划试验事业（1982～2011年）。为了使小城镇真正成为周边农渔村地区的经济、社会、文化、行政的中心，1990年开始韩国政府将该项事业更名为“小城镇开发事业”。到了2001年，以《地方小城镇培育支援法》的颁布为契机，韩国的小城镇开发事业步入了法律化、制度化的轨道，并正式成为政府综合规划的一项内容。《地方小城镇培育支援法》颁布实施后的第二年，韩国政府根据此前发展小城镇的经验与教训制定了“小城镇培育十年促进计划”，主要包括建设地方特色化、发展地方旅游产业、流通手段的现代化、基础设施的建设等。截止2010年，194个地方小城镇中有100个小城镇已提交自己的培育方案，“小城镇培育十年促进计划”的实施使韩国的小城镇走向因地制宜的特色发展道路。

近年来，为了应对气候变化和能源危机，韩国政府做了许多尝试和努力。包括出台《低碳绿色增长基本法》（2010年4月），发布《国家能源基本计划》（2008年8月）、《绿色能源发展战略》（2008年9月）及《绿色增长国家战略及五年计划》（2009年7月），成立直属总统的绿色增长委员会（2009年1月）等。与此同时，韩国政府结合国际做法和韩国实际，

图3-2 韩国低碳绿色乡村

建立了有效促进绿色增长的绿色增长委员会制度、能耗量化管理制度、绿色经济制度、绿色文化和教育制度、绿色交通制度、绿色增长基金制度等特色制度。有关低碳绿色乡村建设方面，韩国政府于2008年10月发表了“为绿色成长及应对气候变化的废弃物资源、生物质能源对策方案”，“方案”中共提出7大重点推进课题，其中一项就是“构建600个低碳绿色乡村”。项目实施以农村为基本单元，充分利用地区所产生的废弃物资源及生物质能源，努力构建能源自立能力强的乡村，并提出了“至2020年为止，努力将农村能源自给率提高40%～50%”的发展目标。

韩国构建低碳绿色乡村的目的在于减少乡村地域的温室气体排放、提高乡村能源自主率，构建系统的、综合能源生产体系，并通过这一过程提高居民节能环保意识，带动乡村经济发展。因此，政策支持方向主要以可再生能源利用为核心，通过健康文化、环保教育等，构建生活条件良好、居住舒适的绿色乡村；支持开展能源节约运动，建立地域共同组织、中央—地方—居民共同体所构成的乡村环境治理系统。现阶段韩国根据乡村类型及地域特点，正努力寻求适合当地的发展模式，积极推进试点工程，以示范村建设为基础，逐步扩大和发展低碳绿色乡村，包括提高能源自主率，提升资源节约及再利用水平，

建设生态河流、生态住宅等。

3.1.6 澳大利亚

澳大利亚是全球土地面积第六大的国家，国土面积比西欧大一半，但人口仅有2000万，人口密度较低，而且矿产丰富，自然环境优美。在联邦政府、州政府和地方政府三级行政规划体制监管下，城镇建设有序进行。在城镇管理方面，澳洲构建了层级清晰、分工合理、责任明确的政府管理体制；适时调整城乡行政区划，各州立法制定本州的市县设置标准；地方政府设置功能健全、运行高效、自治性的城市管理机构和职能；采用市场化手段管理城市公共卫生。在城镇发展发面，通过民主参与和立法制订可操作的城市规划；运用政府收购和市场买卖方式获取城市扩张中的土地；建立城市间联盟机制，遏制各地市政府招商引资中的恶性竞争。

图3-3 位于澳大利亚中部内陆的小城镇

澳大利亚在城镇规划中非常注重自然和生态环境保护。他们在编制规划中有一个中心理念就是“天人合一”，强调人与环境的协调发展。在规划中对开发项目实行空间开发管制，将开发地区分为不须经政府同意的区域，必须经政府同意的区域和政府禁止建设区域三类。水源地、湿地和生态脆弱区为禁止建设的区域，通过实施空间开发管制，较好地保护了战略资源和生态环境。此外，澳大利亚政府还制定了一系列技术上的规范来保护城镇环境。首先，他们制定了一系列的措施，对拟建设的项目进行环境评估，达不到环境要求的项目不予建设，实行环境保护一票否决制；其次，他们对不可避免产生的废物进行科学的处理和有效的利用，对建筑垃圾、生活垃圾实行分类收集、综合利用；第三，他们还在缺水地区对城市汽车冲洗、卫浴冲洗等采取了不同的环保措施，如规定对汽车仅能用抹布清洗，不能用自来水冲洗。厕所便器根据冲洗功能不同而采取半箱式和全箱式冲洗，既减少了水资源的使用，又减少了汽车冲洗水和生活污水对环境的污染。

可持续发展的理念贯穿于澳大利亚城镇建设和发展的全过程。首先，明确城市发展的定位。如在制定堪培拉城市规划时，将城市性质定位为山水田园城市，使得堪培拉的城市建设达到了有山有水，山水相依。其次，在产业布局上，将潜在对环境有影响的产业从产业链中剔除，从源头上杜绝污染的发生。澳大利亚在产业的选择上，审时度势，趋利避害，自觉坚持以农牧渔业为产业基础，最大限度降低由于人类社会活动对环境产生的危害和影响，工业用地在整个城市建设用地中占很小的比例。澳大利亚是一个能源并不匮乏的国家，但澳洲从保护环境的角度出发，对使用清洁能源以一定的经济补贴。如澳洲政府规定对城镇新建住宅安装太阳能热水器的住户，由地方政府一次性补贴3000澳元，约占太阳能热水器购置总费用的1/4。

3.1.7 丹麦

丹麦位于北欧，是典型的资源匮乏型国家，但却十分重视生态城镇建设。丹麦的生态城镇建设已超越了传统城镇建设与环境保护协调的层次，融入了社会、文化、历史、经济、自然等因素。已经逐步形成一个以人为中心的经济发展、社会进步、生态保护三者高度和谐，人的创造力、生产力协同促进城市文明程度不断提高的稳定、协调和永续发展的自然与人工环境的复合系统。丹麦的城镇生态化发展已不仅涉及城镇物质环境的生态建设、生态恢复，还涉及了价值观念、生活方式、政策法规等方面的根本性转变。

丹麦的生态城镇建设是一个内容十分丰富的综合性项目，旨在建立一个生态城市的示范城区，在人口密集区内实现可持续发展。其项目颇具特色：一是建立绿色账户。该账户记录了一个城市、一个学校到一个家庭日常活动的资源消费，提供了有关环境保护的背景知识，有利于提高人们的环境意识。通过使用绿色账户，能够比较不同城区的资源消费结构，确定主要的资源消费量，并为有效削减资源消费和进行资源循环利用提供依据。二是设立生态市场交易日。这是改善地方环境的又一创意活动。每周六，商贩们携带生态产品（包括生态食品）在城区的中心广场进行交易。通过这项活动，一方面鼓励了生态食品的生产和销售，另一方面也让公众们了解到生态城市建设项目的其他内容。三是吸引学生参与。丹麦生态城市建设项目十分注重吸引学生参与，其绿色账户和分配资源的生态参数和环境参数试验对象都选择了学校，在学生课程中加入生态课，甚至一些学校的所有课程设计都围绕生态城市主题，对学生和学生家长进行与项目实施有关的培训。

除了重视生态城镇建设以外，丹麦同时也是西欧低碳发展的典范国家。在 2009 年丹麦主办第 15 届联合国环境大会期间，罗兰岛小镇被选为各国政界和商界要人参观的基地，一个重要原因就是这个小岛的发展折射了丹麦整个国家的发展模式。2000 年前后，在欧洲产业结构东移的大背景下，罗兰岛关闭了镇上所有的重工业企业，失业率一度高达 22%，但 10 年后这里的失业率仅 1.6%。帮助罗兰岛走出困境的是清洁能源风能和生物能的发展。在 1990 年到 2007 年近 20 年间，丹麦 GDP 增长 45%，能源消耗仅增长 7%，同时 CO_2 排放削减了 13%。这就是丹麦模式。纵观其建设低碳小城镇的实践经验，可概况为五个方面，即注重再生能源的开发与利用、注重能源的节约利用、提倡绿色交通方式、注重精细规划与精品建筑及注重提高人的素质和环保教育。

随着对生态、环保概念认识的不断深入，丹麦政府不仅致力于各州重要生态区和低碳小城镇的建设，且越来越把目光投向更大的层面上，力求通过各种措施，扩展城镇范围，在社会、经济、自然等方面建设一个复合的城市生态、环保系统，进一步延长城镇生态环保链。

3.1.8 巴西

巴西位于南美洲东南部，面积为 851.49 万 km^2，人口约 1.9 亿，其城镇化加速发展始于 20 世纪 50 ~ 60 年代，目前巴西城镇化率达 90%。由于全国人口的 90% 主要集中在大中型城市及小城镇，农业人口越来越少，全国有大片农业用地闲置而未能有效利用，农业生产主要由大型农场组织现代化规模耕种。大中型城市周边分布着众多小城镇，人口十万或几十万不等。大中型城市与小城镇之间由高速公路或高等级公路连接，分布着巴西的传统农业、畜牧业、现代化工业和跨国公司，为小城镇居民提供了就业机会，带动了小城镇的发展。

纵观巴西城镇建设有以下几个特点：

（1）城镇交通设计合理

巴西政府对交通运输具有政策导向，合理分配和使用各种运输力量：市民出行，一般 300km 以内的由陆路河运交通运输承担，300km 以上的由航空运输承担，巴西的民航飞机犹如空中巴士，非常便捷；为缓解城市交通拥堵现象，公路网建设密度较大，便于车辆的运行与疏散；大型超市一般都分布在城市四郊，便于分散交通压力；无论是行人还是汽车司机，巴西人都能够自觉遵守交通规则。这里最成功的例子是巴西的首都巴西利亚市的城市交通建设，巴西利亚是一个人口约400万的新建城市，中心城区人口为50万，其余350万人分布在周边30多个小城镇，交通网络成向外放射状，道路密度较大，城市交通通畅。

（2）城镇建设经济节约

由于巴西得天独厚的自然地理和气候条件，其建筑的抗震要求不高，房屋建筑没有墙体保温隔热要求，房屋建造成本相对较低，很多地方不准建造多层与高层住宅，二层住宅较多。从圣保罗市、里约热内卢市、巴西利亚市及其他卫星城可以看出，巴西的住房、公建、市政设施建造标准不高，以经济、简约、实用、低碳、绿色及环保为基本原则。例如，巴西利亚、圣保罗等大城市与其他小城镇的街道用材基本为普通沥青、面包砖和普通石材等，保持正常维修，有的已经使用了很多年，看上去虽然显得旧一些，但依旧保持着干净整洁，可以满足使用要求，有明显的历史年代感，令人回味。在一般情况下，房屋建筑与公共设施建设没有豪华装饰装修，与环境协调、与自然共生是巴西建筑的特点。

（3）注重文物保护

巴西非常注重古建筑文物保护，各个城镇几乎都有一段保护很好的古街道、古建筑（群）、古树名木及人文历史景观。例如，桑托斯市是巴西第一个500年历史的古城，是葡萄牙人最早登陆巴西的地方，也是葡萄牙人最早在巴西建设城市的地方，至今基本完整地保留了当时的海港码头、仓库、街道、军事城堡、各类建筑、树木的原貌，以及其后多年的城市建设痕迹，现在许多建筑都已成为博物馆供游人参观。同时，还完整地保留了老城区的有轨电车轨道与电车（都经过多轮翻修），供游人乘坐游览观光。

（4）环境保护意识强，可再生能源利用水平高

巴西特别注重环境保护。列入保护范围的河流两侧500m为保护区，禁止破坏森林草地，禁止开发建设，保护原生态；工业园区污水要处理达标后排放，否则将面临严厉的经济制裁；全国城镇生活污水与垃圾处理设施健全，处理率达98%；国家严格控制对地下水的开采利用。巴西可再生能源利用水平较高：①巴西高原海拔800多米，且水量充沛，因此巴西建设了大量水力发电站，为国家提供了充足的电力供应，剩余部分还可向邻国出售；②巴西位于赤道附近，阳光充足，太阳能利用较普遍；③注重植物能源的研究和利用，用巴西甘蔗压榨提炼出的酒精汽油，可以作为小型客车的燃料，比较环保，只有大中型机动车辆才使用汽油或柴油。

（5）城镇危陋住房改造

巴西城镇建设的一个特色是进行城镇危陋住房的改造，即相当于我国城中村和农村危陋房屋改造，由当地政府住房和开发局负责组织编制改造规划和建设计划，组织设计、施工与竣工验收。政府建设行政主管部门负责建设项目立项和建设计划审批、下达建设资金，并负责建设工程的质量安全监督。贫民窟住房改造标准单元户均为55m^2，为多层楼房，就地进行规划改造，每套单元由政府补助40%，其余60%资金为银行贷款，住户要在20年内还清银行贷款资金，建成后房屋产权归个人所有，住房和开发局负责办理土地和房屋产权证书。这些工程主要分布在大中型城市的周边地区和小城镇。

3.2 国内城镇生态环境建设实践

世界各国的发展经验已表明，工业化加速，城镇化将随之加速，而且城镇化的发展速度有时还会超过工业化的速度。当前我国正处于城镇化高速发展时期，根据国家统计局最近公布的数据，2011年末中国大陆总人口中城镇人口首次超过农村人口，2011年底城镇化率达到51.27%。这是一个具有重要里程碑意义的统计结果，它表明我国已从整体上迈入了城镇型社会的行列，我国城镇化进程也将从此进入一个

新阶段。

3.2.1 我国城镇生态环境建设的进程

经历快速城镇化带来的环境破坏、资源枯竭等一系列“城市病”的困扰后，发展生态化城镇已经成为各地的一项共识，许多地方政府将“生态城镇”或者“生态城市”作为未来城市发展规划的目标，并开始探索和实践生态化城镇、城市。1986年，江西宜春利用其“四时咸宜，其气如春”的生态优势首次提出建设生态城市的目标，发展生态产业，并成为全国第一批生态试点城市之一。1995年8月，原国家环保局发布《全国生态示范区建设规划纲要（1996—2050年）》，并开始在154个国家级生态示范区开展试点工作，同时在四川、浙江、江苏、河北、广东等地开展了省级示范区试点工作，生态型城市已成为我国城市发展的新模式和新趋向。2003年，原国家环保总局制定并开始实施《生态县、生态市、生态省建设指标（试行）》，这又为各地建设生态型城镇提供了一套行之有效的评价体系。在地方政府的积极倡导和国家政策的支持下，各地生态城镇建设步伐大，成果斐然。截至2012年底，全国已经建成528个国家级生态示范区和798个国家级生态乡镇。各地在生态城镇化的探索实践中涌现出中新天津生态城、万庄生态城、唐山湾生态城和上海崇明岛东滩生态城等一批生态城镇建设的成功范例，为这种新的、可持续发展的城镇化发展模式在全国范围内的推广起到了积极的示范作用。

3.2.2 我国城镇生态环境建设的现状

当前我国小城镇建设中存在的生态环境问题主要表现在以下几个方面：

（1）环保意识不强

许多小城镇在建设过程中没有环境保护的意识，片面强调经济增长，忽视环境保护和生态建设，对环境保护认识不够，忽略了经济发展的环境成本，使小城镇的持续发展面临较大隐患。

（2）环境规划滞后

在经济欠发达地区这类问题突出存在，小城镇的环境基础设施不配套，供水系统、排水设施、污水处理、垃圾无害化处理场等一些必备的环境基础设施严重滞后，功能不齐全，与城镇的发展不协调。

（3）工业污染不断加剧

改革开放带来了小城镇企业的蓬勃发展，带动了小城镇的复苏和兴起，但由于企业的发展具有布局分散、规模小和经营粗放等特征，使得周边环境污染严重。此外，由于城市环境污染的严厉制裁，许多污染严重的企业转移到了郊区小城镇，从而使其污染程度明显高于大城市中心区。

（4）农业污染日显严重

随着小城镇现代化农业的发展，化肥和农药的污染成为了突出的问题。由于农业生产大量使用化肥、农药，引起了土壤的酸化板结和氮与磷的流失，大量流失的化肥和农药进入河流，污染了水体，造成水体的富营养化。另外，化肥农药等替代了有机肥料，这种转变造成有机肥料得不到消化利用，污水漫流、垃圾成堆的现象随处可见。

（5）土地资源浪费，植被破坏，水土流失。城市建设无序扩大和污染加重，小城镇极易成为大城市污染的第二承受者。另外小城镇倾向于效仿大城市的开发区的模式，形成开发区、工业区、高新技术产业区的固定模式。然而资金不到位往往使得规划区域的大片土地闲置不用，过度开发使得土地植被破坏，绿地系统失衡。

（6）绿地覆盖率不足，分布不均，结构单一。绿化是小城镇形成优美环境的主要因素，小城镇的绿化主要是指公共绿地和四旁绿化（村旁、路旁、水旁、宅旁）。我国小城镇的建设主要是集中沿过境路和交通要道两侧向两个方向延伸发展，然而由

表 3-1 小城镇与大中城市环境污染对比表

	主要污染类型	污染扩散方式	环境与污染特征	污染治理措施	环境卫生设施
小城镇	大气、水环境、噪声、乡镇工业固体废弃物、生活垃圾、畜禽排泄物	点状、面状、网络状	污染分散，治理成本高；环境容量较大，环境污染严重	缺乏污染治理资金、设备，环境意识较差，环境管理制度不健全	缺乏
大中城市	大气、水环境、噪声、建筑垃圾	点状、线状	污染集中，治理成本较低；环境容量小、污染较轻	有较好的污染处理设施、较高的环境污染治理资金投入、较好的环境意识、环境管理制度较完善	齐全

于小城镇工业企业、道路、桥涵建设前的本底条件较好，绿化建设常常就是保留原来的绿化规划情况，很少进行整体的绿化规划，公园绿化、环镇绿化、社区居住区绿化、企业绿化等景观绿化建设特色区分不突出，结构单一。

3.3 国内外经验总结和启示

3.3.1 科学编制城镇生态环境保护规划

编制或修改中央和地方的城镇生态环境建设规划纲要，强化生态规划的社会作用，提升生态规划的社会地位；强化城镇总体规划的生态观念，确立有利于城镇生态系统平衡的总体布局模式和土地利用格局；建立城镇生态环境建设专题会议制度、环境保护一票否决制度和主要领导与分管领导的任期责任制度；加大综合决策力度；实施蓝天碧水工程规划，努力改善城镇大气污染和水环境质量；坚持谁开发谁保护，谁破坏谁恢复，谁使用谁付费的制度；坚持统筹规划，突出重点，量力而行，有步骤地对污染比较严重的城镇进行生态环境的综合治理和建设，设法增强其生态功能，改变其生态脆弱状况，使城镇经济功能与生态功能保持平衡。

3.3.2 搞好城镇绿地系统建设

城镇公共绿地建设和防护绿地建设并重，前者是以为居民提供充足舒适的日常休闲和户外活动空间和场所为目的，后者则是以为涵养城镇水土、防止风沙危害、隔离污染等为目的；城镇绿化要做到点线面相结合，尽可能地绿化建筑物顶层及边角地带，植树种草要注意季节性、多样性和实用性，尽量提高城镇绿化成效；广泛营造水土保持林、水源涵养林和人工草地，实行草、灌木、乔木相结合，力求恢复增加或扩大城镇必要的植被面积；加大对城郊现有林草植被的保护，继续增加近、远郊区的林草植被，发挥阻隔风沙和涵养水源的双重功能，防治水污染，治理水土流失和沙漠化；通过立法和严格执法，保证人均绿地面积不低于必要的水平，各种污染物也不能高于规定的指标，否则，予以重罚；适当开辟一些生态性果园和开挖一些生态性鱼塘，有选择地发展城镇景观生态、近郊畜牧业，为调节气候和净化空气服务；城镇之间必须保留足够的空间距离和绿地面积，避免大小城镇连成一片，改变一些城镇沿交通要道带状布局的畸形状况。

3.3.3 建设生态基础设施

粗放型增长的小城镇经济，重复投资、乱铺摊子，浪费现象极为严重。转变经济增长方式后的小城镇，则会加强对企业的管理，使乡镇企业相对集中和连片发展，以提高基础设施利用率，节约资金和土地。在小城镇建设上，要优先考虑基础设施建设，包括城镇供水、供电、供气等设施的完善以及排污设施的规划建设，尤其是小城镇污水处理、垃圾处理及管网等基础设施，要一次规划、分期建设，避免以后的重复建设。

3.3.4 遵循绿色建筑原则，精选建筑材料，降低破坏程度

在建设过程中，所有建设项目都要按照法律的规定使用有环保特征的建筑材料，如散装水泥、非粘土砖、空心砖等。这些材料的使用，可以减少对天然资源和生态环境的破坏。城镇的建筑物和住宅小区，都要努力做到环境建设生态化，并逐步实现墙体材料环保化，有条件的城镇还要提倡使用天然能源或再生性能源，如太阳能、风能、水能、沼气等，以减少对大气的污染。铁路、公路及桥梁的建设，要认真做好前期工作，在选线、勘测、设计阶段要努力做到“一短三少”，即线路最短，占用农田最少、开挖土方最少、植被破坏最少，力争对生态环境的破坏减少到最低程度。

3.3.5 依托科技，实现生态环境绿色化

生态环境保护技术是人、自然而社会高度协调的新技术体系，是科学知识高度密集的科学化技术群。生态保护技术的应用考虑了人类的健康、环境保护及符合各物种自认生态规律等目标，在技术形式的选取上是以信息技术为核心、利用人与自然和睦相处的新的技术形式的综合体，主要应包括信息、新能源、新材料、生物和空间技术等。此外，生物保护技术在组织原则上尽力实现对物质和能源的可再生利用，只投入最少量的能量，只有很低的污染或没有污染。

3.3.6 注重地方特色，保持人文气息

发达国家的城市规划具有法律意识，他们用城市规划来保持城市空间形态的完整性，延续本土的生活特色和文脉。我们也应该把加强历史文化遗产保护，丰富城镇文化内涵，建设各具特色的城镇，作为城镇生态化建设的一个内在要求。根据不同城镇的地理方位和历史渊源的差异，确立城镇中心区、工业区、商业区、居住区的不同规划和开发模式，形成各自的成长形态，构建人与自然相协调的城市生态空间。如浙江的同里、乌镇，江苏的周庄都充满了浓厚的江南乡土气息，整个城镇规划和建设都保持着一种古雅的风格，令人感到新鲜而又不失文化底蕴。在住宅设计上，也应与城镇的成长形态相一致。这样，既能体现住宅本身的人性化要求，显示自身的品位，让人生活得更加优雅舒适，又能彰显城镇的鲜明个性。

3.3.7 提高人口素质，增强生态意识

推进城镇化与发展小城镇的主体是人，最终的一切行为都要由人去完成，而思想又是行动的先导，因此，加强教育，倡导生态文明，就显得非常重要。加强基础教育和素质教育，普遍提高市民受教育的水平，完善市民的文化结构，从根本上实现“文化脱贫”，从而提高城镇人口素质的同时，还要加强环境教育，扩大环境教育内涵。现代环境教育是一种面向大众的教育措施。针对其特点，环境教育应是一种面向全社会包括各个年龄段的人的教育体系。通过采取一种综合的、统一协调的教育方法，才能使人们增强生态文明观念，树立自然环境价值观和可持续发展的意识，提高公众参与环境保护的积极性与主动性，使人人都能意识到自己的行为同整个社会的利益及子孙后代的利益息息相关。

4 新型城镇生态功能区划

新型城镇化，是指坚持以人为本，以新型工业化为动力，以统筹兼顾为原则，推动城市现代化、城市集群化、城市生态化、农村城镇化，全面提升城镇化质量和水平，走科学发展、集约高效、功能完善、环境友好、社会和谐、个性鲜明、城乡一体、大中小城市和小城镇协调发展的城镇化建设路子。最早由张荣寰于 2007 年 4 月提出。十八大报告中明确指出城镇化将成为中国未来发展小康社会的重要载体，更是撬动内需的最大潜力所在。快速发展的新型城镇化，正在成为中国经济增长和社会发展的强大引擎。

随着社会经济迅速发展和人口的增加，城镇化的速度也在不断加快，新型城镇的生态环境问题日益突出，主要表现在基础设施建设相对滞后，总体环境质量差，原生环境遭到严重侵害，市政设施的不完善与水环境污染，面临大城市环境污染转嫁的危险及环境监测和管理工作落后等方面。居住环境的不断破坏，不仅造成区域环境质量的降低，而且加速了自然灾害发生的频率与危害强度，对新型城镇经济和社会产生严重制约作用。

资源不合理开发利用是造成生态环境恶化的主要原因。一些地区环境保护意识不强，重开发轻保护，重建设轻维护，对资源采取掠夺式、粗放型开发利用方式，超过了生态环境承载能力；一些部门和单位监管薄弱，执法不严，管理不力，致使许多生态环境保护和建设的投入不足，也是造成生态环境恶化的重要原因。切实解决自然资源的合理利用和生态环境保护的矛盾与问题，是我们面临的一项长期而艰巨的任务。

新型城镇生态功能区划的提出从生态学的角度，为科学合理、可持续的保护和利用生态环境及自然资源提供了依据和方面，对新型城镇的社会经济发展将起到指导作用。生态功能区划即按照一定的理论方法体系，将新型城镇按照主要的生态系统类型、生态环境现状、社会发展需要和保护与恢复生态功能等要求划分为不同的生态功能区。根据不同生态系统类型的生态服务功能及其在新型城镇可持续发展中发挥作用的不同，及生态环境现状的差异，分区域进行科学的保护、管理和建设，对于保护新型城镇生态环境和防治生态质量恶化具有重要意义。

4.1 生态功能区划研究进展

区划即将整体按照某种认识或管理上的需要分为若干部分，迄今为止人类对区划的认识经历了行政区划、自然区划、生态功能区划等阶段。生态功能区划和以往区划的不同在于，生态功能区划是以生态系统为研究对象，针对不同生态系统的生态服务功能不同以及人与生态系统间的关系而进行的区划。

随着全球和区域社会经济的发展和人类活动的加强，自然生态系统越来越多地受到人类的干扰，生态环境恶化成为制约社会进一步发展的瓶颈。如何改善生态环境质量使之与经济发展相适应，同时最大限度满足人类日益增长的对环境适宜度的需要，从而达到可持续发展是当前亟待解决的问题。这就需要分析人和牛态环境间的主次关系，区分不同区域的主要环境问题，为合理布局工农业生产，为区域经济的发展和环境保护政策的制订提供科学依据，生态区划和生态功能区划正是因此目的而生的。

4.1.1 国外研究进展

最早期的区划是方便于人类管理的行政区划，从19世纪初至19世纪末近百年的时期内，区划进入了自然区划的阶段，德国地理学家A.von.Humboldt首创了世界等温线图，并把气候与植被的分布有机地结合起来。与此同时，H.G.Hammerer也发表了地表自然区划的观念以及在主要单元内部逐级划分的概念，并设想出4级地理单元，从而开创了现代自然区划的研究。然而由于对自然调查不够充分及认识的局限性，早期的区划主要停留在对自然界表面的认识上，还缺乏对其内在规律的认识和了解，区域划分的指标也只采用单一的因素（气候、地貌等）。

1898年，G.H.Merrian对美国的生命带和农作物带进行了详细的划分，这是首次以生物作为自然分区的依据，是生态区划的雏形。1899年俄国地理学家V.V.Dokuchaev由自然地带（或称景观地带）的概念发展了生态区（ecoregion）的概念。1905年英国生态学家Herberteon对全球各主要区域单元进行了区划和介绍，并指出进行全球生态区划的必要性，随后许多生态学家和地学家也日益关注生态区划的重要性，并投入到生态区划的研究工作之中。1935年英国生态学家A.G.Tansley提出了生态系统的概念，并指出生态系统是各个环境因子综合作用的结果，从此人们对生态系统的形成、演化、结构、功能及各影响因子进行了大量的研究，在此基础上，以植被为主体的自然生态区划方面的研究工作全面展开，并以气候（主要是水热因子）作为影响生态系统（植被）分布的主导因子，确立了一系列划分自然生态系统（植被）的气候指标体系。然而真正意义上的生态区划方案于1976年由美国R.Bailey首次提出，他为了在不同尺度上管理森林、牧场和土地，从生态系统的观点提出了美国生态区域的等级系统，认为区划是按照其空间关系来组合自然单元的过程，并编制了美国生态区域图，按地域、区、省和地段4个等级进行划分，引起了各国生态学家对生态区划的原则、依据、区划指标、等级和方法等的研究和讨论。但是这些区划工作主要是从自然生态因素出发，几乎没考虑人类所起的作用。近年来，由于人口的急剧膨胀和人类经济活动的加剧，引起了一系列严重的生态恶化问题，各国生态学家越来越重视生态环境的区划，并认识到以前各种自然区划的局限性，开始关注人类活动在资源开发和环境保护中的作用和地位。同时随着人们对全球及区域性生态系统类型及其生态过程的认识和深入，生态学家开始了广泛应用生态区划与生态制图的方法和成果，阐明生态系统对全球变化的响应，分析区域生态环境问题形成的原因和机制，并进一步对生态环境进行综合评价，为区域资源的开发利用，生物多样性的保护，以及可持续发展战略的制定等提供科学的理论依据，生态区划和生态制图从而成为宏观生态学研究的热点。

4.1.2 国内研究现状与进展

在我国，虽然现代自然区划工作起步较晚，但在自然区划研究方面进行了大量的工作，并取得了丰硕的成果。竺可桢于1931年发表的“中国气候区域论”标志着我国现代自然区划的开始。随后黄秉维于20世纪40年代初首次对我国的植被进行区划。

在20世纪五六十年代我国自然科学工作者在全国范围内对自然资源进行了全面的调查并在此基础上提出了一系列符合中国自然地域特点的区划原则和区划指标，各省区也分别完成了各自的自然区划。随后，针对我国的经济特点，区划的目的越来越趋于实用，主要针对农、林、牧、副、渔业的发展，并提出了一系列的全国农业区划方案。林超等人为了综合性大学地理教学的需要，于1954年拟定了全国的综合自然地理区划。20世纪50年代初期，《中华地理志》拟定《中国自然地理区划（草案）》，于1956年出版（罗开富）。随着国家建设事业的迅速发展，部署农林牧生产和建设必须因地制宜而不违反自然规律，要求有资参考的自然区划。1956年中国科学院成立自然区划工作委员会，开展了较大规模的自然区划工作。在地貌、气候、水文、潜水、土壤、植被、动物和昆虫8个部门自然区划的基础上，由黄秉维主编于1959年完成了《中国综合自然区划（初稿）》专著。这是我国最详尽而系统的全国自然区划专著，一直是农、林、牧、水、交通运输及国防等有关部门查询、应用和研究的重要依据，在全国影响巨大，有力地促进了全国及地方自然区划工作的深入开展。任美锷于1961年针对区划指标应否统一，对指标数量分析如何评价，区划等级单位的拟定和各级自然区域命名等问题提出了与黄秉维方案不同的见解。侯学煜等于1963年提出了以发展农、林、牧、副、渔为目的的自然区划，该方案目的明确，偏重实用，但在热量带线划分等方面引起不少争议。

20世纪80年代初期，我国自然工作者开始在区划中引进生态系统的观点，应用生态学的原理和方法，对生态区划进行一般性的讨论，并把它们应用到区域农业的经营管理中，进行区域性的农业生态区划工作。赵松桥（1983）为《中国自然地理总论》一书区域部分的框架设计了一个新方案，并指出最低级区划单位应与土地类型组合，并互相衔接。席承藩等（1984）为满足当时规划和指导农业生产的需要而完成的《中国自然区划概要》，重点对自然区的自然特点、农业现状、生产潜力和发展方向等作了讨论。侯学煜1988年出版的《中国自然生态区划与大农业发展战略》一书对自然生态区划的原则和依据进行了详细的论述，他先依据温度的差异将我国划分为6个温度带，而后根据生态系统的差异将我国划分为22个生态区，并依据各生态区自然资源的特点及对生态系统的理解，提出了区域内大农业的发展方向。由任美锷等于1992年主编的《中国自然区域及开发整治》专著，专门论述自然区的划分原则、方法与区划方案，并按自然区阐明资源利用与环境整治问题。20世纪80年代以后，各单项区划和综合自然区划方案日益趋于完善，但这些区划主要是依据客观自然地理分异规律，按区内相似性和区际的差异性所进行的自然区划。所采用的分区方法大多是经验方法，如聚类分析、判别分析等。徐海根等首次提出了适合农村环境质量区划的分区方法，即首先以主成分分析法分析农村环境问题，找出反映农村环境质量问题的主导方面及主要指标；然后以多种聚类分析法求得聚类谱系图，取得一个初始分区系统；最后用判别分析法判别该初始分区系统中各区域单元的类型归属是否正确，对一些不恰当的类型归属作适当调整，最终得到农村环境质量分区系统。

总体来说，目前的区划方案忽略了对生态功能，生态重要性、脆弱性和敏感性指标的研究，从而使得区域生态环境整治缺乏针对性，因此在全国范围内运用现代生态学理论与环境科学原理，充分考虑生态系统的生态服务功能、生态系统类型的结构与过程、生态系统的退化程度、生态功能的重要性、生态敏感性、生态脆弱性等的生态功能区划显得日益重要和急迫。而迄今为止大量的区划工作也为此提供了丰富而翔实的资料和基础。

4.2 生态功能区划理论方法基础

进行新型城镇生态功能区划是一项专业性很强的工作，也是一项综合性很强的科学活动。区划的工作对象是复杂的新型城镇环境客体，而成果的表达却要求简单明了，界线分明。如何确切表达环境结构与功能的区域层次、地域分异，而且能够客观地反映出环境本质特征，是一件很困难的工作。因此，有坚实的科学理论为区划分析的理论基础是必不可少的。

当代新型城镇生态环境问题的复杂性、综合性和动态性，涉及广泛的多学科内容。因此，新型城镇生态功能区划需要借助众多学科的理论支撑，借鉴相关学科的方法论。

4.2.1 生态系统服务功能与生态功能区划

人类的活动与自然生态系统服务功能密切相关，对这一关系的认识，可从以下生态系统、生态环境系统、生态系统服务功能等不同层次来理解。

生态系统：指在一定区域空间范围内由生物群落与其非生物环境各要素之间不断进行物质循环、能量流动、信息传递的，具有结构、过程、功能的系统整体。生态系统具有不同的区域空间尺度层次，通常着重从系统结构、过程、功能等方面来认知、理解和研究生态系统。生态系统主要从类型上来认识生态与环境问题，其研究核心是保持生态类型的完整性。

生态环境系统：即通常人们所说的生态环境，是以人类社会为中心的，支撑人类社会经济与农业生产可持续发展的，由一定区域范围内生物、土壤、水体、空气、地质、地貌等在内的生态环境要素组成的整体环境综合系统。研究主要从系统所呈现的状态和系统为人类提供的服务功能及其变化趋势等方面去认识、理解和研究，生态环境系统不必考虑生态类型的完整性，而是从不同空间尺度层次的区域上去界定不同等级的研究对象，也就是说，当生态环境系统作为研究对象时，它一定是区域性的。

生态系统服务功能：是指生态系统与生态过程所形成及所维持的人类赖以生存的自然环境条件与效用，它不仅为人类提供了食品、医药及其他生产生活原料，还创造与维持了地球生命保障系统，形成了人类生存所必需的环境条件。生态系统的这些功能虽然不表现为直接的生产和消费价值，但它们是生物资源直接价值产生与形成的基础，正是生态系统的服务功能，才使人类的生存环境条件得以维持和稳定，这也正是生态系统服务的内涵所在。

生态系统的服务功能，受本国社会、经济发展水平的影响很大，但总体上以生态系统的可持续性为原则，反映生态环境系统的容纳力。根据美国科学家R.Costana 等 1997 年的研究成果，可以将生态环境系统服务功能概括为 17 类基本服务功能。

根据人类对生态系统服务功能的需求，可将生态系统的服务功能分为 4 个层次，重要程度依次递减顺序为：生态系统的生产性功能（包括生态系统的产品及生物多样性的维持）、生态系统的基本功能（包括传粉、传播种子、生物防治、土壤形成等）、生态系统的环境服务功能（包括减缓干旱和洪涝灾害、调节气候、净化空气、处理废物等）和生态系统的文化支持功能(休闲、娱乐,文化、艺术素养、生态美学等)。

生态功能区是生态系统服务功能的载体，是由自然生态系统、社会经济系统构成，分层次、分功能，具有复杂结构、复杂生态过程的生态综合体。具有重要生态服务功能的区域，在保持流域、区域生态平衡，减轻自然灾害，确保国家和地区生态环境安全方面起到至关重要的作用。

生态功能区划是指运用生态学的理论、方法，基于资源、环境特征的空间分异规律及区位优势，寻求资源现状与经济发展的匹配关系，确定与自然和谐、与资源潜力相适应的资源开发方式与社会经济发展途径，合理划分生态服务功能区域，以方便管理者对生态系统地维护，促进生态系统可持续发展。

4.2.2 景观生态类型与生态功能区划

景观生态学是地理学、生态学以及系统论、控制论等多学科交叉、渗透而形成的一门新的综合学科。它主要来源于地理学上的景观和生物学中的生态，它把地理学对地理现象的空间相互作用的横向研究和生态学对生态系统机能相互作用的纵向研究结合为一体，以景观为对象，通过物质流、能量流、信息流和物种流在地球表层的迁移和交换，研究景观的空间结构、功能及各部分间的相互关系，研究景观的动态变化及景观优化利用和保护的原理和途径。

景观生态类型图是景观生态特征的一种直观表示法，它是用来反映景观生态系统的类型、结构、分布等生态学特征的。景观生态类型图就是将组成景观的诸要素（斑块）的空间分布规律、特征和成因形象地表示出来。近些年来，为评价土地利用、城镇规划、生态环境变化等多种目的服务的景观生态类型分类在世界许多国家应运而生，并且获得空前发展。在我国，景观生态类型分类方法目前还处在研究阶段，编制景观生态类型图的工作刚刚起步。由于研究的内容和服务目的的不同，景观生态分类系统针对具体对象也出现了不同程度的变化。无论分类系统的差异如何，其共同点是均按自然要素进行分类，很少将人类干扰作为影响景观变异的一个重要因素来考虑。为了和生态功能区划的目的相适应，充分体现生态系统服务功能的多样性和敏感性。

（1）分类原则

考虑国家已有土地利用分类系统或和其他分类系统可兼容：更好地为生态环境质量评价服务，充分体现区域中不同景观类型所能发挥的生态服务功能特点及强弱、受人类干扰的强度或其自身对干扰的敏感程度、退化的程度等因素，加强对林地景观、草地景观、水体湿地景观和农业景观的进一步分类，体现这些景观在生态服务功能上的特点，受人类干扰的强弱、及对人类干扰的敏感程度：易于通过遥感调查识别。在本研究中，充分考虑了景观单元分类的遥感可实现性，但是这不表明仅通过遥感影像就能将全部景观单元分出，还需要结合实地的考察及相关的统计资料（包括文字、图件等）。景观单元分类具有系统性，景观单元定义明确，分类简单明了，易于理解。

（2）景观生态类型分类

一级分类主要考虑大类自然生态系统以及人为活动对景观影响而形成的大类生态系统，将这些生态系统作为一级景观进行分类。为便于研究以及结果的对比分析，根据以下给出的景观类型含义，将区域景观划分为森林景观、草原景观、荒漠景观、水体及湿地景观、农业景观、人工建筑景观 6 类一级景观。

二级分类主要是根据景观基质进行划分。基质是景观生态类型图的制图单元，是景观中具有连续性的部分，它往往形成景观的背景，控制景观中的能流、物流，在很大程度上决定景观的性质。通过二级分类，在一级景观中划分出 26 类二级景观。如在森林景观中，二级景观有针叶林景观、阔叶林景观、针阔混交林景观、疏林景观、灌木林景观；在草原景观中，有典型草原景观、荒漠草原景观、草甸景观；在荒漠及裸露土地景观中，有沙地景观、裸土地景观、裸岩石砾地景观、戈壁、其他裸露土地景观；在水体湿地景观中，有河流型湿地景观、湖泊型湿地景观、沼泽型湿地景观和冰川及永久积雪地景观；在农业景观中，有旱作农田景观、水浇地景观、水田景观和撂荒地景观；在人工建筑景观中，有城镇景观、农村居民点景观和工交用地景观。

三级分类是根据景观服务功能的类型、服务功能的强弱及受人类干扰的程度或退化程度等要素，或者按这些要素的组合进行分类的，这些要素相互影响和作用，构成了景观生态系统最基本的空间单元。根据本次调查对景观尺度的要求，特别是为了反映生态环境问题的需求，我们在三级景观划分上强调了景观功能和退化这两个要素。如在林地景观中，除了根据林地树木的类型划分出针叶林、阔叶林和针阔混交林外，还划分出人工林和天然林景观等多种反映景观服务功能强弱和受人类干扰程度的三级景观类型。三级景观是景观生态类型图最基本的制图单元。

4.2.3 生态环境敏感性与生态功能区划

生态环境敏感性是指生态系统对人类活动干扰和自然环境变化的反映程度，说明发生区域环境问题的难易程度和可能性大小，反映生态因子对外界压力或外界干扰适应的能力。用生态环境敏感度来进行功能区划分本质上是一种自然区划，同时又体现了人类活动的影响。生态因子存在地域分异规律，生态环境在宏观上表现为一系统不同类型区域的空间组合和连续分布，因而导致生态环境问题的敏感性在区域上的差异。对新型城镇的生态环境敏感性评价主要包括水土流失敏感性、土壤沙化敏感性、土壤盐渍化敏感性和生境敏感性评价等。

4.2.4 生态适宜度与生态功能区划

对新型城镇用地进行生态适宜度评价，目的在于寻求新型城镇最佳土地利用方式，使其各种用地符合生态要求，合理地利用环境容量，以最小的环境费用创造一个清洁、舒适、安静、优美的环境。目前该方法已经成为进行城市环境功能分区及土地和旅游资源规划与管理的重要依据之一。传统的土地利用分析是从狭窄的技术经济观点出发进行分析，缺乏对远期的生态、社会后果的考虑，忽视了环境因素。

4.3 新型城镇生态功能区划

4.3.1 区划的目标、指导思想与原则

（1）区划的目标

明确新型城镇主要生态系统类型的结构与过程及其空间分布特征，评价不同生态系统类型的生态服务功能及其对新型城镇社会经济发展的作用，明确新型城镇生态环境敏感性的分布特点与生态环境高敏感区，结合区域的社会、经济现状及发展趋势，提出生态功能区划，揭示各生态区域的综合发展潜力，资源利用的优劣势和科学合理的开发利用方向，以及生态环境整治的方向和途径，为新型城镇区域经济的发展、环境保护政策和环境规划目标的制定以及强化环境管理提供科学依据。

由于不同的新型城镇其自然条件、生态环境特点和土地利用方式均有所不同，具体表现为区域内所执行的环境功能不同，对环境的影响程度不同，要求不同地区达到同一环境质量标准的难度也就不一样。因此，考虑到社会经济发展对生态环境的影响及环境投资效益两方面的因素，在确定环境规划目标前需要先对工作区域进行功能区的划分，然后根据各功能区的性质和承载能力分别制定各自的环境目标和发展发向。

新型城镇的生态功能区划与一般的城市功能区和传统的部门环境功能区划分有所不同。一般的城市功能区划分是根据城市现状、存在问题和发展趋势，以及城市土地资源的开发潜力，提出城市工业、居住、交通、商业、仓储和绿化等不同城市用地形式的功能区，提出产业布局和人口布局。它的侧重点在于城市土地的开发与利用，接近于通常的城市总体规划和土地利用规划，部门环境功能区划一般则是针对大气、水等单个环境要素或以服务于农业、林业等专业部门进行的环境功能分区，对各环境要素之间的关联性、各专业部门间的协调性等重视不够。鉴于城镇发展的整体性和综合性，同时为满足可持续发展的需求，以城乡复合生态系统观为指导、充分关注各环境要素间关联性和各专业部门间协调的生态功能分区为新型城镇环境规划的必然要求。

生态功能区划既可作为城镇环境规划的依据，也是实施环境分区管理和污染物总量控制的前提和基础。尤其在新型城镇环境规划的实践工作中，各环

境要素如大气、水、噪声等功能区和环境目标的确定都是以生态功能区划为基础，根据各环境要素的性质、特征和功能分别确定的。

因此，生态功能区划分的主要体现在以下两个方面：一是在深入分析和认识区域生态系统类型的结构、过程及其空间分异规律的基础上，进一步明确生态环境特点、功能及开发利用方式上具有相对一致性的空间地域，为因地制宜制定生态环境规划和区域发展决策提供依据；二是研究不同环境单元的环境特点、结构与人们经济社会活动间的规律，从生态环境保护要求出发，提出不同环境单元的社会经济发展方向和生态保护要求，事实上，这里的生态功能分区是城镇区域经济、社会与环境的综合性功能分区，对于引导城镇化发展方向非常重要，特别是对未建成区或新开发区、新兴城市等来说，环境功能区划对其未来环境状态具有决定性的影响。

(2) 区划的指导思想

遵循《全国生态环境保护纲要》的指导思想和基本原则，通过生态环境的保护，遏制生态环境破坏，减轻自然灾害的危害，科学合理的利用自然资源，促进生态系统的良性循环，把生态环境保护和建设与新型城镇经济发展相结合，统一规划，实施可持续发展战略，保障社会经济发展，为环境管理和重要生态功能区保护服务。

(3) 区划的原则

每个生态单元都具有其自然属性和社会属性，生态区划应该同时考虑自然的过程和人类活动的过程，也就是说，生态区划是在对生态系统客观认识和充分研究的基础上，应用生态学的原理和方法，揭示自然生态系统的相似性和差异性规律以及人类活动对生态系统干扰的规律，结合区域的社会、经济等多种因素综合考虑得出。

为促进新型城镇可持续发展，同时也为保证区划和规划的可操作性和公众接受程度，生态功能区划应遵循以下几项基本原则。

1) 可持续发展，经济效益、社会效益、环境效益三统一的原则

地方经济的发展是实现生态保护目标的根本保证，为此，功能分区应在注重自然生态功能保护的同时，充分体现地方社会经济发展的需求，区划要考虑新型城镇的长远规划及其潜在功能的开发，充分体现地方社会经济发展的需求，区划要考虑到新型城镇的长远规划及潜在功能的开发，同时注意它的环境承载力，尽量提高生态环境功能级别，使其环境质量不断得到改善。在区划中，要给城镇发展和经济建设留有足够的土地和空间，并保证充分利用交通条件、物质条件等。另外，在区划中应合理利用资源和环境容量，避免由于工业布局不合理使污染源分布不均，致使有限的环境容量一方面在某地区处于超负荷状态，另一方面在其他地区又得不到合理利用而造成环境危害。

生态功能区划的最终目的是为了促进资源的合理利用与开发，避免盲目的资源开发和生态环境破坏。这就要求从区域的自然环境与自然资源现状出发，根据经济与社会发展的需要，统筹兼顾，综合部署，增强区域社会经济发展的生态环境支撑力，促进区域的可持续发展。

2) 有利于居民的生产和生活需求的原则

在区划所有要考虑的因素中，居民的生产和生活需求是第一位的，必须尽可能满足。因此，在生态功能区划中既要避免各类经济活动对居民造成的不良影响，以及工业、生活污染对居民身体健康的威胁，同时也要保证工业区、商业区与居住区的适当联系以及居民娱乐、休闲等生活需求。

3) 遵循区域与类型划分相结合的原则

生态功能区划中，只简单地将规划区进行片状划分并确定其功能，而不考虑功能的类型，就会忽视区内不同地域空间所具有的不同环境特点或经济特征，在开发时容易千篇一律，而不能因地制宜。然而，只考虑类型，而不将各功能合理组合成为完整的区域，则易形成繁琐零碎的状态，往往会把不同地段同一经济活动单位全部划开，而无法体现出其内部的相互联系，这势必与日益发展的经济要求不相适应。把区域与类型结合起来，既照顾到不同地段的差异性，又兼顾到各地段之间的连接性和相对一致性，表现在环境区划类型图上既有完整的环境区域，又有相对独立的环境类型存在。因此，在地段比较复杂的地区，要从社会经济活动出发，把区域和类型结合起来，是一项必要的原则。

4）坚持科学性与灵活性相结合的原则

在生态功能区划中，仅靠主观经验判断做出的结果是没有科学价值和规划意义的，必须以科学的态度严格按照区划方法来进行，并且对不同性质的区划问题采用相应的解决方法和手段。这样的生态功能区划结果才有可能为生态功能分区及其环境目标的确定等后序工作提供可靠的依据，从而更好地开展经济和环境保护工作。

但区划中也会遇到这样的问题：运用科学方法划分的功能区给今后该区域的经济发展、行政管理或环境管理造成较大困难或诸多不便，如功能区与行政区的不重合等。因此，在环境功能区划中坚持科学严谨而不失灵活性的原则是很重要的。

5）保持各分区的基本连片和与行政单元一致性的原则

各分区在基本满足生态环境特点、功能及开发利用方式上具有相对一致性的条件下，保持相对的集中和空间连片，既有利于分区整体功能的挥发，也便于城镇体系进一步宏观建设和产业布局的规划、调整与管理。另外，还要考虑到行政区域对环境区划的影响，尽量减少与行政区域的冲突或出入，这样有利于区内经济发展方向、产业合理布局、环境管理和环境保护对策个体实施等方面的统筹规划和统一领导。

6）区划指标选择应强调可操作性的原则

区划的指标应具有简明、准确、通俗的特性，应寻求在同类型地区具有可比意义并具有普遍代表性的指标。同时应尽量采用国家统计部门规定的数据，以利于今后加强信息交流和扩大应用领域。

7）生态功能的相似性和生态环境的差异性原则

景观区域的划分必须反映出不同区域生态功能的差异性，并保证各分区单元的生态环境条件的一致性，从而有助于针对具体情况因地制宜地开展环境管理工作；同时，生态功能分区应该考虑土地利用的现状。

8）突出主导功能与兼顾其他功能相结合的原则

自然资源的多样性和自然环境的复杂性，使不同的区域具有不同的功能，甚至同一区域具有几种不同的功能。根据景观生态学异质共生原理，异质是共生的必要条件，异质性是生态系统进化的基础和发展的动力，反映在生态功能上，就是要多种功能并存。在大的生态功能区内，其主体功能应该是明确的，各个生态小区的生态功能，应该服从于主体功能，但不是盲目求同。

9）应用于管理、便于管理的原则

生态区域划分和生态环境保护规划，归根结底是为生态保护与环境管理服务的，所以在确定生态功能区划分时，除了要考虑生态系统的特点外，同时要考虑与现行的行政区划分、社会经济属性相关联，确定功能区边界时要尽量与行政区划界线的接轨，以便于环境保护和管理。

10）遵循区划的一般原则

区划单位是一个有机整体，有明显特点和明确边界，具有不重复性。不同层次和区划单元相互构成统一的环境系统。

4.3.2 生态功能区划评价因子的选择

选择区划的评价因子就必须要了解生态系统内的生态过程。生态过程是一个复杂和抽象的过程，很难定量、直接地研究生态过程的演变特征。对生态过程的研究往往从景观生态学的角度出发，通过地理的空间差异、生态景观格局的变化及人类对景观直观的认识和感受等方面来分析。

（1）生态系统服务功能因子

1）生物多样性维持功能评价因子

生物多样性包括三个层次：生态系统多样性、物种多样性和遗传多样性，是指从分子到景观各种层次生命形态的集合。地球上的生物是经漫长的历史进程进化演变而来，具有不可替代性，一旦遭到破坏则无法恢复，生态系统的持续性因此所受的影响也将难以弥补。

对新型城镇典型生态系统的生物多样性维持功能评价主要是从景观生态分析入手，对区域生态系统多样性和物种多样性保护的重要性做出评价。植被指数 NDVI 是植物生长状况及植被空间分布密度的最佳指示因子，与植物分布的密度呈正相关，通常 NDVI 值越高，区域的生物多样性越好。此外，各类自然保护区、森林公园、珍稀野生动植物保护区、湿地等生态系统与物种保护的热点地区，均是生物多样性保护的重点区域。

2）水源涵养功能重要性评价因子

水是人类的生命之源，是一切生物生理过程中不可缺少的重要物质，同时也是工、农业生产必不可少的基本要素，对维持生态系统的良性循环具有举足轻重的作用。区域生态系统水源涵养的生态重要性，在于整个区域对评价地区水资源的依赖程度及洪水调节作用。

3）社会服务功能重要性评价因子

生态系统的社会服务功能是非常重要的，良好的生态系统可以提供强大的生态服务功能，如调节气候、净化空气、休闲、娱乐，文化、艺术素养、生态美学等，起到维护和改善人的身心健康，激发人的精神文化追求等作用。

（2）生态环境敏感性因子

1）土壤侵蚀敏感性因子

土壤侵蚀敏感性评价是为了识别容易形成土壤侵蚀的区域，评价土壤侵蚀对人类活动的敏感程度。可以运用通用土壤侵蚀方程进行评价，包括降水侵蚀力（R）、土壤质地因子（K）和坡度坡向因子（LS）与地表覆盖因子（C）四个方面的因素。

2）土壤盐渍化敏感性因子

土地盐渍化敏感性是指旱地灌溉土壤发生盐渍化的可能性。可根据地下水位来划分敏感区域，再采用蒸发量、降雨量、地下水矿化度与地形等因素划分敏感性等级。

3）生境敏感性因子

根据生境物种丰富度，即评价地区国家与省级保护对象的数量来评价生境敏感性（表 4-1）。

表 4-1 生物多样性及生境敏感性评价

国家与省级保护物种	生境敏感性等级
国家一级	极敏感
国家二级	高度敏感
其他国家与省级保护物种	中度敏感
其他地区性保护物种	轻度敏感
无保护物种	不敏感

生态环境敏感性评价具体评价方法参照国家环保总局发布的生态功能区划暂行规程。

（3）地形地貌因子

地形地貌因子是各种自然景观存在的自然基础，决定了人类对土地利用的方式，同时地形地貌因子还决定了生态系统的地理过程，并对生物过程和视觉过程产生巨大影响。如山区和平原的差别，山区多险峻，人类干扰较少，自然生态系统保持良好，因而起到为生态系统提供重要的服务功能的角色；而平原作为人类活动较频繁的区域，土质较好，而且不易水土流失，通常用作耕地等。

考虑地形地貌因子决定了不同生态系统的分布，

影响到新型城镇区域生态功能分异的巨大作用，所以选取该因子作为生态功能分区的评价因子。

（4）社会经济因子

生态环境保护与社会经济发展在城镇区域发展中是并存的，生态功能区划要求在满足生态系统稳定发展的基本条件下，最大限度地促进社会经济发展，因此宏观的社会经济发展的要求，同样决定区域发展利用的方向。

以上区域的划分，决定了区域发展的主导方向，即资源利用的方向，为合理空间布局规划，制定生态规划方案，合理布局工农业生产，保护区域生态环境提供依据。因此选取社会经济因子，同样作为生态功能分区的一级因子。

（5）土地利用现状因子

土地利用现状是自然生态系统和人类活动相互作用的最直接的体现，随着人类活动的加剧，以及对自然征服能力的增强，人类的活动方式和程度越来越深刻地影响着自然生态系统的状态，并成为分析生态系统特征的一个重要环节。

土地利用现状分为：有林地、苗圃及各类园地、疏林地、灌木林地、高覆盖草地、中覆盖草地、低覆盖草地、海洋湿地、河流湿地、湖泊湿地、沼泽湿地、旱地、水田、城镇用地、农村居民点，公交建设用地、沙地、盐碱地、裸土地、裸岩石砾地、其他未利用土地等21类，作为生态功能分区的基本参考条件。

人类对生态系统的干扰作用是影响土地利用的主要因子，人类对生态系统的开发强度越大，生态系统就越不稳定，根据人类影响强度的不同，将景观分成自然景观、经营性景观、人工景观三种。在TM卫片分类结果图上，以单位计算人工景观、自然景观、经营性景观的百分比。

4.3.3 生态功能区划的依据和分区等级

（1）区划依据

为保障区划的成果与工作区现状及未来自然环境状况和社会经济条件相吻合，并充分利用已有的工作成果，区划应依据以下三方面进行。

1）自然环境的客观属性

生态功能区划的对象是由地貌、气候、水文、土壤以及动植物群落等构成的，是占据地表一定空间范围的自然综合体，这个自然综合体的各项自然属性即进行生态功能区划的首要依据。这些属性特征主要通过以下环境要素特征得到反映。

①气候条件：指工作区的气候特点及区内分异。

②地貌类型：指工作区的地貌特征及空间分异。

③土壤类型：指工作区的土壤属性特征及空间分布。

④水文特征：指工作区的流域分布和水文特征。

⑤动植物资源：指工作区的动植物资源特征及空间分布规律。

2）社会经济特征及发展要求

区划的制定不仅要依据工作区自然环境的客观属性，还应充分重视当地社会经济状况及其发展需求。如果说前者体现了区划的科学性，则后者体现了其合理性。这里的社会经济特征及需求主要包括如下几个方面。

①交通区位：指工作区所处的地理区位及其在背景区域中的战略地位。

②土地利用：指工作区现状土地资源利用的结构及空间分异。

③经济发展水平：指工作区现状经济发展水平及地区差异。

④人口结构：指工作区人口、劳动力组成与地区差异。

⑤产业特征：指工作区产业结构、空间分布及调整走向等特征。

3）相关规划或区划

各地方已有的相关区划或规划都是在多年调查和统计的第一手资料基础上获得的，比较符合当地社会经济发展需求和自然环境的客观要求，应作为新的生态功能区划的基本依据。

①已有的相关区划主要包括：《行政区划》《综合自然资源区划》《综合农业区划》《植被区划》《土壤区划》《地貌区划》《气候区划》《水资源和水环境区划》等。

②已有的相关规划主要包括：《城镇总体发展规划》《城镇土地利用规划》《自然保护区建设规划》《交通道路规划》《绿地系统规划》等。

③还应参考其他已有的国家及地方有关调查资料、规划、标准和技术规范等，如《环境空气质量标准》《地表水环境质量标准》《城市区域环境噪声标准》《城市区域环境噪声适用区划分技术范围》及区域地址调查资料等。

上述规划或区划成果有些相互包含，如《城镇总体发展规划》包含《交通道路规划》《绿地系统规划》；《综合自然资源区划》包含《地貌区划》《气候区划》等。另外，有些地区并不一定具有上述所有关成果资料，可依具体情况选择确定。

（2）分区等级

新型城镇生态功能区划分区系统分两个等级。为了满足宏观指导与分级管理的需要，需对新型城镇区域开展分级区划。首先从宏观自然地理特点，并以典型生态系统服务功能及服务功能重要性划分新型城镇生态功能区；然后根据生态环境敏感性、生态适宜度、土地利用现状等划分新型城镇生态功能亚区。亚区中主要分禁止开发区、限制开发区、远景开发区和建设开发区。

4.3.4 区划方法

区划是一项综合性的研究工作。通常采用“过程分析法”，将调查、收集与实测的各种文字资料和统计资料进行整理，按区划不同等级采用的分区指标找出生态功能区的主要差异，运用定性和定量的方法进行区划。

典型生态系统服务功能、生态敏感性和适宜度评价应该作为新型城镇生态功能区划的核心内容，因此，所谓的区划方法也主要是指用来进行生态系统服务功能重要性分析、生态环境敏感性分析及生态适宜度评价的方法。常用的主要有以下几种。

（1）区划的定性方法

1）地图重叠法

传统的区划方法主要是指手工图形叠置的方法，即将不同的环境要素描绘于透明纸上，然后将它们叠置在一起，得出一个定性的轮廓，选择其中重叠最多的线条作为功能区划的最初界限。

随着地理学现代技术的高速发展，图形叠置的任务可以通过多种地理信息系统软件来完成，进行空间分析和叠加。在 GIS 支持下，将各种不同专题地图的内容进行叠加，显示在结果图件上，叠加结果生成新的数据平面，该数据平面综合了各种叠加的专题地图的相关内容，该平面的图形数据不仅记录了重新划分的区域，而且该平面的属性数据库中也包含了原来全部参加复合的数据平面的属性数据库中的所有数据项。

因子加权评分法也是通过 GIS 软件对各因子进行空间计算分析而后叠加得出结果。

2）专家咨询法

即德尔菲法，是在专家预测法的基础上发展起来的。基本方法是将所要预测的问题以信函方式寄给专家，将回函的意见综合整理，再匿名反馈专家征求意见，如此反复多次，最后得出预测结果。

在实际工作中，可按以下方法进行操作：首先，准备各类工作底图，包括人口密度图、土地利用现状图、资源消耗分配图、环境质量评价图等；其次，确定专家，一般以管理、科研和规划部门专家为主，并请专家进行初步划分；然后将初步结果进行图形叠加，确认基本相同部分，对差异部分进行讨论；然后进行新一轮划分直到结果基本一致。

3）生态因子组合法

生态因子组合法是城镇土地利用的生态规划专

家提出的一种新方法，该方法认为，对于某种特殊的土地利用来说，相互联系的各个因子的不同组合决定了这种特定土地利用的适宜性。

生态因子组合法可以分为层次组合法和非层次组合法。层次组合法首先用一组组合因子去判断土地的适宜度等级，然后，将这组因子看作一个单独的新因子与其他因子进行组合判断土地的适宜度，这种按一定层次组合的方法便是层次组合法。非层次组合法是将所有的因子一起组合判断土地的适宜度等级，它适用于判断因子较少的情况，而当因子过多时，采用层次组合法要方便得多。但不管采取哪种方法，首先需要专家建立一套较完整的组合因子判断准则，这是运用生态因子组合法关键的一步。

（2）区划的定量方法

1）大系统论分析法

生态功能区有多个相对独立单元，不同的主导层次和众多的指标构成结构相对复杂的系统，通过建立模型对系统进行分析，做出评价和划分，同时还可对系统现有的运行状况和发展趋势进行观测和预测，提出生态环境保护的相应对策。

2）多目标数学区划

新型城镇生态功能区划所涉及的指标体系繁多，区划分项目标也较多，而且从量纲角度上是属不可比较量纲，采用多目标数学区划的方法，其最大优点是比较适合求解有多重矛盾的无一量纲的多目标分析，且易于进行区划，并容易理解掌握，同时用于计算机进行运算迅速准确，应用在生态功能区划上，可在一组环境质量的约束条件下，求多目标函数优化，并求得一组区划变量的满意解。

3）指标评价方法

指标评价方法，又称为环境评价系统，它具有综合评价环境影响的特点，适用于环境目标的确定。此方法可同多目标数学区划方法结合，因为该数学表达式在对无区划时的所有参数进行评价，即对生态环境参数现状评价，并确定出有区划的环境影响单位，通过采用多目标数学区划法来求解划进的环境质量指数值中的每个参数值。

4）多元统计分析法

为了使生态功能分区准确可靠，在定性分区基础上，采用多元统计分析系列作为划分区界的定量方法，因为在大多数情况下，区划的各指标间存在着密切程度不同的相关关系。采用多元统计分析中的主成分分析、聚类分析和多元逐步判别分析等方法能使结果更符合实际。

5）灰色系统分析法

由于新型城镇生态功能区划的分析因子仅是部分明确，所以可采用灰色控制系统分析法对某一区域进行分析，然后再进行区划。

将所有收集的随机数据看作是在一事实范围内变化的灰色量，通过对原始数据的处理，将原始数据变为生产数据，从生产数据得到规律性较强的生成函数，然后便可通过这一函数进行预测。该方法的关键是如何建立灰色模型。一般方法是将随机数据经生产后变为有序的生成数据，然后建立微分方程，寻找生成数据的规律，即建立灰色模型，然后便可以通过将运算结果还原而得到预测值，其基础是数据生成，通常是采用累加生成。

记 $X(0)$ 为原始数列：

$$X(0)=\left\{X(0)_{(t)}\middle| t=1,2,\ldots,n\right\}$$

生成数列为 $\chi(1)$，

$$X(1)=\left\{X(1)_{(t)}\middle| t=1,2,\ldots,n\right\}$$
$$=\left\{X(1)_{(1)},X(1)_{(2)},\ldots,X(1)_{(n)}\right\}$$

$X(1)$ 与 $X(0)$ 满足下列关系：

$$X(1)_{(t)}=\sum X(0)_{(t)}$$

通过几次累加后，生成数据个具有下列关系：

$$X(n)_{t}=X(n)_{t-1}+X(n-1)_{t}$$

然后在数据生成的基础上建立微分方程，以微分方程的解作为灰色模型，经检验合格后，便可用于分区。

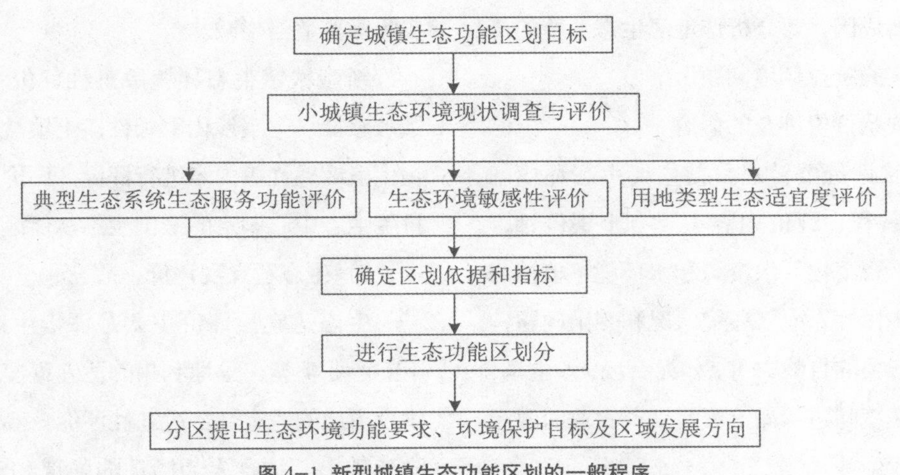

图 4-1 新型城镇生态功能区划的一般程序

4.3.5 区划的一般程序和内容

（1）区划的一般程序

新型城镇生态功能区划的空间层次及工作程序是：首先要进行区域的自然环境和社会环境现状调查，选取并确定能反映区域自然环境及社会经济特征的指标体系，进而利用这些指标，分析、评价区域自然环境和社会经济的主要特点及存在问题。在此基础上进行生态功能区的划分，并指出各分区的生态环境功能要求和发展方向（图 4-1）。

（2）区划的主要步骤和内容

1）新型城镇生态环境状况调查与评价

①生态环境现状调查

生态环境状况调查要综合考查以下几个方面的内容。

自然环境要素：地质、地形、地貌、气候资源、水资源、土壤、动植物资源、土壤等。

社会经济条件：人口、经济发展、主导产业、产业布局等。

人类活动及其影响：土地利用现状、城镇分布、污染物排放、环境质量现状等。

生态功能状况调查：区域自然植被的净生产力，生物量和单位面积物种数量，生物组分的空间分布及其在区域空间的移动状况、土壤的理化组成和生产能力（包括土壤内有效水分的数量和运行规律），生物组分尤其是绿色植被的异质性状况及其对项目拟建区的支撑力等。

社会结构情况：人口密度、人均资源拥有量、人口年龄构成、人口发展状况、生活水平的历史和现状、科技和文化水平的历史和现状、生产方式等。

经济结构与经济增长方式：产业结构的历史、现状及发展，自然资源的利用方式和强度等。

调查或收集资料的结果除了以数据库的形式储存外，还可以用以下图件的方式表示：地形图、土地利用现状图、植被图、土壤侵蚀图、动植物资源分布图、自然灾害程度和分布图、生境质量现状图等。

另外需要注意的是，服务于生态功能区划的生态环境调查不同于生态环境保护及建设规划的生态环境调查，前者不仅关注自然生态环境的属性特征，还要关注社会经济环境建设规划的生态调查；前者不仅关注自然生态环境的属性特征，还要关注社会经济环境的时空分异；前者更注重宏观层次的空间一致性和差异性，后者则较为关注微观层次的自然属性。为避免重复工作，二者应尽可能同步进行。

②生态环境现状评价要求

生态环境现状评价是在新型城镇生态环境调查的基础上，针对新型城镇区域范围内的生态环境特点，分析区域生态环境特征与空间分异规律，评价主要生态环境问题的现状与趋势。

新型城镇生态环境现状评价必须明确区域主要

生态环境问题及其成因，要分析该地区生态环境的历史变迁，突出地区的重点环境问题。

③生态环境现状评价涉及的内容

生态环境现状评价要针对目前主要生态环境问题的形成和演变过程，评价内容主要有土壤侵蚀，沙漠化，盐渍化，石漠化，水资源和水环境，植被与森林资源，生物多样性，大气环境状况和酸雨问题，与生态环境保护有关的自然灾害，如泥石流、沙尘暴、洪水等以及其他环境问题，如土壤污染、农业面源污染和非工业点源污染等。

④生态环境现状评价方法

生态环境现状分析可以应用定性与定量相结合的方法进行。在评价中大量利用遥感数据、地理信息系统技术等先进的方法与技术手段。

2）典型生态系统生态服务功能评价

生态服务功能重要性评价是针对区域典型生态系统，评价生态系统服务功能的综合特征。生态服务功能评价应根据评价区生态系统服务功能的重要性，分析生态服务功能的区域分异规律，明确生态系统服务功能的重要区域，生态服务功能重要性共分 4 级，分为极重要、中等重要、较重要、不重要。评价的内容主要包括生态系统生物多样性保护服务功能、生态系统水源涵养和水文调蓄功能、生态系统土壤保持功能、生态系统土壤沙化控制服务功能、生态系统营养物质保持服务功能等。

3）生态环境敏感性评价

生态环境敏感性评价主要目的是明确新型城镇区域内可能发生的主要生态环境问题类型与可能性大小。敏感性评价根据主要生态环境问题的形成机制，分析生态环境敏感性的区域分异规律，明确特定生态环境问题可能发生的地区范围与可能程度。敏感性评价首先针对特定生态环境问题进行评价，然后对多种生态环境问题的敏感性进行综合分析，明确区域生态环境敏感性的分布特征。

生态环境敏感性等级一般分为 5 级：极敏感、高度敏感、中度敏感、轻度敏感、不敏感。等级可按实际需要适当增减。

新型城镇生态环境敏感性评价主要针对土壤侵蚀敏感性、土壤沙化敏感性、土壤盐渍化敏感性、生物生境敏感性等内容进行评价。评价方法可借鉴由中科院生态中心制定的全国生态功能区划暂行规程。

4）生态适宜度评价

生态适宜度评价主要是评价生态环境因素制约下的产业类型、土地利用的适宜程度，重点考虑城镇建设用地的适宜性。适宜性评价一般是在敏感性评价的基础上，结合人为活动的强度和对生态环境造成的压力，以及城镇发展需求进行的综合性分析过程。可采用生态因子组合法、地图重叠法进行分析。

5）生态环境指标体系的确定

确定生态环境区划指标体系的步骤是：根据区划的目的和要求来分析系统的层次结构、组成部分及其因子的内在联系，按照区划原则采取定性判别和定量分析（如主要成分分析、聚类分析等）相结合的方法进行因子筛选，得出因子即为区划指标。

6）生态功能分区

首先根据不同地区的自然条件，主要的生态系统类型，按相应的指标体系进行城镇生态系统的不同服务功能分区及敏感性分区，将区域划分为不同的功能系统或功能区，如生物多样性保护区、水源涵养区、农业生产区、城市建设等功能区。然后针对不同功能下的生态环境敏感性以及不同的工农业生产需求、土地利用规划，结合不同区域环境污染、行政管辖范围等社会经济及环境条件，将各功能大区再根据需要细分为不同的生态适宜区。

7）分区生态环境要求及发展方向（分区内容描述）

科学指出各功能区内各类资源开发“禁区”，加大对水、农业、矿产资源、林草资源、旅游资源、湿地等重点资源及城镇道路设施建设的生态环境监管工作力度，以避免因开发建设不当造成重大生态破坏问题。明确不同生态功能区资源开发利用方式和生产力布局，制定各分区的生态保护目标和环境保护措施。

5 新型城镇可持续发展的生态指标体系

改革开放以来，随着农村由自给半自给经济向商品性经济转化，农村产业结构不断转换，新型城镇建设发展迅猛。众多的新型城镇已发展到以工业生产为主，农、渔、副、工、商、建、运、服务业综合发展的新阶段。农村集市由封闭型向开放型转化，成为依托周边农业，以乡镇工业为支柱，多层次、多门类发展商品生产，发挥商品集散功能和人口逐渐集中的农村经济、文化和政治中心。它的发展使农村经济和社会面貌发生了深刻变化。

为了避免新型城镇重蹈城市发展的覆辙，成为环境破坏、资源消耗之源，在新型城镇快速发展的初期即应当摆正其发展的方向。因此，建设可持续生态新型城镇是具有历史意义的。要达到生态要求，就需要实现生态新型城镇的综合发展目标，达成多方的平衡。然而，目标往往是抽象的，不具备指导实践的便捷性。构建可持续生态新型城镇的指标体系，可以将抽象的建设目标落实到具体的数字上来，更加深刻地反映新型城镇的社会、经济和环境要求，极大地拓展了相关信息的直观性和实用性。

5.1 可持续发展指标概述

5.1.1 可持续发展指标体系的作用与功能

生态新型城镇和生态城市一样，也是由自然、经济和社会三个子系统复合而成的复杂巨系统，建设和管理工作千头万绪，纷繁复杂，涉及方方面面，在决策和建设过程中，稍有不慎，就可能造成新型城镇的畸形和失衡的发展。人们要知道一个新型城镇是否在可持续生态新型城镇内在要求的轨道上发展以及发展的总体水平与协调程度，就必须对这个新型城镇进行测度与评价。因此，按照生态新型城镇内涵要求建立起来的科学与合理的生态新型城镇评价指标体系，在生态新型城镇的建设与管理过程中将发挥重要的作用。一般来说，它主要有以下功能与作用：

（1）评价功能是生态新型城镇评价指标体系的一项基本功能。运用指标体系可以对生态新型城镇各项建设和新型城镇总体运行状况进行定量测算，根据预先设定的等级划分标准，评定新型城镇的发展度、协调度与持续度的级别。根据评价结果，人们就可以知晓新型城镇建设所取得的成就，同时明确建设过程中的不足和缺陷，为下一阶段建设指明努力的方向。有可能或需要时，可以对生态新型城镇进行纵向和横向比较。

（2）监测功能评价指标是生态新型城镇某个性质或侧面的描述和反映。通过指标反馈的信息，能随时监测生态新型城镇不同阶段中的发展动态，及时发现问题，以便在实践中及时改正。这时，指标体系就成为一种“晴雨表”和指示器，发挥着指示和监测生态新型城镇发展动向的功能与作用。生态新型城镇评价的绝大部分数据来源于当地城市的统计部门。生态新型城镇的评价周期一般以一年为限，与建设决策基本时间单位一致。因此，评价周期与决策周期基本吻合，能很好地发挥指标体系的监测功能与决策功能。

（3）导向功能是评价指标对新型城镇建设的方向与内容的指引作用。从理论上来说，指标体系应能反映生态新型城镇的所有性质，应把它们都纳入指标体系中。但是在实际操作中，任何一个指标体系只能选取那些对生态新型城镇发展起主要作用的单项或综合指标。指标一旦确定，它在建设中就将发挥导向功能作用。导向功能具有正向效果和负向效果的双重作用。指标体系运用得当，指标体系将发挥正向效果的导向作用；如果运用不当，为了取得一个更高的评价综合值，就会在生态新型城镇的建设中只重视所确立的指标方面的建设而忽略未能纳入指标体系中的其他方面的建设与管理，这就必然促使生态新型城镇朝着狭窄方向片面地发展，违背生态新型城镇的全面和谐与协调发展的本质要求，这时，指标体系就有一定的负面作用。

（4）决策功能评价只是一种手段，而不是目的，评价是为决策服务的。指标体系最大的优势是能为人们提供比较科学、准确和定量的评价结果，避免了单纯运用定性评价方法所得结果的模糊性和主观性，从而为下一阶段的决策提供科学的参考和依据。上述几点是生态新型城镇评价指标体系的主要功能。它们作为一个相互联系，不可分割的功能集合体，在评价的不同阶段所表现的形式不同。

5.1.2 指标体系划分的原则

（1）科学性原则

指标体系要能较客观地反映系统发展的内涵及各个子系统和指标间的相互联系，并能较好地度量区域可持续发展目标实现的程度。指标体系覆盖面要广，能综合地反映影响区域可持续发展的各种因素（如自然资源利用是否合理，经济系统是否高效，社会系统是否健康，生态环境系统是否向良性循环方向发展），决策以及管理水平等。

（2）层次性原则

由于区域可持续发展是一个复杂的系统，它可分为若干子系统，加之指标体系主要是为各级政府的决策提供信息，并且解决可持续发展问题必须由政府在各个层次上进行调控和管理。因此，衡量社会的发展行为与发展状况是否具有可持续性，应在不同层次上采用不同的指标。

（3）相关性原则

可持续发展实质上要求在任何一个时期，经济的发展水平或自然资源的消耗水平、环境质量、环境承载状况以及人类的社会组织形式之间处于协调状态。因此，从可持续发展的角度看，不管是表征哪一方面水平和状态的指标，相互间都有着密切的关联，也就是说，对可持续发展的任何指标都必须体现与其他指标之间的内在联系。

（4）简明性原则

指标体系中的指标内容应简单明了，具有较强的可比性并容易获取。指标不同于统计数据和监测数据，必须经过加工和处理使之能够清晰、明了地反映问题。

（5）因地制宜原则

应从当地实际情况出发，科学合理地评价各项建设事业的发展成就。

（6）可操作性原则

指标的设置尽可能利用现有统计指标。指标具有可测性，易于量化，即在实际调查中，指标数据易于通过统计资料整理、抽样调查、典型调查和直接从有关部门获得。在科学分析的基础上，应力求简洁，尽量选择有代表性的综合指标和主要指标，并辅之以一些辅助性指标。

5.1.3 指标体系的分类

（1）单一指标类型

联合国开发计划署提出的人文发展指数（HDI）是由三个指标组成的综合指标：平均寿命、成人识字率和平均受教育年限、人均国内生产总值。平均寿命用以衡量居民的健康状况，成人识字率和平均受教育年限用以衡量居民的文化知识水平，购买力平价调整后的人均国内生产总值用以衡量居民掌握财富的程度。有人主张用该综合指标来衡量可持续发展。人文发展指数用以综合衡量社会发展尚可，但用来衡量可持续发展就不适宜了，因为它不能反映资源、环境等方面的情况，社会、经济、人口等方面也仅仅反映了很少一部分。世界银行开发的新国家财富指标虽然由生产资本、自然资本、人力资本、社会资本组成，但它仍属于单个指标——国家财富，通过它来反映可持续发展的状况。新国家财富指标是一个全新的指标，既包括生产积累的资本，还包括天然的自然资本；既包括物方面的资本，还包括人力、社会组织方面的资本，应该说是比较完整的。但是用新国家财富指标来衡量可持续发展仍然有不足之处，主要表现在可持续发展涉及的方面和内容很多，四种资本无法把大部分内容都包括进去，甚至连主要的方面也不能包括进去；同时四种资本之间可以互相替代，反映的仅仅是弱可持续发展。这种类型的指标优点是综合性强，容易进行国家之间、地区之间的比较，缺点是反映的内容少，估算中有许多假设的条件，大量的可持续发展的信息难以得到，难以从整体上反映可持续发展的全貌。

（2）综合核算体系类型

联合国组织开发的环境经济综合核算体系（SEEA）就是将经济增长与环境核算纳入一个核算体系，借以反映可持续发展状况。该方法的研究取得一定的进展，但仍有许多问题，难于推行。荷兰将国民经济核算、环境资源核算、社会核算有机地结合在一起，建立了国家核算体系，反映一个国家的可持续发展状况。社会核算的主要内容有食物在家庭中的分配、时间的利用和劳务市场的作用；环境核算方面建立了环境压力投入产出模型，将资源投入、增加值、污染物排放量分行业进行对比分析，计算出经济增长与资源消耗、污染物排放量之间的比率关系及其变化，借以反映可持续发展状况。这些都属于综合核算体系型指标。这种类型的指标优点是，基本上解决了同度量问题，即各个指标可以直接相加，缺点是人口、环境、资源、社会等指标的货币化问题，实施起来还有相当的难度。

（3）菜单式多指标类型

例如联合国可持续发展委员会提出的可持续发展指标一览表（共计有 142 个指标）、英国政府提出的可持续发展指标（共计有 118 个指标）、美国政府在可持续发展目标基础上提出的可持续发展进展指标等都属于菜单式多指标类型，它是根据可持续发展的目标、关键领域、关键问题而选择若干指标组成的指标体系。为了反映可持续发展的方方面面，指标一般较多，从几十个到一百多不等。目前有比利时、巴西、加拿大、中国、德国、匈牙利等 16 个国家自愿参与联合国可持续发展委员会菜单式多指标类型指标的测试工作。这种类型指标的优点是覆盖面宽，具有很强的描述功能，灵活性、通用性较强，许多指标容易做到国际一致性和可比性等，缺点是指标的综合程度低，从可持续发展整体上进行比较尚有一定的难度。

（4）菜单式少指标类型

针对联合国可持续发展委员会提出的指标较多的状况，环境问题科学委员会提出的可持续发展指标就比较少，只有十几个指标，其中经济方面的指标有经济增长率、存款率、收支平衡、国家债务等，社会方面的指标有失业指数、贫困指数、居住指数、人力资本投资等，环境方面的指标有资源净消耗、混合污染、生态系统风险/生命支持、对人类福利影响等。荷兰国际城市环境研究所建立了一套以环境健康、绿地、资源使用效率、开放空间与可入性、经济、社会文化活力、社区参与、社会公平性、社会稳定性及居民生活福利等十个指标组成的评价模型，用以评价城市的可持续发展。北欧国家、荷兰、加拿大等根据多少不等的几个专题，在每个专题下选择二、三个或四个指标，组成指标体系。这类指标多是综合指数，直观性较差，与可持续发展的目标、关键问题联系不太密切。

（5）“压力—状态—反应”指标类型

这是由加拿大统计学家最先提出，欧洲统计局和经合组织进一步开发使用的一套指标。他们认为，人类的社会经济活动同自然环境之间存在相互作用的关系：人类从自然环境取得各种资源，通过生产、消费又向环境排放废弃物，从而改变资源的数量与环境的质量，进而又影响人类的社会经济活动及其福利，如此循环往复，形成了人类活动同自然环境污染之间存在着“压力—状态—反应”的关系。压力是指人类活动、大自然的作用造成的环境状态、环境质量的变化；状态是指环境的质量、自然资源的质量和数量；反应是人类为改善环境状态而采取的行动。压力、状态、反应三者之间存在一定的关系，例如人类的生产活动带来的氮氧化物、SO_2、灰尘等排放（压力），上述排放物影响空气质量、湖泊和土壤酸碱度等（状态），环境污染必然引来人类的治理，需要投入资金费用（反应）。压力、状态、反应都可以通过一组指标来反映。一些机构借用类似的框架模式来反映可持续发展中经济、社会、环境、资源、人口之间的关系。这类指标的优点是较好地反映了经济、环境、资源之间的相互依存、相互制约的关系，但是可持续发展中还有许多方面之间的关系并不存在着上述压力、状态、反应的关系，从而不能都纳入该指标体系。

5.2 国内外可持续发展指标体系

5.2.1 国外可持续发展指标体系的发展

由于传统的国民经济核算指标 GNP（及 GDP）在测算发展的可持续性方面存在明显缺陷，一些国际组织及有关人员从 20 世纪 80 年代开始努力探寻能定量衡量一个国家或地区发展的可持续性指标。

自 1987 年世界环境与发展委员会提出可持续发展概念以来，特别是 1992 年联合国环境与发展大会通过的《21 世纪议程》中，提出研究和建立可持续发展指标体系的任务以后，联合国率先以可持续发展委员会（简称 CSD）为主，设立了“可持续发展指标体系”研究项目。“中国 21 世纪议程”优先项目中，亦设立了“中国可持续发展指标体系与评估方法”项目。可持续发展指标体系的设计与评价是当前可持续发展研究的核心，是衡量可持续性的基本手段，是对研究对象进行宏观调控的主要依据。在国际、国家、区域和部门等不同层次的可持续发展指标体系也不断涌现。具有代表性的有加拿大、美国、荷兰以及加拿大阿尔伯塔、美国俄勒冈等地区的指标体系。欧盟在对地区城市发展的目标设置和选择上也做了许多工作，并确定了一些控制性指标，在希腊的 Amaroussion 以及英国的刘易斯城都有这些指标体系的应用实践。

国外生态城市指标体系具有一定的共同性特征，即都认为城市是一个物流功能高效的（生产功能，生活功能，环境功能）和关系协调的（人口—资源—环境；经济—社会—自然）、信息通畅的（纵向和横向）行政关系，高效率的管理信息网络，技术信息和市场信息）综合系统。城市结构应具有三个基础组成成分，即：社会，经济，环境。在 1 级指标上，联合国可持续发展委员会的指标清单中列出了 3 个指标：社会，经济，环境；西雅图的是 4 个指标：环境，经济，人口与资源，文化与社会，其中的人口与资源可分属于社会与环境，与联合国的指标清单是一致的；英国的 1 级指标有 3 个：经济，自然资源，环境。这个指标体系明显地突出了经济与资源和环境两个方面特征，而它的“社会”指标则放在经济和自然资源的下属第 3 级指标结构中，例如：经济指标中的婴儿死亡率，预期寿命，就业率，休闲旅游，私人储蓄的支出组成，消费者支出；自然资源指标中的居民能源利用，居民家庭数。

5.2.2 国外可持续发展指标体系的实践

由于传统的国民经济核算指标 GNP（及 GDP）在测算发展的可持续性方面存在明显缺陷，一些国际组织及有关人员从 20 世纪 80 年代开始努力探寻能定量衡量一个国家或地区发展的可持续性指标。联合国开发计划署（UNFP）于 1990 年 5 月在其第一份《人类发展报告》中首次公布了人文发展指数，1992 年联合国环境与发展大会后，建立“可持续发展指标体系”被正式提上国际可持续发展研究的议事日程。1995 年联合国可持续发展委员会正式启动了《可持续发展指标工作计划（1995—2000 年）》。随着可持续发展评估指标（体系）设计和应用研究的不断深入，可持续发展定量评估的各种指标（体系）/ 指数不断提出。20 世纪 90 年代以来，国际上出现了联合国可持续发展委员会（UNCSD）可持续发展指标体系、经济合作与发展组织（OECD）可持续发展指标体系、瑞士洛桑国际管理开发学院（IMD）国际竞争力评估指标体系、世界保护同盟（IUCN）“可持续晴雨表”评估指标体系以及联合国统计局（UNSD）可持续发展指标体系等多个可持续发展评估指标（体系）。国际上典型可持续发展指标体系的对比情况见表 5-1 所示。

表 5-1 国际上典型可持续发展指标体系对比表

指标体系名称	UNCSD 可持续发展指标体系	OECD 可持续发展指标体系	IMD 国际竞争力评估指标体系	IUCN“可持续性晴雨表”评估指标体系	UNSD 可持续发展指标体系	EIU 全球宜居城市评价指标
编制单位	联合国可持续发展委员会	经济合作与发展组织	瑞士洛桑国际管理开发学院	世界保护同盟	联合国统计局	英国“经济学人智库”
功能	可持续发展	跟踪环境进程；保证在各部门的政策形成与实施中考虑环境问题；主要通过环境核算等保证在经济政策中综合考虑环境问题。	对国家的环境如何支撑其竞争力的领导性分析报告	评估人类与环境的状况以及向可持续发展迈进的进程		评估全球宜居城市
框架模式	PSR 压力—状态—响应模式	PSR 压力—状态—响应模式	分级指标	将结果以可视化图表形式表示	PSR 压力—状态—响应模式	分级指标
计分方法	加权求和	加权求和	加权求和	—	加权求和	加权求和
特点	（1）初步指标：突出了环境收到的压力与环境退化之间的因果联系，但对社会经济指标，这类分类方法有一定缺陷；即，驱动力指标与状态指标之间没有必然的逻辑联系，这些指标属于“驱动力指标”还是“状态指标”界定不尽合理，指标数目众多，粗细分解不均。 （2）核心指标：克服了初步指标体系存在的指标重复、缺乏相关性和明确含义、缺乏经检验并广泛接收到计量方法等弊端。	是基于政策的相关性、分析的合理性和指标的可测量性遴选的指标，为各成员国提供指标测量和出版测量结果。	（1）该指标体系将企业效率、政府效率等纳入指标体系之中，通过企业管理生产率、全球化影响等等此类指标来体现国家国际竞争力的一个侧面。 （2）不足之处：指标体系中约 1/3 指标为主观指标，因而其评价结果受人为因素影响明显，导致评价结果的波动比较明显。	（1）以可持续发展是人类福利和生态系统福利的结合，并称为“福利卵”； （2）评估指标和方法将结果以可视化图表形式表示。 （3）不足之处在于：指标的权重化处理取决于人员而且没有科学上共享的标准，计算过程比较复杂，而且只有当有数字化的目标值或标准时才可以计算，另外百分比尺度任意性太大，计算中的不确定性明显。	（1）指标数目多且混乱， （2）对环境方面的反映较多，对社会经济方面反映较少，制度方面没有涉及。	（1）指标内容注重城市安全、安定和基础设施建设。 （2）偏重对社会稳定、人居功能的评估，对生态、环境评估的指标较少。

（续）

指标体系名称	UNCSD 可持续发展指标体系	OECD 可持续发展指标体系	IMD 国际竞争力评估指标体系	IUCN“可持续性晴雨表”评估指标体系	UNSD 可持续发展指标体系	EIU 全球宜居城市评价指标
指标	四大类指标： 社会指标 环境指标 经济指标 制度指标	三大类指标： 核心环境指标体系 部门指标体系 环境核算类指标（关键环境指标）	四大类指标： 经济表现 政府效率 企业效率 基础设施	两个子系统： 人类福利： 健康与人口、财富、知识与文化、社区、公平 生态系统福利：土地、水资源、空气、物种、基因。	九个方面： 经济问题 社会 / 统计问题 空气 / 气候 土地 / 土壤 水资源 其他自然资源 废弃物 人类住区 自然灾害	五大类指标： 城市安全指数 医疗服务 文化与环境 教育 基础设施

如表 5-1 所示，通过从功能、框架模式、计分方法、特点、指标这 5 个方面对 UNCSD、OECD、IMD 国际竞争力评估指标体系、IUCN“可持续性晴雨表”、UNSD 可持续发展指标体系、EIU 全球宜居城市评价指标这几个国际上典型的可持续发展指标体系进行对比分析，可以看到：从功能上这些指标体系是评估人类与环境的相处状况以及向可持续发展迈进的进程，评估城市是否宜居；主要采用的是压力状态响应模式或者分级指标模式；计分方法为加权求和；通过分析可以看到国外指标体系指标数目多，系统性不强，指标体系往往侧重经济社会方面或者环境方面的其中一个方面；总体来看，这些指标体系都会涵盖社会、经济、环境三个方面。

5.2.3 国内可持续发展指标体系的发展

国内对生态城市建设相关的指标体系的探讨主要从城市生态系统理论的角度出发，尝试通过指标体系描述和揭示城市生态化发展水平。目前主要有两类，一类是根据马世骏和王如松 1984 年提出的社会、经济、自然符合生态系统的理念建立的以社会、经济和自然三个子系统作为一级指标的城市生态系统的评价体系。早在 1991 年王发曾就以经济、社会、生态环境分别作为一级指标，以下分别各设若干个二级指标建立了城市生态系统综合评价体系。这一体系在以后的评价和研究过程中得到不断地完善和发展。顾传辉等以广州市为例，将人口作为与社会、经济、自然并列作为准则层指标构建了城市生态评价体系。黄光宇等在《生态城市理论与规划设计方法》一书中也是采用此体系，并做了进一步的完善。朱兴平等依据此体系建立了生态城市的数学模型。孙永萍对广西南宁、柳州等五城市，毕东苏等对长三角地区八城市的城市生态系统综合评价也是采用的此体系。薛怡珍等对台湾地区生态城市进行评价时也是采用了将环境、经济和社会作为一级评价指标的体系。

该体系综合指标以下一般只设两级指标，较为简洁，容易操作，而且比较清楚地体现了城市生态系统中经济、社会和自然三者之间的关系，能够客观、科学地反映城市生态综合水平的现状。目前国家环保局颁布的生态县、生态市、生态省的建设指标也是建立在此体系的基础上。

但是，国内现有的研究往往是侧重于解决城市发展中的关键问题——环境，较缺乏对城市整体生态化水平的调查与研究。《城市环境综合整治定量考核指标体系》《环境保护模范城市考核指标体系》等一些指标体系尽管对经济、社会方面内容有所体现，但主要是以描述性的环境指标为主体，同生态城市的建设相关性还不够，难以满足综合决策和公众参与的要求。原国家环保总局于 2003 年年底发布的《生态县、生态市、生态省建设指标（试行）》中对经济、社会方面的内容涉及较多，但 2007 年底发布的《生态县、生态市、生态省建设指标（修订稿）》删除了部分经济、社会方面的指标，增加了部分环境相关指标，又回归了原来弱化城市经济和社会指标的状态。

另一类是从城市生态系统的结构、功能和协调度等方面开展研究，如宋永昌等提出的生态城市评价指标体系。国内采用较多的第二种城市生态评价体系是宋永昌等于1999年建立的三级评价体系（图5-1）。该体系是在对上海等五个沿海城市的有关资料进行调研的基础上所建立的一个具有四个层次结构的指标体系，最高级（0级）指标为生态综合指数，其下的一级指标包括城市生态系统结构、功能和协调度；二级指标是在一级指标下选择若干因子组成；三级指标又是在二级指标下选择若干因子组成，指标涉及人口指标、生态环境指标、经济指标与社会指标等几个方面。从根本上讲，该体系也是建立在马世骏和王如松的理论之上的，但是该体系在评价中更注重于城市的结构、功能和协调度。

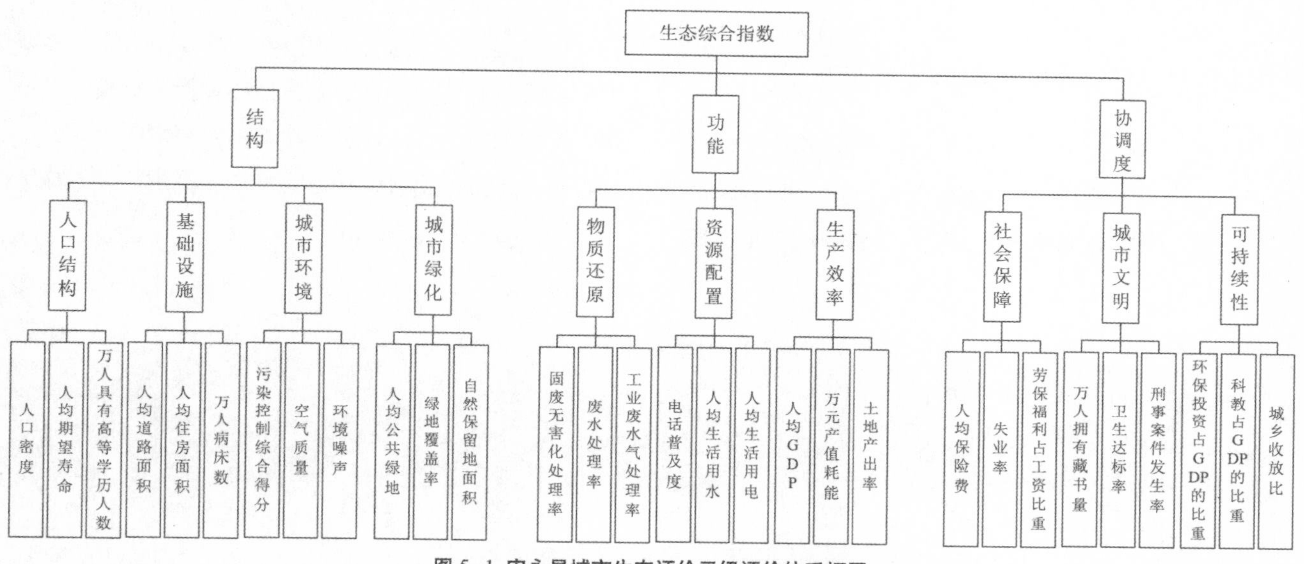

图5-1 宋永昌城市生态评价三级评价体系框图

国内对南京、天津、大连、青岛、郑州、武汉、济南等城市的生态评价主要是采用的该体系。在评价过程中，一、二级指标一般不变，只是在三级指标上，根据各城市的发展程度不同有所取舍。如王静在对天津市进行评价时，分析了48个原始指标后，经过筛选，最后确定32个指标作为评价指标。另外，除了对这两套体系进行不断完善外，近几年一些学者也提出了一些新的评价思路。如陈雷等将耗散结构理论纳入评价体系的构建。苏美蓉等采用比拟的方法将城市生命体概念引入到城市生态系统评价中，构建了包括生产力、生活态、生态势和生机度的城市生命力指数框架，并进一步给出了具体的评价指标体系、评价模型及评价结果分级标准。并以重庆万州为例，开展了城市生命力指数评价的案例研究。

近年来，我国的生态城市建设大多以原国家环保总局于2003年发布的《生态县、生态市、生态省建设指标（试行）》，根据自身的实际情况，对指标体系进行调整，制定符合自身情况的生态城市建设指标体系。

生态城市作为城市生态化建设的终极目标，从长远意义来看，其建设范围不应只包含城市建成区，而应强调城与乡的空间融合以及大区域内城市之间的联合与合作。但是，对于我国的现状，区域上的城市往往包括相对较小的建成区和广大的农村地区，在人民的生产生活方式、政府的政策制定和措施实施上都有很大的区别。而现有的指标体系研究，由于考虑到在城市发展的过程中，周边的农村为城市提供了大量的原材料、能源和人力资本，以及容纳污染和废弃物的场所，进而造成农村地区资源的耗竭和生态环境的破坏，往往以城乡大区域为研究和评价对象，所建立的评价体系和由此得出的评价结果不能很好地揭示出城市与农村地区的相互关系和相互影响，依据评价结果提出的发展模式、建议对于城市建成区和广大农村地区也是界限模糊，针对性不强，在政策的制定和措施的选择及实施过程中，更不能起到很好的参考和指导作用。

5.2.4 国内可持续发展指标体系的实践

国内有代表性的生态城市指标体系主要有环境保护部生态县、生态市、生态省建设指标（修订稿），“十一五”国家环境保护模范城市考核指标，生态城市指标体系的构建与生态城市示范评价项目指标体系框架，“绿色北京”行动计划指标体系，中新天津生态城建设指标体系，上海建设生态城市评价指标体系以及天津生态市建设指标体系（试行）；有代表性的宜居城市指标体系主要有建设部宜居城市科学评价标准、全面建设小康社会的指标体系以及中国人居环境奖参考指标体系。

通过对国内生态城市指标体系的指标结构、计算方法、指标模块、特点这四个方面进行对比分析（表5-2、表5-3），可以看到：国内主要采用的指标体系框架模式上主要为目标层、路径层和指标层模式以及指标及标准值模式，计算方法与国外一样，采用的是加权求和方法；模块同样涵盖社会、经济、生态环境三部分内容。

表 5–2 国内生态城市指标体系对比表（国家级）

指标体系名称	生态城市				宜居城市		
	生态城市指标体系的构建与生态城市示范评价项目指标体系框架	环境保护部生态县建设指标（修订稿）	“十一五”国家环境保护模范城市考核指标	“十一五”城市环境综合整治定量考核指标	建设部宜居城市科学评价标准	全面建设小康社会的指标体系	中国人居环境奖参考指标体系
编制单位	中国城市科学研究会	国家环保部	国家环保部	国家环保部	建设部	国家统计局	建设部
框架模式	包括目标层、路径层和指标层	指标及标准值	指标及标准值	指标及标准值	指标及标准值	指标、分指标及标准值	指标及标准值
计算方法	—	—	—	百分制，加权求和	百分制，加权求和	百分制，加权求和	百分制，加权求和
指标模块	社会和谐 经济高效 生态良好	经济发展 生态环境保护 社会进步	经济社会 环境质量 环境建设 环境管理	环境质量 污染控制 环境建设	社会文明度 经济富裕度 环境优美度 资源承载度 生活便宜度 公共安全度 综合评价否定条件	发展动力 发展质量 发展公平	定量指标 定性指标相关条件

表 5–3 国内生态城市指标体系对比表（地方级）

指标名称	“绿色北京”行动计划指标体系	中新天津生态城建设考核指标	上海建设生态城市评价指标体系	崇明生态岛建设指标体系	天津生态市建设指标体系
指标结构	指标 + 标准 + 指标性质	指标 + 二级指标 + 指标值 + 时限	结构 + 功能 + 协调度	压力 - 状态 - 响应（PSR）框架模式	指标 + 国家标准值 + 现状值 + 目标值
指标模块	绿色生产 绿色消费 生态环境	生态环境健康 社会和谐进步 经济蓬物发展	结构模块 功能模块 协调度模块	社会进步 经济发展 资源环境 管理调控	经济发展 环境保护 社会进步
特点	设置指标性质说明，分为引导性和约束性指标。	定量指标 + 引导性指标； 采用“本地植物指数”指标评价对本土植物的保护程度。	标准值部分分为现状值、规划值、目标值	分指标来源于国家生态市建设指标； 部分指标为建议性指标。	将“农民年人均纯收入”作为经济发展指标之一； 对 2010、2015 年目标提出了阶段性目标值体现了城市发展趋势，对城市发展具有指导意义。

5.3 生态新型城镇指标体系构建

5.3.1 生态新型城镇指标体系构建“六步法”

新型城镇是一种由自然、经济、社会子系统复合的特殊的人工系统，又是以原生物为主体的自然生态和以人为主的人工生态在空间上的叠加，其中各组成要素之间依靠一定的物流、能流、信息流产生联系并相互作用，在空间上构成特定的分布组合形式，共同完成新型城镇系统所承担的各种功能。

新型城镇的生态系统主要有以下特点：①地方性，新型城镇是一个基本上由当地人构成的空间实体，他们具有共同的文化背景和需求，在环境建设方面容易获得高度认同；②尺度小，新型城镇具有步行可达的小尺度，没有大城市机动车辆带来的空气和噪声污染等问题；③城外是乡村，没有无序蔓延的城乡结合带，是天然的“田园城市”；④城乡环境一体，城市与周围的乡村连为一体、互相融合，可将其建设成高效紧凑的可持续形态，而免去大型开放绿地建设；⑤低消费，可避免过度物质消费带来的浪费；⑥低能耗，合理的建设不会产生“热岛效应”，可节约大量的调温用能，同时太阳能充沛，各种屋顶太阳能热水器可以成为城市形象的一部分。新型城镇的这些特点，表明新型城镇与生态学应用的基本原则有着天然的联系，对本地居民及大城市中追求简朴的人群具有强烈吸引力。

因此，在规划和建设生态新型城镇的时候，应当考虑规划区独特的环境与性质，依照“特色—内涵—指标体系类型—框架—指标—指标值”这六步方法进行指标体系的构建。

（1）特色分析

生态新型城镇指标体系是为了这个新型城镇提出规划的要构建一个新型城镇的生态指标体系，某个性质或侧面的描述和反映评价指标对城市建设的方向与内容的指引作用。然而，如果单纯只是依据生态城市的要求去构建指标体系，那么所构建的指标体系将会缺乏特殊性，千篇一律、放之四海而皆准，失去了指导新型城镇可持续建设的意义了。因此，在指标体系制定的时候，必须考虑与当地的具体情况相结合，做到整合某一特定区域的观点、需求和特色，使指标体系适应本地社会经济发展的需要。在构建生态新型城镇指标体系之前，应当首先对这一新型城镇进行特色分析，依据建设目标找到其关键问题。

通过对以往指标体系构建的经验总结，认为可以从以下几个方面进行特色分析。

1）社会特征

即生态新型城镇的定位、人民生活水平、地域文化特征、百姓生活习惯等。例如崇明生态岛，在构建指标体系时即应考虑到其岛上居民的文化特征，在构建指标体系时与内陆地区的文化特征区分开来；再如构建天津市生态宜居高地的指标体系时，应当充分考虑天津所特有的文化特征，即开放、先进、码头文化、妈祖文化等等，在社会方面的指标上予以体现。

2）生态环境特征

在对现状进行充分调研的基础上，分析新型城镇所处的地理位置（如所处的经、纬度、地貌特征、行政区位置和交通位置等）、地质地形地貌特征（如山地、平原、盆地等）、气候与气象特征（即新型城镇所在地区的主要气候特征、温度、湿度、风向、日照以及飓风、梅雨等主要天气特征）、水环境特征（包括地面水环境和地下水环境）、动植物与生态特征（如新型城镇的植被情况、有无国家重点保护物种、本地物种情况、当地的主要生态类型等），为生态环境方面的指标构建奠定基础。

3）产业特征

即新型城镇现状及规划的产业特征，如三次产业比例、主导产业等。如果第二产业比例过高的话，应当在指标中予以体现，调整优化产业结构。

4）建设重点

每一个新型城镇在可持续建设时都会拥有自己的建设重点，如在水资源的高效利用上、能源高效利用上突出自己的特色等，因此在指标体系的构建时也应着重强调这些内容。

（2）内涵解读

掌握了新型城镇的特色，即可依据建设目标和特色总结出该生态新型城镇的内涵。依据新城发展总体目标，结合新型城镇的地域特色，从特色的各个组成要素确定该生态新型城镇内涵，并对其内涵进行解读，将内涵分解为多个层次，逐层分析各个组成要素，以及该新型城镇建设所彰显的理念、目标和特点。新型城镇内涵为指标体系建立奠定基础，提供框架支撑。

（3）指标体系类型

如 5.1.3 章节中所述，指标体系类型包括单一指标型、综合核算体系类型、菜单式多指标类型、菜单式少指标类型以及“压力—状态—响应”型等。依据不同的指标体系的特点以及构建要求，选择正确的指标体系类型。

依据其形式特点，可以将其归类为“压力—状态—响应”类型、“目标—路径—指标”类型和“指标＋标准值”类型。不同的指标类型特点和适用范围比较见表 5-4。

表 5–4　指标体系类型对比表

指标体系类型	类型特点	适用范围
PSR 压力—状态—响应类型	PSR 类型回答了发生了什么，为什么发生，如何做出三个基本问题。PSR 模型用于分析环境压力、现状与响应之间的关系。	适用于对具有一定问题且问题比较明确的系统，评价现状如何、是否具有措施方案且措施得当的。
目标—路径—指标类型	该类型首先给出发展目标，并依据目标提出路径和相应的指标，直接回答了应当怎么做的问题。	适用于指导性指标体系，给系统未来发展提出建议，具有一定的指导意义。
指标＋标准值类型	该类型不对指标性质进行区分，直观地将指标进行铺排，给出标准值。	适用于指标不易分类，指标之间关系不明显，系统性不强的指标体系构建。

（4）指标体系框架

指标体系的框架是指标的纲领。只有确定了指标体系的框架，才能够据此提出相应的指标，进行评价与指导。

依据特色与内涵，在所选指标体系类型的基础上建立指标体系框架。具体构建时，可以分为定量指标与定性指标、引导性指标与控制性指标等，根据构建要求进行框架的构建。同时，在每一类中可以根据社会经济、生态环境、人居环境等等不同的方面进行指标框架的构建。

（5）指标的选择

指标体系的构建需要有严格的科学性。在指标的选择上，按照可操作性原则，应当尽量选择公认的、有官方统计的、易于获取的指标，每一个指标都应当有明确的指标解释和严密的模型运算推求，这样才能保证指标体系的准确性与科学性。另外，在进行指标选择时还应综合考虑指标数目、指标量化、权重分配、数据的获取以及指标可比性方面，对指标进行相关性分析，避免指标之间的重复、交叉与矛盾，设计出合理有效的指标体系。

另外，在国际国内已有的指标中选取所需指标之外，也可以根据该新型城镇的特色进行创新，提出新的指标。在创建指标时，必须给出正确的统计数据与计算标准，避免那些模糊不清、难以统计与计算的指标。

（6）指标值的确定

一个完整的指标体系应当包含指标与指标值两个部分，指标值的确定工作十分重要。在确定指标值时，首先可进行相关新型城镇的对比分析，明确该新型城镇与其他新型城镇的优势与差距。然后结合建设目标的要求，提出相应的指标值。

为了指导和评价生态新型城镇的建设，指标体系本身也应当具有一定的可持续性，即应当提出不同时段不同建设阶段的指标值。如提出规划期—运营期—服务期的指标值，或提出近期—中期—远期的指标值等。

5.3.2 生态新型城镇指标体系共性技术

（1）基本条件

1）领导重视，组织落实，配备专门的环境保护机构或专职环境保护工作人员，建立相应的工作制度。

2）按照《新型城镇环境规划编制导则》，编制或修订乡镇环境规划，认真实施。

3）认真贯彻执行环境保护法律法规，乡镇辖区内无滥垦、滥伐、滥采、滥挖现象，无捕杀、销售和食用珍稀野生动物，近三年内未发生重大污染事故或重大生态破坏事件。能够严格执行国家和地方生态保护规划，“十五小”取缔、关、停率100%，严格执行资源开发环境影响评价和“三同时”制度。

4）城镇布局合理，管理有序，街道整洁，环境优美，城镇建设与周围环境协调。

5）镇郊及村庄环境整洁，无脏乱差现象。“白色污染”基本得到控制。

6）乡镇环境保护社会环境氛围浓厚，有健全的公众参与及监督保证措施，群众对环境状况满意。

（2）具体指标

1）社会经济发展指标

城镇规模（万人）、城镇人口密度（人 / km^2）、城镇人口自然增长率（‰）、城镇人均住房面积（m^2/ 人）、城镇人均生活用水（L/d）、城镇人均生活用电（kW•h/d）、城镇国民教育素质（初中以上文化程度占总人口比例）、城镇儿童教育普及达标率（%）、城镇气化率（清洁燃料普及率）（%）、户均电话占有率（%）、人均期望寿命（平均年龄）、万人拥有医生数（人）、社会福利院数（所 / 万户）、养老保险覆盖率（%）、医疗保险覆盖率（%）、城镇国内生产总值（GDP）年增长率（%）、工业中主导型产业占总产值的比例（%）、农产品商品化程度（%）、农业生产年增长率（%）、农业收入结构（或种植业收入所占比例）（%）、第二、三产业产值比例（%）、城镇人均纯收入年增长率（%）、农民人均纯收入年增长率（%）、城镇单位GDP能耗（tce/ 万元）、城镇单位GDP耗水量（m^3/ 万元）、城镇环保投资占GDP比例（%）、城镇科教投资占GDP比例（%）、科技成果转化率（%）。

2）城镇建成区环境指标

城镇卫生达标率（%）、机动车尾气达标率（%）、空气环境质量、声环境质量、工业污染源排放达标率（%）、生活垃圾无害化处理率（%）、生活污水集中处理率（%）、人均公共绿地面积（m^2/ 人）、主要道路绿化普及率（%）、清洁能源普及率1（%）、清洁能源普及率2（%）、集中供热率（%）、镇卫生厕所普及率（%）。

3）乡镇辖区生态环境指标

森林覆盖率（山区、丘陵、平原）（%）、农田林网化率（只考核平原地区）（%）、水土流失治理率（%）、农田有机肥和无机肥施用比例、单位化学农药使用量（t/hm^2）、农膜回收率（%）、农业污灌水质达标率（%）、工业污染治理稳定达标率（%）、固体废物处置率（包括综合利用率）（%）、节水措施利用率（%）、生态系统抗灾能力（指一般灾害减产幅度）（%）、农林病虫害综合防治能力（%）。

5.3.3 不同类型新型城镇的特点及重点指标

（1）工业开发型新型城镇

1）定位

以工业的开发、生产、加工业为主要社会及经济发展目标的小型行政建制镇。

2）特点

①社会经济发展目标明确；

②市场化与工业化的发展奠定了农村城市化的基础，也是城镇社会经济发展的基础，因此城镇的综合发展指数普遍高于其他类型的城镇；

③工业开发型新型城镇的发展促进了城镇及辖区的居民生活水平不断提高，其生活指数也普遍高于其他类型的城镇；

④城镇功能区建设合理化，如：工业发展区、居民生活区、文体娱乐区、经济商贸区等功能规划与建设符合生态环境建设和区域经济可持续发展的需要；

⑤由于工业发展区的建立与管理，有效地控制了工业污染源，使城区及区域生态环境得到明显的改善；

⑥由于城镇工业化的发展有效地缓解了农村剩余劳力问题，并为生产加工业提供了充足的初级人力资源；

⑦工业开发型新型城镇的发展刺激了农村产业结构多元化的发展，使农、工、贸得到协调共进，促进了整个区域经济的发展；

⑧工业开发型新型城镇的发展带动了城镇及区域交通、通讯、房地产业及其他服务业的多元化发展，促进了城镇城市化建设的发展；

⑨社会经济的发展为城镇及区域生态环境建设提供了可靠的保障。

3）生态环境建设的重点

应从本地实际情况出发，从生态环境和经济发展的角度建立综合生态境建设指标体系，并重点突出下列指标：

①乡镇企业污染治理达标率；

②重点工业污染源排放达标率；

③固体废物处置率（包括综合利用率）；

④ 节水措施利用率；

⑤农业污灌达标率等考核指标。

（2）生态农业型新型城镇

1）定位

以生态农业为主要社会及经济发展方向的小型行政建制镇。

2）特点

①生态农业的发展作为区域经济发展的第一目标；

②强调第一生产力作为活化整个农业生态系统的前提；

③强调发挥农业生态的整体功能；

④通过改善各种结构（包括产业结构、种群结构、投入结构）在不增加其他投入的情况下，提高农业综合效益；

⑤对农产品通过物质循环、能量多层次综合利用和深加工实现经济增值，提高农业效益，降低成本，为农村剩余劳动力创造农业内部的就业机会，使农民增收，促进社会及经济的发展；

⑥改善农村生态环境，提高林草覆盖率，减少水土流失和污染，实现生态环境秀美的同时，提高农产品的安全性等；

⑦通过实施过程与系统控制及废弃物资源化利用，实现清洁生产，提高环境的承载能力。

3）生态环境建设的重点

①综合考虑城镇及区域的生态环境规划与实施；

②以建设高产稳产农田为目标的农田生态建设工程，尤其注重农田有机肥和无机肥施用比例；单位化学农药使用量；农用化肥施用强度；主要农产品农药残留合格率；农膜回收率；农业污灌达标率；规模化畜禽养殖场污水排放达标率；乡镇企业污染治理达标率；重点陆源水污染治理稳定达标率；重点污染源应急计划编制率；固体废物处置率（包括综合利用率）；节水措施利用率；绿化覆盖率；生态系统抗灾能力；农林病虫害综合防治能力等指标的实施；

③治理水土流失、土地沙化为主的生态环境综合治理工程，如：农田林网化（平原地区），水土流失治理率等；

④以防治“三废”等环境污染为主的环保工程，如：无（或少）废弃物工艺系统。主要用于内部环境治理，如工业中的废物再生和利用系统，如：废热源的再利用、工业废水的净化再循环等，达到无废或少废以及无污染或少污染；物质分层多级利用生态工程。使生产系统每一级生产过程的废物都变成另一级生产过程的原料，且各环节比例合适，使所有废物均被充分利用，如一些家畜（禽）养殖场产生的粪便，配合沼气发酵、沼液作速效肥用于果树及蔬菜、沼渣再制混合饲料等多种生产项目及工艺的组合；符合生态系统内的废弃物循环、再生系统。如桑基鱼塘生态工程；污水自净与再利用生态工程。如利用土壤生态系统自净生活污水，同时利用生活污水营养元素作为肥料，在干旱、半干旱地区尤具缓解缺水矛盾的意义。用生活污水养鱼，使污水营养源与有机质作为饵料和肥料，在促进了水产品的增长同时，并处理净化了污水；城乡（或工、农、副、牧、鱼）相结合生态工程。在一定区域内，应用不同生产系统分层多级利用废物，如一些食品及轻工工厂废物用作畜牧、水产养殖饲料，其废物再作农田肥料等；充分发挥对太阳能的利用、系统自净作用及环境容量的潜力，尽量利用时间、空间、营养生态位，提高整体的综合效益。

（3）旅游服务型新型城镇

1）定位

以本地区自然生态环境、历史文物等优势发展起来的旅游服务业，成为该地区主要社会及经济发展目标的小型行政建制镇。

2）特点

①有独特和良好的生态自然环境；

②具有独特和良好的历史文物保护景观；

③具有独特和良好的娱乐题材和休闲环境；

④具有独特和良好的人文环境；

⑤具有浓厚的生态自然保护和发展意识；

⑥具有健全和得力的生态自然保护措施；

⑦具有不断提高和人性化的旅游服务项目及措施；

⑧旅游服务业带动了旅游商品的发展，如：地方土特产及土特产的深加工，旅游工艺品和旅游纪念品的经营等；

⑨带动了区域人文素质和生活水平的提高；

⑩推动了区域经济的全面发展。

3）生态环境建设的重点

依据区域地理及生态环境特点，综合制订区域生态环境建设规划，并重点突出以下几方面内容：

①历史文物保护率；

②旅游资源保护率；

③旅游环境达标率；

④自然保护区面积率；

⑤湿地保护面积比例；

⑥近岸海域海水水质；

⑦近岸海域环境功能区达标率；

⑧土地三化治理率。

（4）历史文化名城型新型城镇

1）定位

以本地区历史民俗文化及建筑为特点发展起来的小型行政建制镇。

2）特点

①有良好的生态自然环境；

②具有独特历史文化背景；

③具有独特和良好的历史文物保护景观；

④具有良好的娱乐题材和休闲环境；

⑤ 具有独特和良好的人文环境；

⑥具有不断提高和人性化的旅游服务项目及措施；

⑦民俗文化带动了区域人文素质和生活水平的提高；

⑧推动了区域经济的全面发展。

3）生态环境建设的重点

应综合制订城镇及区域生态环境建设体系，并重点突出以下指标：

①历史文物保护率；

②旅游资源保护率；

③旅游环境达标率。

（5）城区卫星型新型城镇

1）定位

本类型新型城镇特指中心城区周边的小型行政建制镇。

2）特点

①地理位置优越。新型城镇介于中心城区于广大农村之间，在联结城乡关系上起着承上启下的作用。具有城市的某些职能，又与农村生产、生活有着密切的联系；既可在城乡物资交流和信息传递中发挥其纽带、桥梁的作用，活跃农村经济，又可就地利用广大农村的农业资源和地方性的资源发展农产品加工和商品零售业；可以使乡镇企业向新型城镇集中，对中心城区的工业化生产能力和水平有所促进和提高；

②交通发达；

③人文及生活环境良好；

④优越的地理条件激发了农村产业结构的多元化发展，使农、工、贸得到协调共进，促进了整个区域经济的发展；

⑤区域经济的发展带动了城镇及区域交通、通讯、房地产业及其他服务业的多元化发展，促进了城镇城市化建设的发展；

⑥区域经济的发展促进了城镇及辖区的居民生活水平不断提高；

⑦区域经济的发展为城镇及区域生态环境建设提供了可靠的保障。

3）生态环境建设的重点

应从本地实际情况出发，从生态环境和经济发展的角度建立综合生态环境建设指标体系，突出关注下述指标：企业污染治理达标率，工业污染源排放达标率，固体废物处置率（包括综合利用率），节水措施利用率等考核指标。

（6）生态退化型新型城镇

1）定位

本地区植物生长条件恶化，土地生产力下降的小型行政建制镇。

2）特点

①生态环境恶化，人为破坏严重；

②自然条件差，多处在偏远地区；

③经济发展水平偏低，人民的生活水平有待提高；

④交通不够便利，居民的环保意识有待提高

3）生态环境建设的重点

本类型的新型城镇环境承载力很低，生境比较脆弱，应从生态恢复的角度考虑，切实做到经济与环境的协调发展，建立完善的生态环境建设指标体系，突出关注下述指标：土地三化治理率，森林覆盖率，城镇环保投资占GDP比例，退化土地恢复治理率等。

5.3.4 考核指标解释与指标值计算

（1）社会经济发展指标

1）农民人均纯收入

指标解释：指乡镇辖区内农村常住居民家庭总收入中，扣除从事生产和非生产经营费用支出、缴纳税款、上交承包集体任务金额以后剩余的，可直接用于进行生产性、非生产性建设投资、生活消费和积蓄的那一部分收入。农村居民家庭纯收入包括从事生产性和非生产性的经营收入，取自在外人口寄回、带回和国家财政救济、各种补贴等非经营性收入；既包括货币收入，又包括自产自用的实物收入。但不包括向银行、信用社和向亲友借款等属于借贷性的收入。

计算公式：

农民人均纯收入 =（每年家庭总收入－生产和非生产经营费用－税款－承包集体任务金额）÷ 家庭人口（5-1）

农民人均纯收入 =（每年家庭可直接用于建设投资费用 + 生活消费 + 积蓄）÷ 家庭人口（5-2）

农民人均纯收入 =（每年家庭货币收入 + 自产自用的实物收入）÷ 家庭人口（5-3）

2）城镇居民人均可支配收入

指标解释：指城镇居民家庭在支付个人所得税、财产税及其他经常性转移支出后所余下的人均实际收入。

计算公式：

城镇居民人均每年可支配收入 = 年人均收入－个人所得税－财产税－其他经常性转移支出（5-4）

3）公共设施完善程度

指标解释：公共设施完善是指城镇建成区主要街道设置路灯；排水管网服务人口比例不低于 80%；人均道路面积不低于 6m^2；住宅电话普及率不低于 50%；文化娱乐活动场所不少于 1 处；体育场（馆）不少于 1 处；中心卫生院级以上的医疗机构不少于 1 处；适龄儿童入学率不低于 98%；临江河的乡镇建成区需有完善的防洪构筑，无侵占河道的违章建筑，无直接向江河湖泊排放污水和倾倒垃圾的现象。

考核指标：完善。

4）城镇建成区自来水普及率（%）

指标解释：指城镇建成区使用自来水的常住人口数量占常住人口总数的比例。

计算公式：

城镇建成区自来水普及率 = 建成区使用自来水的常住人口数量 ÷ 建成区常住人口总 × 100%（5-5）

5）农村生活饮用水卫生合格率（%）

指标解释：指乡镇辖区范围内农村生活饮用水质符合国家《农村实施生活饮用水卫生标准准则》的程度。具体是指利用自来水厂和手压井形式取得饮用水的农村人口占农村总人口数的百分率，雨水收集系统和其他饮水形式的合格与否需经检验确定。目前全国农村取得饮用水的四种形式：自来水厂，受益人口比例约 48.01%；手压井，受益人口比例约 23.63%；雨水收集系统，受益人口比例约 0.45%；其他形式，受益人口比例约 16.84%。

计算公式：

农村生活饮用水卫生合格率 = 取得合格饮用水的农村人口 ÷ 农村人口总数 × 100%（5-6）

6）城镇卫生厕所建设与管理

指标解释：《国家卫生镇考核标准（试行）》规定：公厕数量足够，镇区每平方公里不少于 3 座，居民区每百户设 1 座，位置适宜。北纬 35° 以北的城镇镇区水冲式公厕普及率达 30% 以上，北纬 35° 以南的城镇水冲式公厕普及率达 70% 以上。公厕有专人管理，保洁落实，地面及四周墙壁整洁，大便池有隔断，便池内无积粪、无尿碱，基本无臭、无蝇蛆，粪便池有盖，粪便不满溢。镇区住户均享有卫生厕所，辖区内农户无害化卫生厕所覆盖率达 30% 以上。

考核指标：达到国家卫生镇有关标准。

7）城镇人口密度（人 /km^2）

指标解释：城镇人口密度是城镇建设发展的重要指标，城镇人口密度的高低直接影响着城镇社会、经济与生态环境的发展。也是反映城镇建设与生态环境建设是否相适应，是否合理的标志；同时也反映城镇人民生活环境综合质量的高低。具体指标是指城镇建成区常住人口与城镇建成区总面积的比值。

计算公式：

城镇人口密度 = 城镇建成区常住人口数量（人）÷ 城镇建成区总面积（km^2）（5-7）

8）城镇人口自然增长率（‰）

指标解释：该指标是反映城镇人口增长的速度，

以及造成环境压力的程度。自然增长率是指在一定时期内（通常为一年）人口自然增加数（出生人数减去死亡人数）与该时期内平均人数（或期中人数）之比，采用千分率表示。

计算公式：

人口自然增长率 =（本年出生人数 − 本年死亡人数）÷ 年平均人数 ×1000‰（5-8）

9）城镇人均住房面积（m^2/ 人）

指标解释：城镇人均住房面积是体现城镇人民生活质量的重要指标。住房是指钢筋砖木结构的住房。人均住房面积是指城镇住房总面积与城镇建成区常住人口总数的比值（按建筑面积计算）。

计算公式：

城镇人均住房面积 = 城镇住房总面积 ÷ 城镇建成区常住人口总数（人）（5-9）

10）城镇人均生活用水量（L/d）

指标解释：城镇人均生活用水量是反映城镇人民生活质量的标志，同时也反映城镇节水措施和人民节水意识的水平。具体指标是指城镇建成区常住人口每天的生活用水量（饮用水、生活用水）与常住人口总数量的比值。

计算公式：

城镇人均生活用水量 = 常住人口每天的生活用水总量（L）÷ 常住人口数量（人）（5-10）

11）城镇人均生活用电量（kW•h/d）

指标解释：城镇人均生活用电量将反映城镇人民生活质量和需求的高低，是城镇电力建设与发展的重要依据。具体指标是指城镇建成区常住人口每天的生活用电量。

计算公式：

城镇人均生活用电量 = 城镇建成区每天的生活用电总量（kW•h）÷ 常住人口数量（人）（5-11）

12）城镇国民教育素质（%）

指标解释：指城镇初中以上文化程度人口占总人口的比例，它将反映城镇人口素质和教育水平的高低，也从侧面反映社会发展水平。

计算公式：

城镇国民教育素质 =（城镇初中以上文化程度人口数 ÷ 城镇常住人口数 ×100%（5-12）

13）城镇儿童接受普及九年教育达标率（%）

指标解释：指城镇区域内适龄儿童接受普及九年教育的程度，也是从侧面反映社会发展水平以及人民接受教育意识和脱贫的标志。

计算公式：

城镇儿童普九达标率 = 城镇区域内适龄儿童接受普九教育的人数 ÷ 城镇区域内适龄儿童总人数 ×100%（5-13）

14）城镇气化率（清洁燃料普及率）（%）

指标解释：城镇气化率指城镇居民在生活燃料中采用清洁燃料（沼气、液化气、天然气等）的普及情况，是与使用非清洁燃料（煤炭、秸秆等）用户的比值。它是反映城镇居民生活水平、改善生态环境质量的标志。

计算公式：

城镇气化率 = 城镇居民采用清洁燃料的用户 ÷ 城镇居民采用燃料的用户总数 ×100%（5-14）

15）户均电话占有率（%）

指标解释：是反映城镇人民生活水平与质量的一个方面，同时也是反映该区域经济和服务业发展水平的标志 。

计算公式：

户均电话占有率 = 城镇居民拥有电话户数 ÷ 城镇居民总户数 ×100%（5-15）

16）人均期望寿命（平均年龄）

指标解释：这一指标在国际上是衡量一个国家或地区社会经济发展的重要标志之一。它是指年度内当地死亡人口总年龄数量与死亡人口数的比值。

计算公式：

人均期望寿命 = 年度内当地死亡人口总年龄数量 ÷ 死亡人口数量（5-16）

17）**万人拥有医生数**（人）

指标解释：这是一项反映社会发展的医疗保健事业的指标，同时也是该地区经济与社会发展、人民生活质量提高的标志。

18）**医疗保险覆盖率**（%）

指标解释：该指标是社会综合发展能力的体现，也是反映社会进步与物质文明的一项标志。它是社会人员参与医疗保险人数与社会人员总数之比值。

计算公式：

医疗保险覆盖率 = 社会人员参与医疗保险人数 ÷ 社会人员总数 ×100%（5-17）

19）**养老保险覆盖率**（%）

指标解释：该指标是反映社会进步与物质文明的一项标志。它是社会老龄人员参与养老保险人数与社会老龄人员总数之比值。

计算公式：

养老保险覆盖率 = 老龄人员参与养老保险人数 ÷ 老龄人员总数 ×100%（5-18）

20）**社会福利院数**

指标解释：这是一项反映社会发展的福利事业的指标，也是反映社会进步与文明的标志。

21）**城镇国内生产总值**（GDP）**年增长率**（%）

指标解释：它是本年度城镇国内生产总值与上年度国内生产总值之比。体现国民经济发展速度，是衡量区域经济发展能力的标志。

计算公式：

城镇国内生产总是（GDP）年增长率 =（本年度城镇国民生产总值－上年度国内生产总值）÷ 上年度国内生产总值 ×100%（5-19）

22）**乡镇企业内部结构合理性（资源加工型产业产值比例）**（%）

指标解释：在城镇生态建设评价中，乡镇企业的合理性与否是相当关键的，因此在城镇生态建设的评价中，采用了这一指标，并且以其资源加工性工业产值比重作为评价内容。

计算公式：

乡镇企业内部结构合理性 = 资源加工型产业产值 ÷ 工业总产值 ×100%（5-20）

23）**工业中主导型产业占总产值的比例**（%）

指标解释：对城镇生态建设评价来说，工业的结构合理性与否也十分重要，为了强化城镇工业产业结构调整，要求城镇必须形成自己的主导型产业，以适应市场经济的发展，本指标的内涵是在工业总产值中主导型产业产值所占的比例。

计算公式：

工业中主导型产业占总产值的比例 = 主导型产业产值 ÷ 工业总产值 ×100%（5-21）

24）**农产品商品化程度**（%）

指标解释：指农产品商品化数量占农产品总产量的比例，它反映农业产业结构调整后的农产品的市场适应能力和农民对农产品的市场化、商品化的意识。

计算公式：

农产品商品化程度 = 农产品商品化数量 ÷ 农产品总产量 ×100%（5-22）

25）**农业生产年增长率**（%）

指标解释：指本年度农业生产产值与上年度农业生产产值之比率。是反映农业生产区农业生产能力的标志。

计算公式：

农业生产年增长率 = 本年度农业生产产值 ÷ 上年度农业生产总值 ×100%（5-23）

26）**农业收入结构（种植业收入所占比例）**（%）

指标解释：指农业总收入中种植业收入所占比例。它可以基本上反映出农村经济系统结构的合理性。

计算公式：

农业收入结构 = 种植业商品产值 ÷ 农林牧渔业商品产值 ×100%（5-24）

27）第二、三产业产值比例（%）

指标解释：指第二、三产业产值占总产值的比例。目前我国农村一个重要问题是应大力发展第二和第三产业，从根本上解决单一产业结构的格局。

计算公式：

第二、三产业产值比例 = 第二、三产业产值之和 ÷ 第一、二、三产业产值之和 ×100%（5-25）

28）城镇人均纯收入年增长率（%）

指标解释：是指城镇常住居民本年度人均纯收入与上年度人均纯收入之比，它是反映城镇居民生活水平的增长速度。

计算公式：

城镇人均纯收入年增长率 =（本年度人均纯收入－上年度人均纯收入）÷ 上年度人均纯收入 ×100%（5-26）

29）农民人均纯收入年增长率（%）

指标解释：是指农村常住居民本年度人均纯收入与上年度人均纯收入之比，它是反映农村居民生活水平提高能力的标志。

计算公式：

农民人均纯收入年增长率 =（本年度人均纯收入－上年度人均纯收入）÷ 上年度人均纯收入 ×100%（5-27）

30）城镇单位 GDP 能耗（tce/ 万元）

指标解释：城镇单位 GDP 能耗是指城镇总能耗与本建成区国内生产总值之比。

能源部分应计算建成区消耗的全部能源，包括建成区自己生产并使用的一次能源和外部输入的一次能源和二次能源的总和。要将各类能源换算成标准煤作为统一的计量单位，其中输入电力的计算采用发电所耗标准煤的计算方法（一般不采用每度电含能量的计算方法）。而经济部分包括国内生产总值即一产、二产和三产的总合。

计算公式：

单位 GDP 能耗 = 城镇总能源消耗总量（tce）÷ 建成区国内生产总值（万元）（5-28）

31）城镇单位 GDP 耗水量（m^3/ 万元）

指标解释：城镇单位 GDP 耗水量是指建成区用水总量与建成区国内生产总值之比。也是考核地区节水措施的重要指标。

用水量只计算建成区消费水量部分，不计算农业用水量。

计算公式：

城镇单位 GDP 耗水量 = 建成区用水总量（m^3）÷ 建成区国内生产总值（万元）（5-29）

32）城镇环保投资占 GDP 比例（%）

指标解释：该指标是指城镇环境保护投资与国民生产总值之比。它是反映地区环境保护意识与能力的重要标志，是城镇生态建设的重要指标。

计算公式：

城镇环保投资占 GDP 比例 = 城镇环境保护投资 ÷ 国民生产总值 ×100%（5-30）

33）城镇科教投资占 GDP 比例（%）

指标解释：是指城镇科学教育投资与国民生产总值之比。它是反映地区科学教育意识与能力的重要标志，是城镇精神文明与物质文明的反映，是社会发展的重要基础，是城镇生态建设的重要指标。

计算公式：

城镇科教投资占 GDP 比例 = 城镇科学教育投资金额 ÷ 国民生产总值 ×100%（5-31）

34）科技成果转化率（%）

指标解释：是指该地区已转化的科技成果数量与研制及开发的科技项目数量之比。是检验该地区科技成果转化能力、科学普及能力、科研成果的科学性与应用性、地区政府及领导的重视性以及地区生态环境建设能力的重要标志。统计时限建议自《全国生态环境保护纲要》实施之日起至统计之日止。

计算公式：

科技成果转化率 = 已转化的科技成果数量 ÷ 研制及开发的科技项目 ×100%（5-32）

（2）城镇建成区环境指标

1）空气环境质量

指标解释：空气环境质量达到环境规划要求，是指乡镇建成区大气环境质量达到乡镇环境规划的有关要求。

2）声环境质量

指标解释：声环境质量达到环境规划要求，是指乡镇建成区噪声污染控制在乡镇环境规划要求的范围内。

3）工业污染源排放达标率（%）

指标解释：指乡镇辖区内实现稳定达标排放的工业污染源数量占所有工业污染源总数的比例。

计算公式：

工业污染源排放达标率 = 辖区内实现稳定达标排放的工业污染源数量 ÷ 辖区内所有工业污染源总数 ×100%（5-33）

4）生活垃圾无害化处理率（%）

指标解释：

指乡镇建成区内经无害化处理的生活垃圾数量占生活垃圾产生总量的百分比。生活垃圾无害化处理指卫生填埋、焚烧、制造沼气和堆肥。卫生填埋场应有防渗设施，或达到有关环境影响评价的要求（包括地点及其他要求）。执行《生活垃圾填埋场污染控制标准》（GB 16889—2008）和《生活垃圾焚烧污染控制标准》（GB 18485—2014）等垃圾无害化处理的有关标准。

卫生填埋是指按卫生填埋工程技术标准处理乡镇建成区生活垃圾的垃圾处理方法，其填埋场地有防止对地下水、环境空气和周围环境污染，以及防止沼气爆炸的设施，并符合响应的环境标准，有利于裸卸堆弃和自然填埋等可能污染环境的方法。

焚烧是指在一定温度下，生活垃圾经自然或助燃的方法焚烧，达到减量化和无害化的处理方法，其产生的热能可以加以利用。

制造沼气是指生活垃圾在一定范围内封存，控制适当温度，使垃圾在容器中发酵，并产生可燃性气体的处理方法。其可燃性气体可以作为燃料加以利用。

堆肥是指生活垃圾按一定形状，控制适当温度，使垃圾在堆中发酵、生物分解的无害化资源的处理办法。

计算公式：

生活垃圾无害化处理率 = 乡镇建成区内经无害化处理的生活垃圾数量 ÷ 乡镇建成区内生活垃圾产生总量 ×100%（5-34）

5）生活污水集中处理率（%）

指标解释：指乡镇建成区内经过污水处理厂或其他处理设施处理的生活污水折算量占城镇建成区生活污水排放总量的百分比。污水处理厂包括一级、二级集中污水处理厂，其他处理设施包括氧化塘、氧化沟、净化沼气池，以及湿地废水处理工程等。

计算公式：

生活污水集中处理率 =（二级污水处理厂处理量 + 一级污水处理厂排江、排海工程处理量 ×0.7+ 氧化塘、氧化沟净化沼气池及湿地处理系统处理量 ×0.5）÷ 乡镇建成区生活污水排放总量 ×100%（5-35）

6）人均公共绿地面积（m^2/ 人）

指标解释：指乡镇建成区公共绿地面积与建成区常住人口的比值。公共绿地，是指乡镇建成区内常年对公众开放的绿地（包括园林），企事业单位内部的绿地除外。

1999 年我国《城市规划定额指标暂行规定》，到 2010 年人均公共绿地面积 7 ～ 11m^2。

计算公式：

人均公共绿地面积 = 公共绿地面积（m^2）÷ 区域内人数（5-36）

7）**主要道路绿化普及率**（%）

指标解释：指乡镇建成区主要街道两旁栽种行道树（包括灌木）的长度与主要街道总长度之比。

计算公式：

主要道路绿化普及率 = 乡镇建成区主要街道两旁栽种行道树的长度 ÷ 主要街道总长度 ×100%（5-37）

8）**清洁能源普及率 1**（%）

指标解释：清洁能源普及率指乡镇建成区清洁能源消耗量占能源消耗总量的百分比。清洁能源指消耗后不产生或很少产生污染物的低污染的化石能源（如液化气、天然气、煤气、电等），以及采用清洁能源技术处理后的化石能源（如清洁煤、清洁油）。

计算公式：

清洁能源普及率 1= 乡镇建成区清洁能源 1 消耗量 ÷ 能源消耗总量 ×100%（5-38）

9）**清洁能源普及率 2**（%）

指标解释：本指标主是指可再生能源（包括水能、太阳能、生物质能、沼气、风能、地热能、海洋能等）

计算公式：

清洁能源普及率 2= 乡镇建成区清洁能源 2 消耗量 ÷ 能源消耗总量 ×100%（5-39）

10）**集中供热率**（%）

指标解释：集中供热率是指乡镇建成区集中供热设备总容量占建成区供热设备总容量的百分比。集中供热率只考核北方城镇。

计算公式：

集中供热率 = 乡镇建成区集中供热设备总容量 ÷ 乡镇建成区供热设备总容量 ×100%（5-40）

11）**机动车尾气达标率**（%）

指标解释：指机动车尾气达标台数占实际测试台数的百分率，是改善城镇空气环境质量的重要指标。

计算公式：

机动车尾气达标率 = 机动车尾气达标台数 ÷ 实际测试台数 ×100%（5-41）

12）**城镇卫生厕所普及率**（%）

指标解释：是指城镇公共厕所和居民家庭中有墙、有顶的厕所，并且厕坑及蓄粪池无渗漏、清洁、无苍蝇，粪便定期清除并进行无害化处理。

计算公式：

城镇卫生厕所普及率 = 卫生厕所数 ÷ 总厕所数 ×100%（5-42）

13）**旅游环境达标率**（%）

指标解释：旅游环境达标率由资源环境安全指数（占 50%），心理环境健康指数（占 25%）和环境质量达标指数（占 25%）三项组成。

其中，资源环境安全指数指不破坏国家和地方重点保护的珍稀濒危动植物资源，不存在资源环境安全隐患的旅游开发活动；心理环境健康指数指游人心理可以承受的游客容量，一般风景资源旅游活动以每 10m 游道容纳 3 名游客为限值；环境质量达标指数，指水、气、噪声、固废排放的达标情况（见下面注释）。

计算公式：

旅游环境达标率 =（资源环境安全指数 ×0.5+ 心理环境健康指数 ×0.25+ 环境质量达标指数 ×0.25）×100%（5-43）

资源环境安全指数 $X = X_1 + X_2$

不破坏珍惜濒危物种资源 $X_1=0.5$，否则 $X_1=0$；

不存在安全隐患则 $X_2=0.5$，存在 N 项安全隐患扣 10%，则 $X_2=0.5-0.2\text{N}$，$\text{N} \geqslant 3$ 时 $X_2=0$。

心理环境健康指数 Y= (5-y) / 2

式中：y 为每 10m 游道游客个数。

环境质量达标指数 $Z=0.2+0.2z$（$1 \leqslant z \leqslant 3$ 时）

式中：z 为水、气、噪声、固废物排放四项指标达标项数，z=0 时，Z=0。

数据来源：县级以上环保部门、旅游部门。

气体：要求达到大气环境质量标准一级标准。

噪声：要求达到城市区域环境噪声标准一类标准。

固体废物排放：要求达到固体废弃物污染环境防治法要求。

注释：1. 安全隐患主要存在于以下 6 处（每一处存在隐患，算做一项）：①星级宾馆；②景区（点），参观点；③定点购物店、餐厅；④接待游客的运载工具；⑤娱乐场所及游乐设施；⑥其他游客聚集场所。2. 心理环境健康的要求视地区、旅游吸引的类型、每个旅游者的具体特点不同，心理容量的范围也不相同。通常，在观景点每位游客需要 20m^2（或 1m^2 扶手护栏）的空间，在人口密集的营地，每位游客的需要的空间为 10m^2；3. 环境质量要求：水环境达标要求海水浴场，人体直接接触海水的海上运动或娱乐区达到二类海水质标准；滨海风景旅游区地表水要求达到相应功能区标准。

（3）乡镇辖区生态环境指标

1）**森林覆盖率**（%）

指标解释：指乡镇辖区内森林面积占土地面积的百分比。森林，包括郁闭度 0.2 以上的乔木林地、经济林地和竹林地。国家特别规定了灌木林地、农田林网以及村旁、路旁、水旁、山旁、宅旁林木面积折算为森林面积的标准。

目前发达国家森林覆盖率已达到 50% 以上。我国一些生态旅游地区的森林覆盖率已达到40%以上。但大部分地区的森林覆盖率尚不足 10%。

计算公式：

森林覆盖率 = 乡镇辖区内森林面积 ÷ 乡镇辖区内土地面积 ×100%（5-44）

2）**农田林网化率**（%）

指标解释：指达到国家农田林网化标准的农田面积与农田总面积之比。

计算公式：

农田林网化率 = 达到国家农田林网化标准的农田面积 ÷ 农田总面积 ×100%（5-45）

3）**水土流失治理度**（%）

指标解释：指经治理合格的水土流失面积占乡镇辖区内水土流失面积的百分比。

计算公式：

水土流失治理度 = 治理合格的水土流失面积 ÷ 乡镇辖区内水土流失总面积 ×100%（5-46）

4）主要农产品农药残留合格率（%）

指标解释：指当地主要粮食、蔬菜、水果中农药残留符合国家标准的样品数占抽样总数的百分比．农产品农药残留的检测和评价执行《农产品安全质量》有关标准（GB 18406.1—2001，GB 18406.2—2001，GB/T 18407.1—2001，GB/T 18407.2—2001）以及农业部无公害食品系列标准（NY/T 500l—200l，NY/T 5073—2001）。

计算公式：

主要农产品农药残留合格率 = 主要农产品农药残留符合国家标准的样品数量 ÷ 主要农产品臭氧总数 ×100%（5-47）

5）**农膜回收率**（%）

指标解释：由于农膜的不易分解性，容易在地表形成隔离层，对环境造成污染和破坏，因此选择此项指标来反映这一环境问题是十分必要的。具体含义是指区域内农膜回收量占农膜使用量的百分率。

计算公式：

农膜回收率 = 区域内农膜回收量 ÷ 区域内农膜使用总量 ×100%（5-48）

6）**规模化畜禽养殖场粪便综合利用率**（%）

指标解释：指乡镇辖区内规模化畜禽养殖场综合利用的畜禽粪便量与畜禽粪便产生总量禽粪便产生总量的比例。按照《畜禽养殖污染防治管理办法》（国家环境保护总局令第 9 号），规模化畜禽养殖场，是指常年存栏量为500头以上的猪、3万羽以上的鸡和100头以上的牛的畜禽养殖场，以及达到规定规模标准的其他类型的畜禽养殖场。其他类型的畜禽养殖场的规模标准，由省级环境保护行政主管部门做出规定。畜禽粪便综合利用主要包括用作肥料、培养料、生产回收能源（沼气等）。

计算公式：

规模化畜禽养殖场粪便综合利用率＝规模化畜禽养殖场综合利用的畜禽粪便量 ÷ 畜禽粪便产生总量 ×100%（5-49）

7）农作物秸秆综合利用率（%）

指标解释：指乡镇辖区内综合利用的农作物秸秆数量占农作物秸秆产生总量的百分比。秸秆综合利用主要包括粉碎还田、过腹还田、用作燃料、秸秆气化、建材加工、食用菌生产、编织等。乡镇辖区全部范围划定为秸秆禁烧区，并无农作物秸秆焚烧现象。

计算公式：

农作物秸秆综合利用率＝镇辖区内综合利用的农作物秸秆数量 ÷ 农作物秸秆产生总量 ×100%（5-50）

8）农业污灌达标率（%）

指标解释：指经过无害化处理后生活、工业排污用水浇灌的耕地面积占采用排污用水浇灌的耕地总面积的百分率。它是区域污灌净化能力的标志，也是地区生态环境意识的反映。

计算公式：

农业污灌达标率＝无害化处理后的污灌耕地面积 ÷ 污灌耕地总面积 ×100%（5-51）

9）工业污染源治理稳定达标率（%）

指标解释：指工业污染源稳定治理达标的工业企业数量占工业企业总数量的百分率。要求镇域内无“十五小”、“新六小”等国家明令禁止的重污染企业。

计算公式：

工业污染源治理稳定达标率＝工业污染源治理达标的企业数量 ÷ 工业企业总数量 ×100%（5-52）

10）固体废物处置率（包括综合利用率）（%）

指标解释：指城镇固体废弃物中进行填埋、焚烧和资源化（综合利用）等无害化处理的数量占固体废弃物排放总量的比例。

计算公式：

固体废物处理率＝固体废物无害化、资源化处理的数量 ÷ 固体废弃物排放总量 ×100%（5-53）

11）节水措施利用率（%）

指标解释：指采用滴、渗、喷灌等节水措施浇灌耕地的面积占应浇灌耕地的总面积的百分率，它是严重缺水地区节水灌溉，提高抗旱能力的有效措施。

计算公式：

节水措施利用率＝采用节水措施浇灌耕地的面积 ÷ 总耕地的面积 ×100%（5-54）

12）绿化覆盖率（%）

指标解释：指区域绿化面积占区域总面积的百分比，它是衡量区域生态环境建设的重要指标。

计算公式：

绿化覆盖率＝区域绿化面积 ÷ 区域总面积 ×100%（5-55）

13）生态系统抗灾能力（%）（指一般灾害减产幅度）

指标解释：是指区域内当年农业生态系统受到一般灾害与上一年相比的减产幅度。系统的稳定性是生态建设所追求的目标之一。

计算公式：

生态系统抗灾能力＝当年农业生态系统受到一般灾害后的产值 ÷ 上一年农业生态系统的产值 ×100%（5-56）

14）农林病虫害综合防治能力（%）

指标解释：指施用农药以外的综合防治农作物病虫害面积的比例，主要防治措施如生物农药、天敌昆虫、栽培措施、育种措施等。

计算公式：

农林病虫害综合防治率＝综合防治农作物病虫害面积 ÷ 农作物病虫害总面积 ×100%（5-57）

5.4 生态新型城镇指标体系典型案例分析

5.4.1 中新天津生态城

（1）中新天津生态城背景简介

中新天津生态城是中新两国政府继苏州工业园区之后确定的又一个重大合作项目，根据发展定位要求，中新天津生态城将致力于建设成为综合性的生态环保、节能减排、绿色建筑、循环经济等技术创新和应用推广的平台，成为国家级生态环保培训推广中心，成为现代高科技生态型产业基地，成为参与国际生态环境建设的交流展示窗口，成为“资源节约型、环境友好型”的宜居示范新城。

中新天津生态城位于天津滨海新区，距天津中心城区 45km，距北京 150km，东临滨海新区中央大道，西至蓟运河，南接彩虹大桥，北至津汉快速路。规划面积 30km^2，人口规模 35 万，10 年内基本建成。起步区 4km^2，3 ～ 5 年建成。

中新天津生态城建设的核心目标，就是在资源约束下寻求城市的繁荣和发展，具体来说，这一核心目标体现在以下三个方面：

一是健全发展功能。中新天津生态城是一座融生产、生活、服务为一体的复合功能的城市。按规划，中新天津生态城未来将能容纳大约 35 万人同时生活就业，实现就业与居住的平衡。同时，大力发展低碳经济和生态经济，构筑高层次的产业结构，与周边地区优势互补，实现共同协调发展。

二是集约紧凑发展。从保护生态环境、促进混合用地和紧凑布局以及推行绿色交通模式三点出发考虑，中新天津生态城规划特别强调集约紧凑式发展。

三是提高资源利用效益。主要是提高淡水资源的利用效率以及能源利用效益。

为实现这三大目标，中新天津生态城联合工作委员会经过组织多方参与的讨论研究，结合选址区域的实际情况，按照科学性与操作性、前瞻性与可达性、定性与定量、共性与特性相结合的基本原则，制订了中新天津生态城规划建设的指标体系。

（2）中新天津生态城指标体系

1）特色分析

为体系中新天津生态城作为资源节约和环境友好城市的示范，指标体系不但在结构上有所突破，还引入许多创新性的特色指标。

①四个“绿色”指标

为了突出生态城市特色，指标体系中创新性地在指标中采用了四个与“绿色”有关的概念，即：绿色建筑、绿色出行、绿色消费和绿地建设。

a. 绿色建筑指标是要求区内所有建筑物均应达到绿色建筑相关评价标准的要求，设计施工上满足节能环保需要，并在最大程度上保障人们的健康舒适。这一指标的制定直接指导了此后的规划建设各项工作开展，旨在避免我国城市快速发展进程中建筑物片面追求奢华，只重数量不重质量的现象，并且可以吸取新加坡在绿色建筑领域的先进经验，促进我国建筑设计与施工总体水平的提高。

b. 绿色出行指为了减轻交通拥挤、降低污染、促进社会公平、节省建设维护费用而发展的交通运输系统。该系统是指通过低污染的、有利于城市环境的多元化的城市交通工具来完成社会经济活动的交通运输系统。指标体系中绿色出行方式包括区域内人的出行选择除小汽车以外的污染小的交通出行方式，如公共交通、自行车、步行等。交通问题已经日益成为当今世界城市发展的瓶颈，如何解决交通带来的环境污染与道路堵塞等问题是全世界大城市普遍遇到的难题。绿色出行指标充分发挥中新天津生态城作为新建城市的优势，提出保障城市居民绿色出行为主的要求，从而在随后道路规划，城市开发强度等各个领域都要采取相应措施予以配合，这是在城市交通发展模式上的创新性探索。

c. 绿地建设在指标体系人工环境协调层面中的两项中有所体现。公共绿地指向公众开放，有一定游憩设施的绿化用地。中新天津生态城在绿地建设中不是单纯地提高绿化覆盖率，而是强调了绿地的休闲功能，保障居民有足够的可以亲近的有效绿地。此外，由于中新天津生态城选址地区水资源缺乏且存在土地盐渍化情况，因此人均公共绿地指标设置适中，且结合本地植物指数指标一项，对绿化以乡土耐旱植物为主提出要求，体现了绿地建设科学性、实用性、美观性并重，不刻意要求绿地越多越好的理念，为生态城建设经验在我国北方缺水地区推广提供了可借鉴的示范。

d. 绿色消费是近年来逐渐走进人们视野的新理念，不仅包括绿色产品，还包括物资的回收利用、能源的有效使用、对生存环境和物种的保护等。由于绿色消费涵盖了生产行为、消费行为的方方面面，涉及面广，至今较难量化，因此在指标体系中作为引导性指标加以要求。随着中新天津生态城的逐步建成，可以考虑通过“绿色商店”“绿色饭店”“绿色账户”等方式，从销售、宣传等方面普及绿色消费理念，同时也尝试以中新天津生态城为试点，开展绿色消费的量化研究。

②“十个字”概念

指标体系的编制和成果中，贯穿始终的是体现生态城市核心的十个字，即：和谐、高效、健康、安全、文明。

a. 和谐，即指标体系要体现“三和、三能”原则：即人与自然和谐、人与经济和谐、人与人和谐，能复制、能实行、能推广的原则。这是中新天津生态城建设的初衷，也是衡量生态城市发展成果与否的关键。

b. 高效，即指标体系要有利于城市社会经济蓬勃高效发展。生态城市决不是以发展缓慢为代价换取环境的保护，而是社会、经济、环境互惠共生，高水平地共同发展。

c. 健康，不仅包括人体健康，还包括生态环境、生活模式等各方面的健康。建设生态城市的重要目标之一就是克服城市发展传统模式下的诸多弊病，引导人们以更加健康的方式追求幸福生活。

d. 安全，即指标体系要从城市安全、生产安全、生态安全等多方面约束生态城市发展建设。特别是无障碍设施率指标，要求区内所有公共设施设计必须考虑到残障人士行动的安全便捷，是城市建设指标的一项突破。

e. 文明，即生态城市是有自身特色，形成生态文明的城市。中新天津生态城选址地区具有河口渔村、炮台遗址等许多颇具地方特色的历史文化景观，在指标体系中对这些景观提出予以保留。

2）内涵

中新天津生态城的内涵是人与自然环境，人与经济发展，人与社会有机融合、互惠共生的开放式复合生态系统，中新天津生态城的目标是致力于建设和谐、高效、健康、安全、文明的，具有示范性的滨海宜居新城。

3）指标体系类型

本着科学性与操作性相结合、定性与定量相结合、特色与共性相结合以及可达性与前瞻性相结合的原则，分别给出控制性指标与引导性指标，并按照“指标层 + 二级指标 + 指标值”的框架模式进行构建。

4）指标体系框架

根据中新天津生态城的框架和内涵，控制性指标主要包括生态环境健康、社会和谐进步和经济蓬勃高效这三个方面，引导性指标主要指区域协调融合。

5）指标体系建立（表 5–5）

表 5–5 中新天津生态城考核指标

定量指标						
	指标层	序号	二级指标	单位	指标值	时限
生态环境健康	自然环境良好	1	区内城市空气质量	天数	好于等于二级标准的天数≥ 310 天 / 年	即日开始
				天数	SO_2 和 NO_X 好于等于一级标准的天数≥ 155 天 / 年	即日开始
		2	区内水体环境质量		达到《地表水环境质量标准》（GB 3838）最新标准 IV 类水体水质要求	2020 年后
		3	水喉水达标率[1]	%	100	即日开始
		4	功能区噪声达标率	%	100	即日开始
		5	单位 GDP 碳排放强度	吨 -C/ 百万美元	150	即日开始
		6	自然湿地净损失[2]	%	0	即日开始
	人工环境协调	7	绿色建筑比例	%	100	即日开始
		8	本地植物指数		≥ 0.7	即日开始
		9	人均公共绿地	平方米 / 人	≥ 12	2013 年前
社会和谐进步	生活模式健康	10	日人均生活水耗	升 / 人 • 日	≤ 120	2013 年前
		11	日人均垃圾产生量	千克 / 人 • 日	≤ 0.8	2013 年前
		12	绿色出行所占比例[3]	%	≥ 30	2013 年前
					≥ 90	2020 年前
社会和谐进步	基础设施完善	13	垃圾回收利用率	%	≥ 60	2013 年前
		14	步行 500 米范围有免费文体设施的居住区比例	%	100	2013 年前
		15	危废与生活垃圾（无害化）处理率	%	100	即日开始
		16	无障碍设施率	%	100	即日开始
		17	市政管网普及率[4]	%	100	2013 年前
	管理机制健全	18	经济适用房、廉租房等占本区住宅总量的比例	%	≥ 20	2013 年前
经济蓬勃高效	经济发展持续	19	可再生能源使用率	%	≥ 15	2020 年前
		蓬勃	非传统水源利用率	%	≥ 50	2020 年前
	高效	21	每万劳动力中R & D科学家和工程师全时当量	人年	≥ 50	2020 年前
	就业综合平衡	22	就业住房平衡指数	%	≥ 50	2013 年前

引导性指标				
	指标层	序号	指标	指标描述
区域协调融合	自然生态协调	1	生态安全健康、倡导绿色消费低碳运行	本区内要求从区域资源、能源以及环境承载力合理利用角度出发，保持区域生态一体化格局，强化生态安全，建立健全区域生态保障体系。
	区域政策协调	2	创新政策先行、联合治污政策到位	积极参与并推动区域合作，贯彻公共服务均等化原则；实行分类管理的区域政策，保障区域政策的协调一致性。建立区域政策制度，保证周边区域的环境改善。
	社会文化协调	3	河口文化特征突出	城市规划和建筑设计延续历史，传承文化，突出特色，保护民族、文化遗产和风景名胜资源；安全生产和社会治安均有保障。
	区域经济协调	4	循环产业互补	健全市场机制，打破行政区划的局限，带动周边地区合理发展，促进区域职能分工合理、市场有序，经济发展水平相对均衡，职住比较为平衡。

注：①满足国家《生活饮用水卫生标准》（GB 5749）现行标准规定，同时满足世界卫生组织《饮用水水质规则》现行标准的要求。

②自然湿地净损失是指任何地方的湿地都应该尽可能受到保护，转换成其他用途的湿地数量必须通过开发或恢复的方式加以补偿，从而保持甚至增加湿地资源基数。

③绿色出行包括公共交通、自行车和步行出行。

④市政管网包括供排水管网、再生水管网、燃气管网、通信管网、电力电缆、供热管网等。

5.4.2 无锡低碳生态城

（1）无锡低碳生态城背景简介

无锡市政府将无锡太湖新城规划为生态城的建设区域，并称之为太湖新城生态城，并将其中 2.4km^2 的地区规划为示范区，并称为无锡中瑞低碳生态城。无锡中瑞低碳生态城由国家住房和城乡建设部授予“国家低碳生态城示范区”称号，探索制定适应中国国情的生态城建设指标体系，即在英国奥雅纳公司提出的太湖新城指标体系框架的基础上，由中国建筑科学研究院、江苏省建设厅科技发展中心及无锡市城市规划设计研究院联合研究编制的《无锡太湖新城·国家低碳生态城示范区规划指标体系及实施导则（2010—2020 年）》。

无锡中瑞低碳生态城是中瑞携手应对全球气候变化、节约资源能源、加强环境保护、建设和谐社会的重要合作项目。中瑞低碳生态城位于无锡新的城市中心太湖新城的核心区，西侧紧邻贯穿整个核心区的湿地公园，南侧是纵深约 1km 的环太湖湿地保护区，北侧是部分已建成投用的国际博览中心，占地面积 2.4km^2。其建设目标就是打造“中国一流、世界有影响力”的低碳生态精品工程、样板工程和示范工程。

（2）中瑞无锡低碳生态城指标体系

1）特色分析

中瑞无锡低碳生态城是我国首个由住建部正式授牌的低碳生态城，在原有的生态城的基础上加入了低碳的理念，成为低碳生态。因此，低碳城市的理念将在中瑞无锡低碳生态城的建设指标体系中有所体现。

中瑞无锡低碳生态城位于无锡，拥有丰富的山、湖、河、田自然资源，具有特有的生态特征：

①水网纵横

无锡属太湖平原的低洼河网区，水网密布，河道密度为 3 ~ 4km/km^2，是典型而独特的江南水乡城市。

②山体林地构成城市基本的生态保障空间

无锡森林覆盖率为 21%，山体林地主要集中在城市的西郊和南郊，与太湖绵延相连，形成山中有湖，湖中显山，山立城中的无锡主要的山水景观生态格局（图 5-2）。

中瑞无锡低碳生态城除在生态方面具有独特特征外，在以下 7 个方面还具有一定特色：

①可持续的城市功能

中瑞无锡生态城规划打造可持续城市功能，包括住房、工业和服务等，公寓文化与体育设施用地、居住用地、医院用地、教育用地容积率低，紧凑的城

图 5-2 中瑞无锡生态城规划效果图

市街道，家庭友好型布局结构，用于推广和普及的游客中心。

②可持续的生态环境

保护利用自然地貌，提高空气、噪声、地表水质标准，保持良好自然环境；增大人均公共绿地面积，提升造氧能力和碳汇能力，以本地为主选用绿化物种，确保区域景观丰富多样。

③可持续的能源利用

结合本地气候和资源条件，积极使用太阳能和地热能，提高可再生能源使用比例；全面使用建筑节能材料和设施，降低单位面积建筑年耗能，大力降低单位国内生产总值 CO_2 排放量。规划建设能提供区域供暖供冷的热电冷联产，其特色在于，冷或热是由中瑞无锡生态城真空垃圾收集系统产生的沼气提供能量，并利用污水作为热交换的热源。

④可持续的水资源利用

使用节水管材及器具，采用统一的雨水收集、中水回用和净水直供等系统，最大限度提高水循环利用效率，倡导节水生活方式，压降人均淡水消耗量。

⑤可持续的废弃物管理

应用固体废弃物无害化、减量化、资源化处理技术，建设垃圾真空收集系统，实现垃圾分类收集、资源循环利用和储运无损漏，提高垃圾回收再利用率。

⑥可持续的交通运输

优化公交线路设置，提高公交设施使用的便利程度，打造环境宜人、便于通达的慢行交通系统，倡导绿色出行方式；建设可再生能源充电（气）站，到2020年所有公交车辆全部使用可再生能源。

⑦可持续的建筑设计

考虑长江中下游地区特点，以南北向建筑布局为主，鼓励自然通风设计；大量采用遮阳、保温、隔音等环保技术，最大限度提高建筑节能，降低单位建筑能耗。

2）**内涵**

中瑞低碳生态城坚持以科学发展观为指导，着眼于建立“低碳生态城市”的需要，积极适应全球气候变化，认真研究生态经济、生态人居、生态文化和生态环境的理念和方法，探索城市可持续发展建设的新模式，从可持续的城市功能、可持续的生态环境、可持续的能源利用、可持续的水资源利用、可持续的固废处理、可持续的绿色交通、可持续的建筑设计这7个特色建立起具有国际水准的中瑞低碳生态城指标体系。

3）**指标体系类型**

依据科学性与可操作性相结合的原则，中瑞无锡生态城建设指标体系所采用的是“目标—路径—

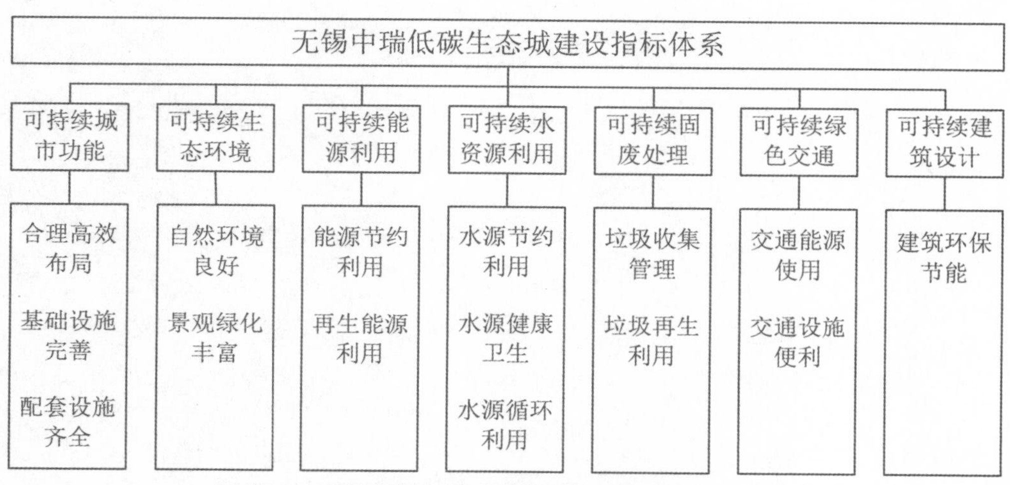

图 5-3 无锡中瑞低碳生态城建设指标体系框架

指标”类型的指标体系。

4）指标体系框架

依据特色分析中所给出的七个特色和中瑞无锡生态城的内涵，得到指标体系框架，包括7大子系统、15个子项，28个主要指标（图5-3）。

5）指标体系及指标值

依据每一个子系统的规划建设目标，分别给出每一个子系统下相应的指标及指标值（表5-4）。

表5-4 中瑞无锡生态城建设指标体系

子系统	指标层	二级指标层	单位	指标值
可持续城市功能	合理高效布局	综合容积率		1.5-2.0
		公共空间有效结合	%	100
	基础设施完善	市政管网普及率	%	100
	配套设备齐全	公共配套设施可达	m	幼儿园小于等于300；小学小于等于500；中学小于等于1000；商业小于等于500；停车场小于等于150；基层社区中心小于等于500；基层社区公园小于等于500
可持续生态环境	自然环境良好	自然地貌保护		尽量保护原生态
		地表水质量		不低于Ⅲ累水质
	景观绿化丰富	人均公共绿地	m^2/人	大于等于16
		本地物种指数		大于等于0.8
		物种多样性	种	大于等于15
		绿化用地植林率	%	大于等于45
可持续能源利用	能源节约利用	单位面积的建筑年耗能	$kW/m^2/a$	150
	再生能源利用	可再生能源占总能耗的比率	%	大于等于20
可持续水资源利用	水源节约利用	供水管网漏损率	%	小于等于2
		节水起居普及率	%	100
	水源健康卫生	直饮水使用率	%	100
	水源循环利用	雨水的收集和利用		开发前后雨水下渗量零影响
		城市污水处理率	%	100
		灰水处理、中水回用	%	大于等于50
可持续固废处理	垃圾收集管理	生活垃圾分类收集率	%	100
		垃圾真空运输系统	%	100
	垃圾再生利用	垃圾回收再利用	%	生活垃圾再回收率100；建筑垃圾再利用率大于等于75；餐饮垃圾再利用率100
可持续绿色交通	交通能源使用	使用生物质、电能等新型能源比例	%	100
	交通设备便利	公交线路网密度	km/km^2	3
		慢行交通路网密度	km/km^3	3.7
		公交设施可达	m	500
可持续建筑设计	建筑环保节能	自然环保设计	%	100
		建筑节能材料使用	%	100

5.4.3 上海崇明生态岛

（1）上海崇明生态岛背景介绍

崇明岛是中国的第三大岛，是世界上最大的河口冲击岛屿。长期以来，崇明岛一直作为上海城市发展的战略储备地。在经历了“跨越苏州河发展”“跨越黄浦江发展”之后，上海的城市发展又迎来了“跨越长江发展”的第三次大发展。这为外通大洋、内联长江、堪为龙口之珠和上海“北大门”的崇明岛振兴与发展提供了新的机遇。上海市委、市政府根据崇明岛资源优势和区位优势，以环境优先、生态优先为基本原则，按照建设世界级生态岛的标准，走发展循环经济和开展生态建设的可持续发展之路，把崇明建设成为现代化生态岛。

生态岛的建设旨在建立与岛屿资源相适应的生态经济体系、资源利用模式、生产生活方式和价值观，实现经济繁荣、生态环境良好、社会文明和谐。

1）建设目标

以科学发展观为统领，按照构建社会主义和谐社会的要求，围绕建设现代化生态岛区的总目标，大力实施科教兴县主战略，坚持三岛功能、产业、人口、基础设施联动，分别建设综合生态岛、海洋装备岛和生态休闲岛，依托科技创新，推行循环经济，发展生态产业，努力把崇明岛建设成为环境和谐优美、资源集约利用、经济社会协调发展的现代化生态岛区。

2）功能定位

崇明三岛功能定位主要体现以下 6 个方面：

①森林花园岛：形成以长江口湿地保护区、国际候鸟保护区、平原森林、河口水系为主体的生态涵养功能。

②生态人居岛：形成布局合理、环境幽雅、交通便捷、文化先进的生态居住功能。

③休闲度假岛：形成以休闲度假、运动娱乐、疗养、培训、会展为主体的生态旅游功能。

④绿色食品岛：形成以有机农产品、特色种养业和绿色食品加工业为主体的生态农业功能。

⑤海洋装备岛：形成以现代船舶制造和港机制造为主体的海洋经济功能。

⑥科技研创岛：形成以总部办公、科技研发、国际教育、咨询论坛为主体的知识经济功能。

（2）上海崇明生态岛指标体系

1）特色分析

崇明生态岛与一般其他的生态城有所区别，它是建在一个小岛屿上，因此在构建指标体系时应当首先考虑到其岛屿的特征。

从生态学的角度看岛屿生态系统，其最大的特征就是四面环水，其系统结构相对独立、系统关系相对封闭。岛屿生态系统的发展受到其自身地理位置的孤立性、资源的有限性和生态环境的脆弱性的限制。概括而言，小岛屿的生态系统具有以下几点特征：

孤立性：地理上隔离，与外界交流不便，成本高，发展机会有限；

有限性：幅员小，人口少，资源有限，难以实现规模化发展；

依赖性：独立自主的发展能力不足，资源、信息要依托大陆腹地的支持；

脆弱性：生态环境承载力有限，对人类活动、自然灾害和环境变化敏感；

独特性：岛屿通常孕育和保有独特的生物多样性资源及地方文化传统。

崇明生态岛建设的优势和瓶颈，都来源于其独有的岛屿特征。独立的生态系统使得崇明岛虽然毗邻城市化程度很高的大上海及周边城市群，但仍然能保持相对理想的生态系统完好度和优良的环境质量，堪称区域发展的一块净土。崇明岛优越的自然资源条件、良好的生态环境质量等优势日益突显，是其发展具有特色的社会经济体系的重要依托和坚实基础。

但是，在三岛大交通体系——长江隧桥贯通之前，崇明岛以农耕为主的生态系统与外部自然和人工系统的生态流关系基本上完全依赖水路交通维持，交通条件的限制使得经济社会的发展都缺乏推动力。其生态系统不够完整和开放的特点，也表现为社会、经济、环境各方面非常显著的孤立性和生态系统的脆弱性。具体的问题包括：海水倒灌日趋严重、灾害性天气较频繁、环境管理和污染治理相对薄弱、能源供需结构和利用效率不理想、经济和社会发展水平较低，基础设施水平较落后等方面。

2）**内涵**

生态岛作为全新的概念，学术界至今还没有标准的定义。根据可持续发展的理念和岛屿生态系统自身的特点，本项目认为生态岛理念是一种综合环境观的阐释，从空间角度论，它是岛屿城市环境观与区域环境观的有机结合；从时间角度论，它是岛屿城市历史环境观与现实环境观的有机结合；从功能角度论，它是岛屿城市经济环境观、社会环境观与生态环境观的有机结合（图 5-4）。

概括而言，生态岛的内涵包含以下几个方面：

①强大的生态安全防护体系：岛屿作为一个孤立的系统，相对脆弱和敏感，强大的生态安全防护体系是生态岛建设的核心。主要包括对台风等自然灾害、海岸带侵蚀、海水倒灌等外部干扰的较强防护能力，以及水体自净、生物多样性保护等实现岛屿生态系统良性循环的自我调节能力。

②良性的生态系统结构和功能：结构的合理既包括区域复合生态系统的物种、景观、建筑、文化及生态系统的多样性和特异性，也包括宏观上生态岛地理、水文、自然及人文生态系统的时空连续性和完整性。功能的完善包括自然生态功能（水和气的自净或流通、水源涵养、土壤肥力、生命活力等），以及人与自然之间的交互和融合（土地开发、资源利用、城市建设、环境管理、生态保护等）。

③可持续的资源利用方式：岛屿的封闭性、脆弱性、自给性与独立性要求岛屿生态系统以强化环境承载力为前提，实现资源的高效、持续利用，尤其是

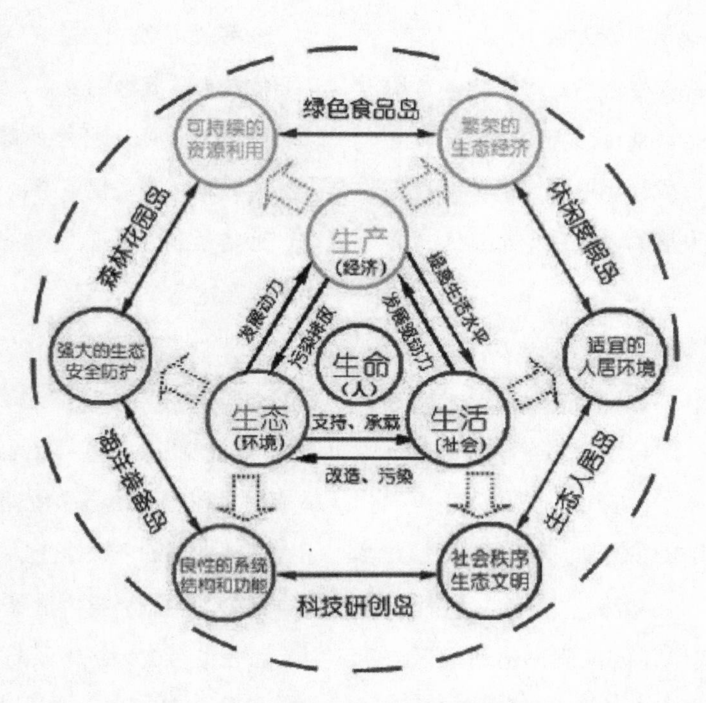

图 5-4 崇明生态岛的内涵概念图

土地资源、能源、矿产资源和水资源等。同时建立对外围大陆腹地良性的依托关系。

④繁荣而有活力的生态经济：打破经济发展和环境保护之间相互牵制的不良循环。经济结构合理，功能高效和完整，且保持持续、快速强化的发展；资源消耗少、环境污染小、经济效益好的生态产业主宰经济发展；发展清洁能源、有机农业等生态技术，建立高效率的流转系统，保证系统循环的连续性。

⑤舒适宜人的人居环境：环境宜人、生活舒适、满足人的共性和个性需求，人类聚集所依赖的自然、经济、社会和文化等因素实现协调、均衡和可持续的发展。同时强调生态系统维持对人类的服务功能，以及确保人类自身健康及社会经济健康不受损害的作用。建设清洁、美好、安静的自然环境，便捷、舒适、周到的生活服务，和谐、公正、平等的社会氛围，从整体上提高居民的生活质量和生命福利。

⑥和谐秩序的社会关系：岛屿周围海域具有开放性、流动性，且岛屿边缘效应明显。在海岛开发建设中，一方面要维护海岛自身的社会秩序，另一方面应协调好海岛与周边地区的社会秩序，加强对外部的信息及系统反馈的敏感性，培育具有较强的应付环境变化的能力。

⑦先进而普及的生态文明：在发展生态产业、生态社区的同时，造就一批具备较高文化素质和环境意识，生活方式合理的居民。要引导一种适合中国国情的高效率、低损耗、适度消费、融传统与现代为一体的生活方式，倡导一种物质与精神相匹配、人与自然相融合的生态文明。弘扬正确的价值导向，高的文化素质，良好的竞争、共生意识和道德修养。

3）指标体系类型

崇明岛指标体系共包含四套指标体系，分别为面向过程的指标体系、面向状态的指标体系、面向要素的指标体系以及崇明生态岛综合指标体系。本文选择采用压力—状态—响应（PSR）思路的指标体系（面向过程的指标体系）为例，进行“六步法”方法的分析。

根据对国际国内指标体系地调研，面向过程的指标体系采用由经济合作与发展组织（OECD）的“压力—状态—响应”（PSR，Pressure-State-Response）模型构建面向过程的生态岛指标体系。

4）指标体系框架

指标体系方案共分为 5 个主题（其中 3 个核心主题、2 个扩展主题），36 个具体指标，其中压力指标 12 项，状态指标 12 项（核心和扩展主题分别含 9 项、3 项），响应指标 12 项（核心和扩展主题分别含 10 项、2 项）。在指标体系的主题构建上，重点参考了同样基于 PSR 模型构建的美国 ESI 指标体系的结构，但规避其指标选取上的不平衡性和指标体系评价对象针对性，如图 5-5 所示。

5）崇明生态岛面向过程的指标体系

崇明生态岛面向过程的指标体系如表 5-7 所示。

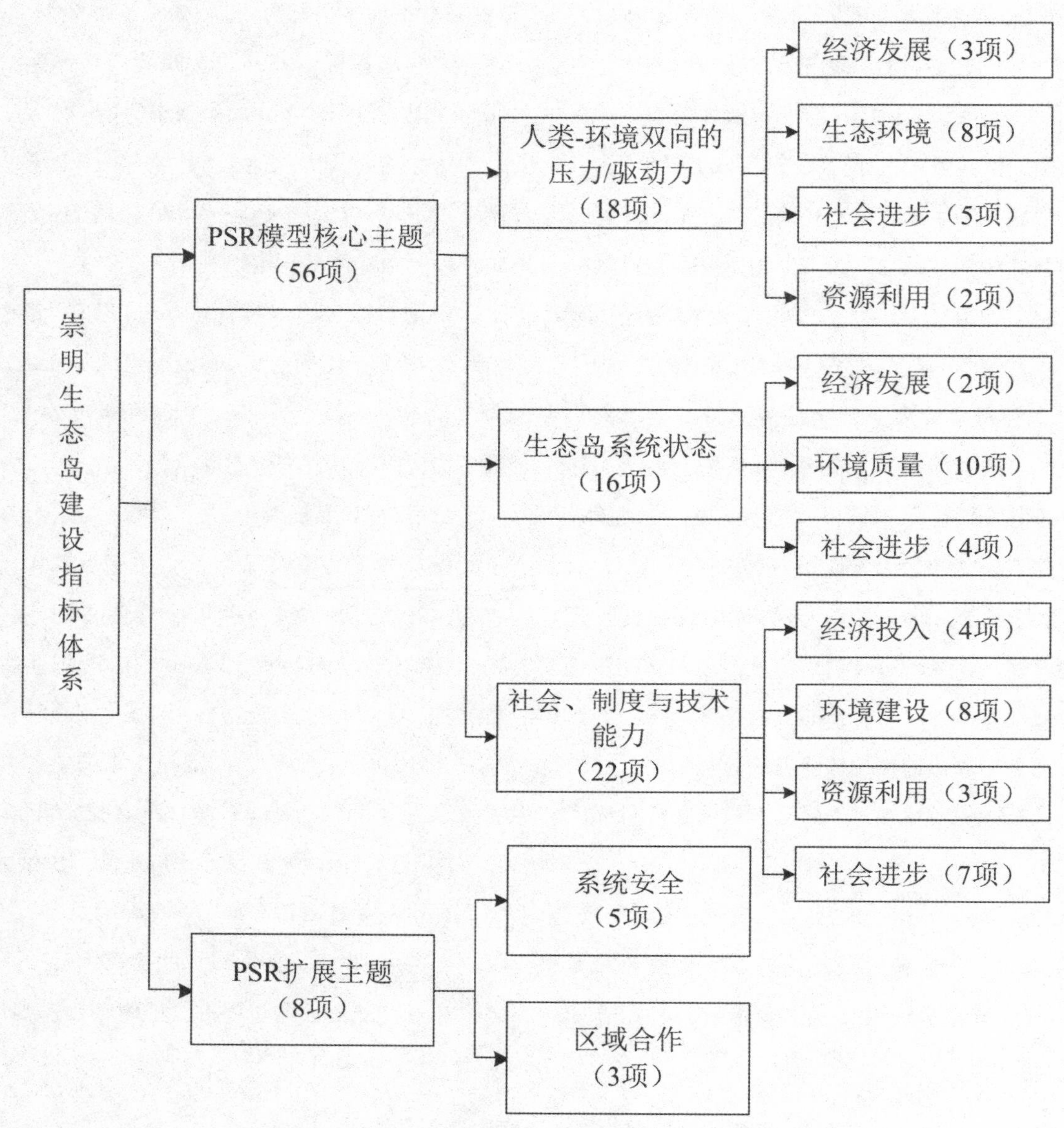

图 5–5 崇明生态岛建设指标体系框架图

表 5-7 崇明生态岛面向过程的指标体系

一级指标（领域层）	二级指标（主体层）	三级指标（要素层）		单位	标准值	指标来源
人类 - 环境互相的压力 / 驱动力	经济发展	1. 人均 GDP		万元	≥ 3.3	国家生态市指标
		2. 农民年人均纯收入		万元	11000	国家生态市指标
		3. 城镇居民年人均可支配收入		元 / 人	≥ 24000	国家生态市指标
	生态环境	4. 二氧化硫排放强度		kg/ 万元 GDO	＜ 5.0	国家生态市指标
		5. 酸雨频率		%	＜ 30	国家生态市指标
		6.COD 排放强度	全岛	kg/ 万元 GDO	＜ 5.0	国家生态市指标：崇明三岛总规要求比现状削减 30%
			排入近海海域		待定	
		7．化肥使用强度（折纯）		kg/hm^2	≤ 250	国家生态县指标
		8. 农药使用强度（折纯）		kg/hm^2	≤ 3	全国生态示范区建设指标
		9. 海水倒灌侵害程度		—	定性	建议以海水倒灌侵害面积超过岛屿面积 60% 天数为定量指标
		10. 外来入侵物种危害程度		—	定性	建议以侵害面积超过入侵物种数为定量指标
	资源利用	11. 单位 GDP 能耗		吨标煤 / 万元 GDP	≤ 0.5	崇明三岛总规设定：国家生态市标准为 ≤1.5
		12. 单位 GDP 水耗		m^3/ 万元 GDP	≤ 100	崇明三岛总规设定：国家生态市标准为 ≤150
	社会进步	13．人口密度		人 /km^2	≤ 567	崇明三岛总规要求 2020 年，总人口不突破 80 完折算所得
		15. 基尼系数		—	0.3-0.4	国家生态市指标
		15. 恩格尔系数		%	＜ 40	国家生态市指标
		16. 城市化水平		%	≥ 55	国家生态市指标
		17. 老龄化人口比例		%	待定	—
生态岛系统状态	经济结构	18. 第三产业产业值占 GDP 比例		%	≥ 45	国家生态市指标
		19. 主要农产品中有机及绿色产品的比重		%	≥ 50	崇明三岛总规设定：国家生态县标准为 20%
	环境质量	20. 空气环境质量 I 级天数		天	120	崇明三岛总规设定
		21. 地表水中 II 类及以上水体比例		%	待定	—
		22. 饮用水源地水质达标率		%	100	崇明三岛总规设定
		23. 森林覆盖率		%	≥ 25	根据崇明现状的建议值：生态市平原地区标准 ≥15
		25. 生物多样性保护		—	定性	建议以年观测到国家一级保护鸟类种类为定量指标
		25. 噪声达标区覆盖率		%	≥ 95	国家生态市指标
		26. 旅游区环境达标率		%	100	国家生态市指标
	社会进步	27. 生态示范点创建		—	定性	包括环境优美乡镇、环境生态村等
		28. 平均期望寿命		岁	≥ 80	崇明三岛总规设定
		29. 社会综合保险投保率	农村	%	98	崇明三岛总规设定：深圳市基本实现现代化指标体系：95%
			城镇		100	
		30. 千人拥有计算机量		台	≥ 272	科教兴市十大核心指标
		31. 绿色消费水平		—	定性	—

（续）

一级指标（领域层）	二级指标（主体层）	三级指标（要素层）	单位	标准值	指标来源
社会、制度和技术能力	经济投入	32. 环保投入占 GDP 比重	%	3	发达国家外推值，远景可为 2.5%，崇明十一五规划要求 5%
		33.R&D 投入占 GDP 的比重	%	≥ 2.5	崇明三岛总规设定：科教兴市十大核心指标
		35. 高新技术产业占 GDP 比例	%	待定	—
		35. 规模化企业通过 ISO-14000 认证比率	%	≥ 220	国家生态市指标
	环境建设	36. 城镇污水集中处理率	%	≥ 80	国家生态市指标
		37. 工业固体废物处置利用率	%	≥ 95	国家生态市指标
		38. 城镇生活垃圾无害化处理率	%	100	国家生态市指标
		39. 规模化畜禽粪便综合利用率	%	≥ 90	国家生态县指标
		40. 退化土地恢复率	%	≥ 90	国家生态市指标
		41. 受保护地区面积比例	%	≥ 17	国家生态市指标
		42. 城镇人均公共绿地面积	m^2/ 人	＞ 11	国家生态市指标
		43. 农林病虫害综合防治率	%	≥ 80	国家生态县指标
	资源利用	45. 清洁能源使用比例	%	＞ 30	崇明三岛总规设定
		45. 公交出行比例	%	待定	国际通用指标
		46. 秸秆综合利用率	%	100	国家生态县指标
		47. 新增劳动力平均受教育年限	年	≥ 14	崇明三岛总规设定：中国教育公平评价指标
	社会进步	48. 每万人病床数	张	≥ 90	生态园林城市指标
		49. 环境保护宣传教育普及率	%	＞ 85	国家生态市指标
		50. 自然保护区管理水平	—	定性	—
		51. 事故预警与应急能力	—	定性	科教兴市十大核心指标
系统安全	扩展“状态”指标	52. 城市生命线完好率	%	≥ 80	国家生态市指标
		53. 绿色 GDP	万元	待定	SISD，可持续经济福利指数
		55. 环境质量指数	—		科教兴市十大核心指标
		55. 灾害损失占 GDP 的比例	%	待定	-
		56. 公众对环境的满意率	%	＞ 90	国家生态市指标
		57. 公众幸福指数	—	待定	科教兴市十大核心指标
区域合作	扩展“相应”指标	58. 区域环境合作	—	定性	建议以跨区合作项目数作为定量指标
		59. 岛屿文化保护与传承	—	定性	—
		60. 控制温室气体排放	—	定性	国际通用指标

6 新型城镇的生态环境建设

发展和建设新型城镇，是带动农村经济和社会发展的一个大战略。新型城镇建设不仅可以大量吸纳农村剩余劳动力，缓解城市人口和生态压力，节约非农土地，调整农村产业布局，开拓农村市场，加快农村经济发展，而且可以提高农村人口综合素质，改善和优化生态环境，促进农村经济社会的可持续发展。

然而在新型城镇建设的过程中，人们在注重其外在的、直接的经济效益的时候，往往忽视了其内在的间接的社会和生态环境效益，致使新型城镇在发展过程出现了一系列的生态环境问题，影响了新型城镇的健康发展。当前保护新型城镇的生态环境，实现经济社会的可持续发展，已成为时代的紧迫要求和人们的强烈愿望。

实施新型城镇可持续发展的根本途径是转变经济增长方式，由粗放型经济增长方式转变为集约型经济增长方式，将经济效益和生态效益放在同等地位，优化组合各种生产要素，推动科技进步、提高资源利用效率、实现充分就业、改善生态环境，促使新型城镇的可持续发展。

针对我国新型城镇生态环境建设和规划中存在的问题，我们对新型城镇分成不同的类型，分别对其开展生态环境建设进行案例分析和论证。

6.1 工业开发型新型城镇的生态环境建设

6.1.1 工业开发型新型城镇生态环境建设的必要性

（1）新型城镇工业开发是我国城镇化建设的必然趋势

十多年的新型城镇发展实践证明：新型城镇是商品集散地，可以把城市和乡村两个市场结合起来，在城乡商品流通中起着桥梁和纽带作用；新型城镇是乡镇企业的发展基地，对于乡镇企业相对集中建设，形成企业规模经营和聚集效益，改善生产力布局，发展二、三产业起着重要作用。不少新型城镇经济发展迅速，经济实力不断增强。据有关统计，预算财政收入达 5000 万元的新型城镇达 3259 个，浙江温州乐清市柳市镇 1997 年国内生产总值达 20.2 亿元。不少明星城镇乡镇工业发展引人注目，其产品在全国已举足轻重，江苏吴江市七都镇的通信电线、光缆占全国市场销量的 1/7。

党的十六大提出要坚持走中国特色的城镇化道路，加快城镇化进程，要求发展新型城镇要与发展乡镇企业和农村服务业结合起来，使农村富余劳动力向非农产业和城镇转移，这是工业化、现代化的必然趋势。江泽民同志曾指出，发展乡镇企业是我国经济社会发展的一个大战略，发展新型城镇也是带动经济社会发展的一个大战略。这两个重大战略要同步实施，才能使工业化和城镇化协调发展，才能为统筹城乡经济社会发展，解决“三农”问题找到出路。

现代经济的轴心是企业，而担当了半壁江山的乡镇企业，在这一轴心中的地位和作用越来越重要：一是乡镇企业的发展为新型城镇建设提供了经济基础，以昆明市为例，其乡镇企业的收入占到农村经济总收入的80.1%，占县区财政收入的28.7%，成为新型城镇财政收入、税源的重要支柱；二是为新型城镇吸纳人口提供了条件、为农村剩余劳力的转移提供了机会，成为农村人口聚集的据点，改善了劳动力布局；三是为沟通城乡市场起到纽带作用，乡镇企业的商品需要进行城乡大流通，城市商品需透过新型城镇向广大农村辐射交流，乡镇企业是这一交流最活跃的因素；四是缩小了城乡差别，乡镇企业以资源、劳力对城市的价格比较优势，吸引城市技术、资金、信息、人才向农村合理流动，改变了长期以来农村向往城市的习惯，密切了工农联盟；五是乡镇企业的发展为农村非农产业的发展提供了广阔舞台，围绕工业产品交换的商业、服务业、运输业、建筑业等应运而生；六是乡镇企业促进了区域经济的发展，促进了乡镇企业向新型城镇集中、连片开发的趋势，促进了新型城镇作为区域经济的聚集地功能。非农产业又进一步促进了农村产业结构的重新整合，刺激了农村社会分工向现代文明过渡的进程，促进了生产力要素的合理流动；七是乡镇企业成片向新型城镇的集中发展，推动了新型城镇的市政公用设施建设，推动了新型城镇建设水平；八是乡镇企业的发展，从根本上改变了以往工业发展过分强调城市、忽略农村，造成工业与农村二元经济背离的弊病。

1）乡镇企业的产生、形成和发展，开辟了我国市场经济发展的独特道路

我国乡镇企业的产生、形成和发展，有自己独特的道路，是对原计划经济体制进行市场取向改革的必然产物，开辟了一条有中国特色的工业化道路，成为市场经济发展的巨大推动力。以湖南乡镇企业为例，近二十年来不断发展壮大，以超常规的增长速度在国民经济总量中占据了三分之一的份额，成为农民收入增长的重要渠道，吸纳农村劳动力的重要途径。在一些乡镇企业比较发达的地方，已成为县域经济的重要支柱，县乡财政收入的主要来源。像长沙、浏阳、醴陵等财政大县，乡镇企业交纳的税金占本县地方财政收入的70%以上，真正体现了“农村的希望”。

2）新型城镇的形成、发展，是推动传统农业向现代农业转轨的重要途径

工业化与城镇化的发展水平，是一个国家和地区现代文明与社会进步的重要标志。我国全国总数不足20%的人口密集在200多个大中城市，而占全国总数80%以上的人口分散在农村，在拥有13亿庞大人口的中国，走人口集中于大城市的发展道路显然不符合中国的国情，其城镇体系的规模结构应该是大中小城市和新型城镇协调发展，各自承担不同的功能，做到优势互补。新型城镇有着其特有的交通、能源、科技、通信的中心，人流、物流、信息流集聚效应和辐射功能，带动和辐射农村经济的发展，发挥着城乡之间的桥梁、纽带作用，同时也促进了我国新型城镇迅速崛起。湖南新型城镇由1985年的544个发展到目前的1097个，其中大部分是依靠乡镇企业发展起来的。发展新型城镇已成为传统农业向现代农业转轨的重要途径，并将发挥着越来越显著的作用。

3）乡镇企业与新型城镇建设互促互动、互为依托、共同发展

乡镇企业和新型城镇是我国农村改革过程中共同成长的两个相互依存的孪生兄弟，乡镇企业为新型城镇的发展提供经济支撑，新型城镇为乡镇企业提供发展载体，两者唇齿相依，这是市场经济发展的必然，也是乡镇企业自身发展的需要。由农村基层组织或个体投资者自身力量建立起来的乡镇企业，往往因布局分散、设备简陋、规模较小、技术落后等原因，在激烈的市场竞争中风雨飘摇、优胜劣汰，同时还对生态环境造成极大的压力。若能技术强、上规模、上档次，形成集团化、集约化生产经营，则可提高市场竞争力。新型城镇和工业园区正是适应市场经济规律，集聚乡镇企业，形成产业化经营的有效场所，它可以降低生产成本、技术成本、交通成本、通信信息成本，提高劳动生产率，赋予新型城镇经济以旺盛的活力，创造新的经济增长点，推进工业化、城镇化、农业产业化进程。

4）两大战略共同发展的对策建议

发展乡镇企业和新型城镇是相辅相成、互促互动的两个方面，必须正确引导、合理规划、积极扶持、依法管理。首先，各级政府对新型城镇要统筹考虑，本着有重点、因地制宜、相对集中、集聚规模的原则，根据其区位优势、产业优势、资源优势来确定并制定新型城镇建设的科学规划，把工业园区、工贸小区建设纳入新型城镇建设进行合理布局，引导乡镇企业向城镇集聚，向工业园区集聚；第二，要把农产品加工业作为乡镇企业的主攻方向，提高第三产业的比重，同时要突出主导产品，培育龙头企业，使之形成地方特色的支柱产业；第三，深化乡镇企业机制改革，努力提高乡镇企业发展水平和市场竞争力。

（2）新型城镇工业开发存在的问题

随着社会进步和新型城镇的发展，乡镇企业在发展进程中也暴露出很多弊病，尤其是由于对土地资源的严重浪费、生态和环境资源的无效利用，所导致的土地利用问题、生态环境问题尤为突出。简单的概括表现为以下几个方面。

1）资源浪费和生态破坏不断加重

大部分地区的乡镇企业表现为与本地资源的相关性，乡镇企业为了尽快脱贫致富，往往只顾眼前利益，肆意乱挖滥采，甚至偷挖矿产资源，由于其技术设备简陋、综合利用率低，采富弃贫、采易弃难等破坏性开采极为常见，造成严重的资源浪费、生态破坏和巨大的经济损失。据有关部门统计，从1982年至今，乱采乱挖的黄金资源已达10多万千克，给国家造成的经济损失相当于大兴安岭火灾损失的8倍。同时在矿产资源乱采滥挖的同时，开矿废弃物的随意倾倒也使大量占用土地、水土流失、河道水库淤积等生态破坏现象屡有发生。

2）土地利用不合理，浪费现象严重

乡镇企业缺少产业结构布局体系规划，形成产业雷同、布局分散、重复建设、重复占地的局面。有些企业为了吸引外资，迁就外商对土地过分要求。如某省一个生产鞋的外资企业占地100亩、只建了三个体量不大的单层厂房，如果建成一栋三层楼房就可以节约一半或更多的土地。类似这种过多占用土地，不能充分合理地利用土地的现象，在很多地方都不同程度的存在。对乡镇企业产业结构进行合理的规划和布局，向新型城镇相对集中，才能有效地利用土地。

3）不利于城镇化进程，经济效益低

乡镇企业分散经营，没有形成规模，用于企业改造的资金不集中，从事产品研究的技术力量分散，生产资料采购、推销、运输的人员分散更迭，造成人力浪费。布局分散、基础设施重复建设、重复投资，加重了企业负担，增大了生产成本，降低了投入与产出的比较效益。小批量生产，难以提高劳动生产率，简陋的生产设备难以提高产品质量，经济效益低下，在一定程度上不利于城镇化进程。

4）环境污染由点到面，向区域化发展

由于办乡镇企业，家家户户搞加工，又由于这些企业工艺落后、设备陈旧、技术水平相对较低，改造投资少、污染点多面广，造成的污染难以治理。根据对全国乡镇工业主要污染行业调查数据分析，在水环境污染方面，污染较重的行业依次为造纸、化工、印染和电镀，其废水排放量占全部乡镇工业的 3/4 左右，其中造纸废水已相当于全国 82 个主要城市造纸行业废水排放量的总和；在大气污染方面、污染较重的行业依次为砖瓦、水泥、金属冶炼、土法炼焦等，这些乡镇工业对厂区周围大气的污染也不可忽视，山西省阳城县土硫磺矿区，磺窑附近 300m 范围不长庄稼；云南威信县炼焦区下风向 15km 内的 200hm^2 树木受害；四川省叙永县落下乡建焦厂后，由于大气污染使 893hm^2 耕地粮食每公顷产量由 1950 年 3900 ～ 4500kg 减少到 1985 年的 2250kg。

5）对人体健康的危害越来越明显

乡镇企业严重的环境污染和农民素质的普遍低下，给职工及周围居民带来了严重的危害，据河南省安阳市调查分析，安阳市各县（区）的废水、废气单位面积指标污染负荷数与 1982 ～ 1990 年间年龄组人群寿命增长增值之间存在着明显的负相关。河南省卫生部门对部分地市县抽查的 2.44 万个乡镇企业中、就有 1.82 万 1982 ～ 1990 年间年龄组人群寿命增长增值之间存在着明显的负相关。在抽查的 2.44 万个乡镇企业中，就有 1.82 万个属使用和排放有毒有害物质的企业，在被调查的 84.58 万名职工中，有 44.5 万人接触各种粉尘、毒物、有害物理因素和生物因素，通过对上述企业的 578 名职工抽查体检，发现煤矿工人中，阳性检出中咳嗽占 40.07%，多痰占 46.61%，胸闷占 23.86%，气短占 12.90%；在接触铅的职工中，阳性检出率为头昏、乏力各占 26.3%，头痛占 22.5%，口有异味占 37.9%。乡镇企业污染物排放也同样给周围居民带来影响，河南省卫生部门调查，由于大量污染物污染了伊洛河及其沿岸井水．伊洛河巩县沿岸 12 个村居民的总死亡率为 781.5 人/10 万人，明显高于对照区十个村的 638 人 /10 万；恶性肿瘤死亡率（167.8/10 万人）也远高于对照区（87.3/10 万人）。

由此可见，对于工业开发型的新型城镇，生态建设显得尤为重要。可以这样说，生态环境优美的城镇，其吸引投资，实现可持续发展的潜力必然也大，发展前景也必然良好。工业开发型新型城镇的主要的功能即是工业，这类新型城镇的生态建设重点是在工业开发建设的过程中，将清洁生产、循环经济和工业生态学的理念纳入其中，建设真正意义上的生态工业园。

6.1.2 案例研究

（1）案例一：南海丹灶镇

丹灶镇是南海市西部的一个小镇，总面积 84km^2，却已经具备了一定规模的工业，形成了以环保产业为核心的铝材、纺织、机械制造、建筑陶瓷、塑料化工 5 个行业的产业链条。全国首个国家级生态工业示范园区——南海国家生态工业示范园区即位于丹灶镇。

南海国家工业园的工业企业从生态学的角度大致上可以分为资源生产（生产者）、加工生产（消费者）和还原生产（分解者）三大类，共同组成了园区的生态工业链和生态工业网络。图 6-1 是园区总体生态工业链网规划的示意图。从这个链网中可以看出整个园区内的企业既有集中供热站、溴化锂厂、净水剂厂等生产者，又有纤维厂、板材厂等消费者，同时还有最关键的一环——五金回收厂等这样的分解者存在，使得整个园区的企业通过彼此之间的物质流动、能量流动、信息流动，实现能源、水资源、副产品、废物等在园区内企业间的转化。充分体现了循环经济、生态工业的思想和理念，使得资源和能源得到了最大化的利用，同时企业实现了效益的最大化，环境污染也减轻到了最小。

（2）案例二：天津泰达生态工业园区

天津经济技术开发区是 1984 年成立的首批国家级开发区之一，位于天津市东南，距市中心 45km。总规划面积 33km^2，经过 20 年的发展，已经由一个单纯的工业区发展为国家级的生态工业园区。截至

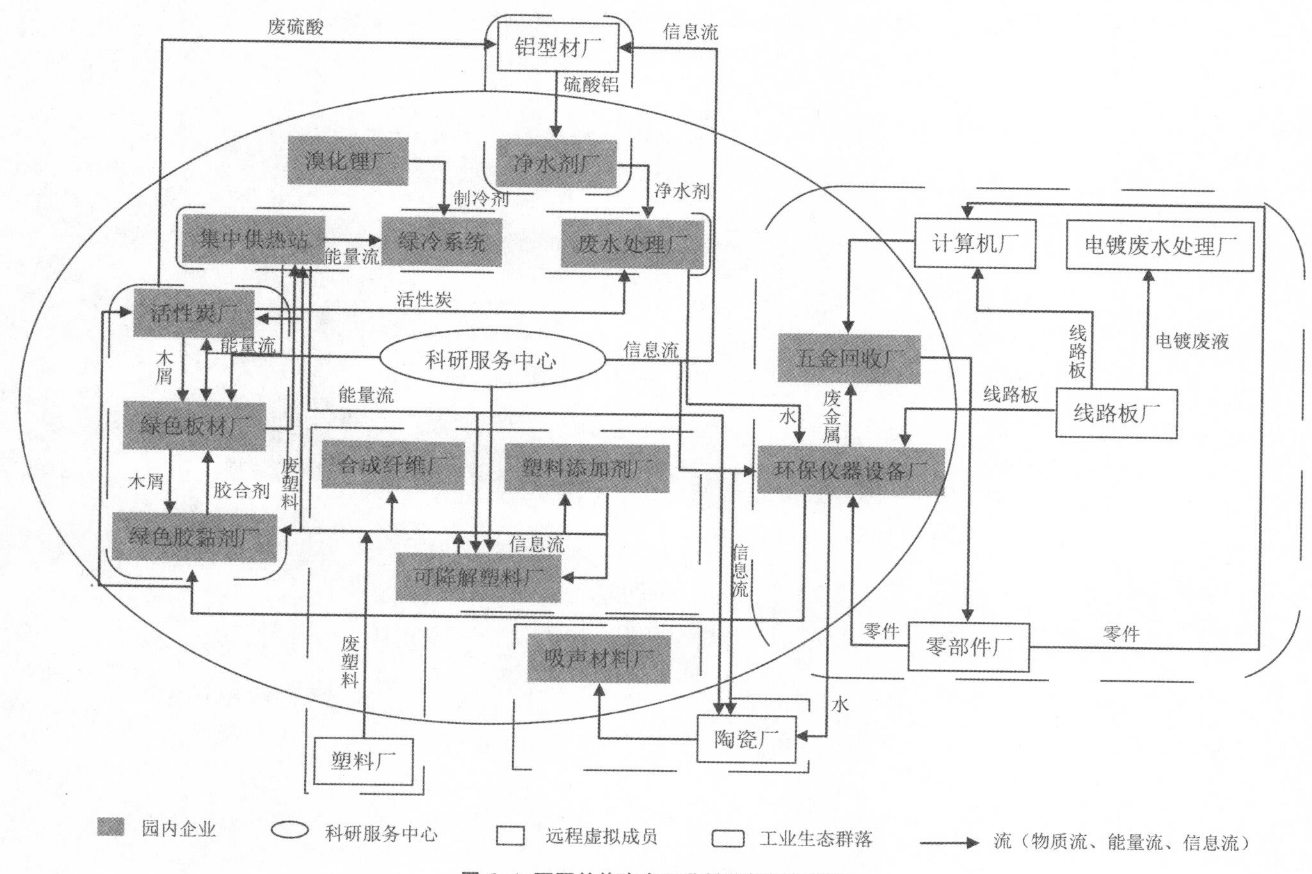

图 6−1 园区总体生态工业链网规划示意图

2002 年底，泰达已累计批准外资企业 3518 家、内资企业 1 万多家。一大批国际跨国公司如美国摩托罗拉、日本丰田汽车、德国大众、瑞士雀巢、法国阿尔卡特、英国葛兰素史克、荷兰阿克苏诺贝尔、丹麦诺和诺德、韩国三星等已经成为天津开发区的投资主体，逐渐形成电子通讯、机械制造、医药化工、食品饮料等四大行业，并分别在天津市武清区、西青区、汉沽区和东丽区分别建立了逸仙科学工业区、微电子工业区、化学工业区和开发区西区等 4 个小区。产业聚集效应明显，工业共生网络初现。并于 2003 年，经天津市政府批准，泰达增扩西区，为开发区的进一步发展奠定了基础。2003 年，泰达完成 GDP 445 亿元，工业总产值 1251 亿元，每平方公里创造 GDP 14 亿元和工业总产值 38 亿元，高居国家级开发区之首。2003 年，开发区万元 GDP 耗水 6t，耗能 0.135tce，而 2002 年全国万元 GDP 平均耗水在 60t，耗能 2.63tce，泰达的各项指标远远优于全国平均水平，在全国各开发区中名列前茅。

1）生态工业链设计

泰达工业园区主要从动脉产业和静脉产业两个方面规划建设的。

①动脉产业

动脉产业领域以电子信息业、生物制药业、汽车制造业和食品饮料业四大支柱产业设计产业链条，通过物质或资源的梯级、循环利用，实现企业与企业的链接，每一个产业链条的设计都由产品代谢链条、废物代谢链条和跨行业生态工业链条共同组成。通过这些链条的交叉，将整个区域的企业紧密联系为一体。以电子信息业的生态工业链为例，电子产品的生产基地、电子产品的回收、反向物流渠道建设等，将全球范围内的技术资源进行了整合，建设了跨国际的电子废物代谢网络（图 6-2）。

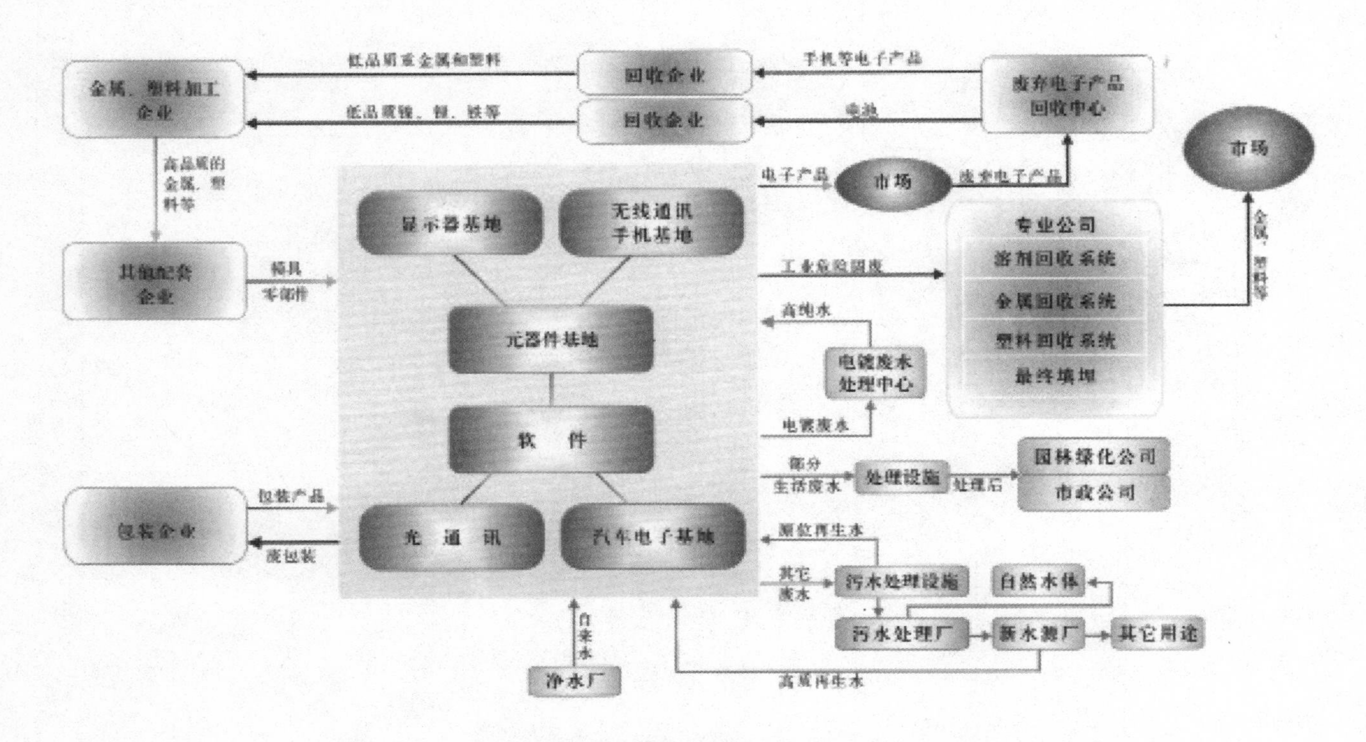

图 6–2 泰达电子信息业生态工业网络示意图

②静脉产业

静脉产业领域则是在企业层次和区域层次，通过实施节约用水、水分质利用、中水回用、海水利用；工业废物和生活垃圾的再生循环，构筑完善的废物分类、回收、再用和循环链，最终促进社会层次的废物循环。

以水的利用为例，天津水资源短缺问题相当严重，泰达区内也没有任何天然的河流和湖泊，只有一条排污明渠。水资源短缺的问题就成为泰达的一个迫在眉睫亟待解决的问题。基于此，泰达开展了水资源的一体化管理，全面提升园区内水资源的利用效率，形成了以外部淡水资源为主要水源，以污水再生利用为重要支撑，苦咸水和海水淡化为补充的供水结构，做到了增产不增污。图 6-3 是泰达一体化管理模式下的水代谢示意图。

2）生态环境建设

泰达原始地貌为晒盐场的盐田见（图 6-4），土壤含盐量高达 12.2%，超过一般植物承受力 24 倍，现在泰达已经在盐碱荒滩上开辟出了数百万平方米的绿地。一个 $150 \times 104m^2$ 的泰达“绿肺”即将建成，它就是泰达森林公园，这个仿自然野趣的森林公园利用中水造湖，利用风能发电，遍植各色树木和花草。建成后，泰达人均的绿地占有率将跃至环保先进城区水平，甚至更高。泰达拥有长几十公里的环城绿化带、仿欧式的泰丰公园、环岛公园、滨海广场。当绿色面积在泰达逐年扩大，土壤也随之改良，泰达就可用更小的成本完成更大规模的绿色建设。图 6-5 ～图 6-7 是泰达在不同地段采取的绿化措施效果图。

此外，泰达利用热电公司的炉渣与粉煤灰作为滨海盐土改良工程中的填垫材料，或与碱渣分层、港口疏浚物一起开发为可以替代农田客土，且不存在二次

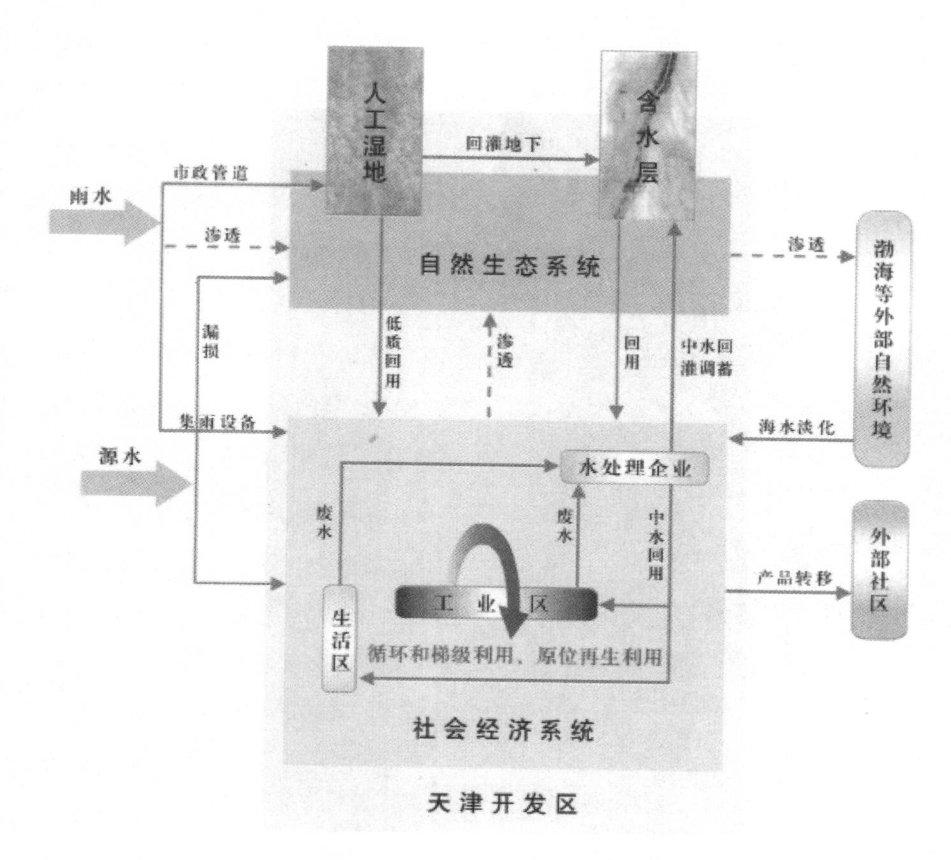

图 6–3 一体化管理模式下泰达水代谢图

图 6–4 原生盐渍土及盐田外貌

图 6–5 泰达泰丰花园

图 6–6 盐地碱蓬在重盐渍土上生长非常旺盛

图 6–7 柽柳在重盐渍土上茁壮成长，并可栽培修剪成灌木篱笆

污染的适宜于植物生长的种植基质；或在粉煤灰上覆以客土直接用于绿化（图 6-8）。将原本是无法利用又污染环境的固体废物用作了绿化建设，不仅减少了农用土地资源的消耗，而且抬高了地面，降低了地下水位，有利于土壤脱盐并防止返盐，一举两得。

图 6–8 粉煤灰土壤绿化带（3 年后树高 8m，树冠郁闭，生长茂密）

3）信息共享平台——废物最小化俱乐部

信息共享是泰达创建生态工业园区的核心所在。近年来，泰达不断参与国际环境交流与合作，率先导入了各种先进的环境理念和环保技术，并在国内外专家的指导下，建立了工业固废网络交换平台，分享诸多成功经验，全方位地提供环境信息服务。废物最小化（或资源效益）俱乐部就是在这种理念引导下建成的。废物最小化是一门管理技术，是运用系统化方法从源头减少废物的产生，其活动成功的基本原则，是建立在废物管理分级基础上的。这种减少废物措施的排序，是基于“防治优于治理”这一事实（图 6-9）。

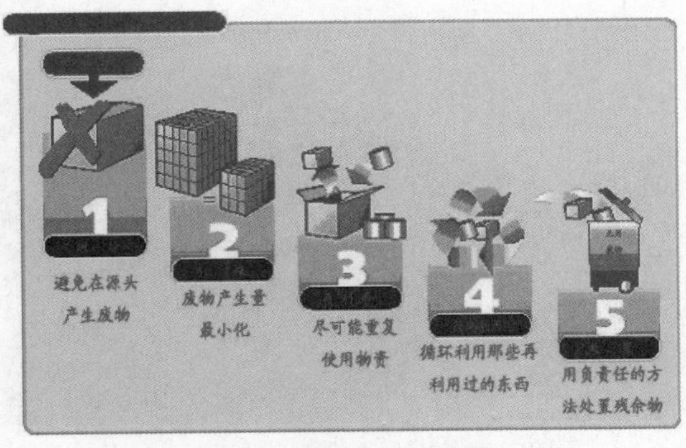

图 6–9 废物管理分级示意图

俱乐部由有合作关系的组织运作，由一个领导机构从中协调，共同实施减少废物和节约资金，每一个加入俱乐部的公司会从俱乐部的活动中获得利益。俱乐部通常为企业提供的活动有：通过网络会议交流减少废物的想法；接受废物最小化技术培训；获得咨询专家的帮助；了解最新的法规。帮助企业提高通过废物最小化取得效益的意识，俱乐部成为提供帮助和建议，鼓励公司采取行动的重要渠道。理论上，俱乐部通过鼓励越来越多的企业开展废物最小化，同时也实现了自身的持续发展。

注：资料来源于《天津经济技术开发区国家生态工业示范园区建设规划纲要》；编制单位：天津经济技术开发区管委会，大连理工大学。

6.2 生态农业型新型城镇生态环境建设

农业为人类提供生存的最基本的物质生活资料，并且制约着其他部门的发展速度和规模。我国有 13 亿多人口，其中近 85% 的人口生活在乡村。农业人口占总人口的 78.33%，新型城镇和所辖乡村的占地面积为城市面积的 16.5 倍，乡村人口约为市镇人口的 3.5 倍。只有农业发展了，才能向城镇提供足够的商品粮和工业生产所需要的农产品原料，为城镇输送所需要的劳动力，促进新型城镇的发展。可以说农业是一个国家或地区的新型城镇体系形成和发展的物质基础。

没有 11 亿农民的小康，就没有中国的小康。农村人口的小康化是我国实现小康目标的基础和难点。如何走出一条使亿万农民致富、奔向农业现代化的路子呢？我们认为，应迅速走新型城镇建设、拓展城镇工贸农一体化的思路，在观念和动作上来一个大解放。

通过调查和分析认为，大力推进新型城镇建设，对于加快实现小康目标有十分重要的意义，建设新型城镇，对农村经济发展、对提高农民生活质量具有重要作用。而且，对于实现农业适度规模经营，推进农业现代化和提高乡镇工业的技术素质有重要作用，新型城镇建设有利于节约土地使用和基础设施的建设资金，是加快农村第三产业发展的必由之路。

大力发展优质高产高效农业。农业是发展新型城镇的基础，建设新型城镇与发展农业相辅相成，“以农稳镇”是发展新型城镇的重要经验。实践证明，农业发展了，新型城镇的建设和发展就有了原动力。反过来，新型城镇的建设和发展，又将带动农业向更高层次攀登。小镇要按照服务城市、富裕农村的思想，按照发展现代农业的观点，在不放松粮食生产的前提下、因地制宜，走基地化、商品化、集约化的路子，鼓励农民大力发展适销对路的经济作物和养殖业，开辟新的生产领域，扩大新的收入来源，积累更多的资金，推动新型城镇的快速发展。农村新型城镇建设必须增强农业基础的认识，要建立基本农田保护区，不能以牺牲一产业为代价，去发展二、三产业，不能盲目占用基本农田，不能破坏生态平衡。

6.2.1 生态农业的内涵

在国外生态农业明确定义为“生态上能自我维持、低输入，经济上有生命力，在环境、伦理和审美方面可接受的小型农业”，该模式源于生态学思想。其核心是将农业建立在生态学基础上而不是化学基础上。主要内容：①使用腐熟的厩肥，反对大量长期使用化肥及农药；②主张尽量少耕作土壤，或只限于表土耕作，并倡导免耕法；③调整与豆科作物的轮作，以平衡土壤中的氮素；④采取生物天敌的使用、轮作、植物提取物等措施防治病虫害。生态农业各种模式的实质，就是减少各种人工投入，而靠系统内部能量与物质的转化和多级循环利用来维持系统运转。

国外生态农业存在的问题：①养分平衡问题。据沃辛敦在欧洲的调查，在自我维持的农场中，草场面积须占农场总面积平均约68%才能维持养分平衡；②产量降低；③规模经济效益小。

我国生态农业与国外生态农业虽名称相同，但其内容与措施则相差甚远。我国自20世纪80年代初以来，关心中国农业发展的农业生态专家和环境科学专家，选择性地吸收了国外生态农业的科学内涵，将我国传统农业技术精华与现代科学技术结合起来，创造性地提出了具有中国特点的生态农业概念：遵循自然规律和经济规律，以生态学、生态经济学原理为指导，以生态、经济、社会三大效益的协调统一为目标，运用系统工程方法和现代科学技术所建立的具有生态与经济良性循环持续发展战略思想的多层次、多结构、多功能的综合农业生产体系。

我国生态农业的概念包括以下几个方面的内容：

（1）是按照生态学和生态经济学原理，遵循自然规律与经济规律来组织农业生产的新型农业；

（2）是应用现代科学成就，实行高度知识与技术密集的现代农业；

（3）是实行农、林、牧、副、渔相结合，进行多种经营，全面规划，总体协调的整体农业；

（4）是因地制宜，发挥优势，合理利用，保护与增殖自然资源，使农业持续稳定发展的持久农业；

（5）是自然调控与人工调控相结合，保持生态环境良好，生产适应性强的稳定性农业；

（6）是能充分利用有机和无机物质，加速物质循环和能量转化，从而获得高产的无废料农业；

（7）是建立生物与工程措施相结合的净化体系，能保护与改善生态环境，提高产品质量的无污染农业；

（8）是能协调经济、生产、社会三大效益矛盾的高效农业。

我国生态农业与国外生态农业在实体内容上有其共同特点，都主张物质能量的循环和多层次利用，尽量减少稀缺资源消耗，求得较佳的投入产出效益，使生产供给与人类需求保持基本协调关系。其核心是要使农业生产实现能量与养分的良性循环，农业环境的不断改善，生产供给与人类需求的大体平衡，经济、生态、社会效益的统一兼顾。

6.2.2 新型城镇发展生态农业的必要性

以农业生产为主的新型城镇大多存在一些共性的问题，表现在以下几个方面：

（1）土地退化和荒漠化现象明显

不合理的土地利用方式，如森林植被的消失、草场的过度放牧、耕地的过分开发、山地植被的破坏等导致土地退化，土地荒漠化。国内外均不例外，过去 45 年间全球由此致 17% 的土壤退化。目前已有 110 个国家（共 10 亿人口）可耕地的肥沃程度在降低。在非洲、亚洲和拉丁美洲，由于森林植被的消失、草场的过度放牧等原因，土壤剥蚀情况十分严重。裸露的土地变得脆弱了，无法抵御风雨的长期剥蚀，土壤的年流失量迅速增加，在有些地方，可达 100t/hm^2。尤其是对岭坡地多，土层浅薄的地区，土壤保水保肥能力差，植被稀少，保水肥性能较差。土壤养分比例失调，土地生产力较低。

化肥和农药过量使用，与空气污染有关的毒尘降落，泥浆到处喷洒，危险废料到处抛弃，所有这些都对土地构成严重的污染。

（2）水土流失问题十分严峻

中国是世界上水土流失最严重的国家之一，由于特殊的自然地理条件，水蚀、风蚀、冻融侵蚀广泛分布，局部地区存在滑坡、泥石流等重力侵蚀。随着城镇化和工矿业的发展，地表扰动，植被破坏，进一步加剧了水土流失。水土流失成为中国的头号环境问题，为社会经济发展和人民群众生产、生活带来严重危害。一是耕地减少，土地退化严重，导致北方土地荒漠化、南方石漠化；二是河道、水库泥沙淤积，加剧洪涝灾害；三是影响水资源的综合开发和有效利用；四是生态环境恶化，加剧贫困。

根据全国第二次水土流失遥感调查，20 世纪 90 年代末全国水土流失总面积 356 万 km^2，约占国土面积的 38%。其中：水蚀 165 万 km^2；风蚀 191 万 km^2；在水蚀和风蚀面积，水蚀风蚀交错区水土流失面积为 26 万 km^2。图 6-10 是我国不同侵蚀类型面积比例图。

水土流失广泛分布于我国各省、自治区、直辖市。严重的水土流失导致耕地减少，土地退化，加剧洪涝灾害，恶化生态环境，给国民经济发展和人民群众生产、生活带来严重危害，成为我国头号环境问题。耕地减少，土地退化严重。近 50 年来，我国因水土

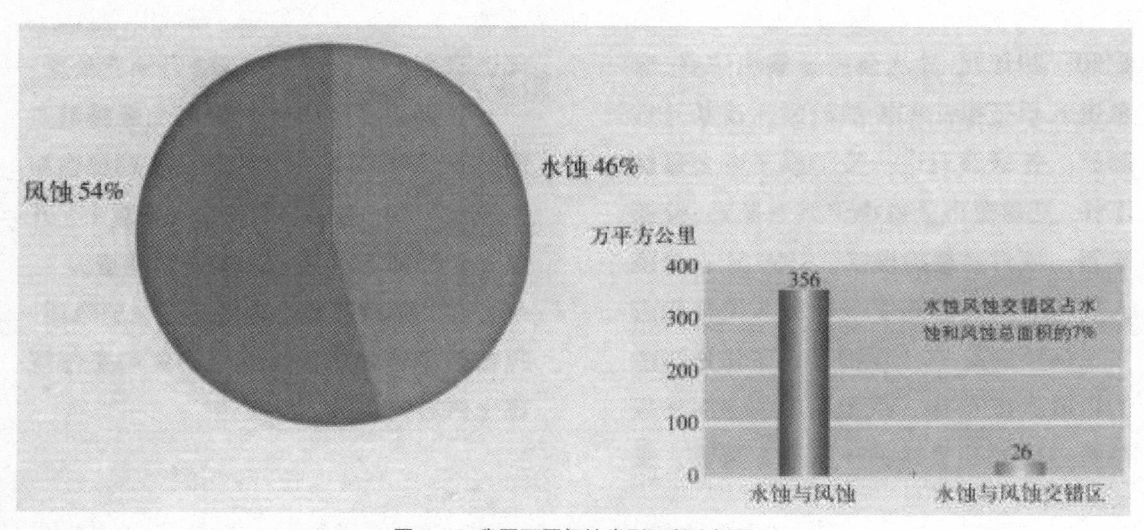

图 6-10 我国不同侵蚀类型面积比例图

流失毁掉的耕地达4000多万亩，平均每年近100万亩。因水土流失造成退化、沙化、碱化草地约100万 km^2，占我国草原总面积的50%。进入20世纪90年代初，沙化土地每年扩展2460 km^2，目前沙化面积每年以3436 km^2的速度在发展，相当于一年损失一个中等县的面积。图6-11是我国不同年代土地沙化速度示意图。

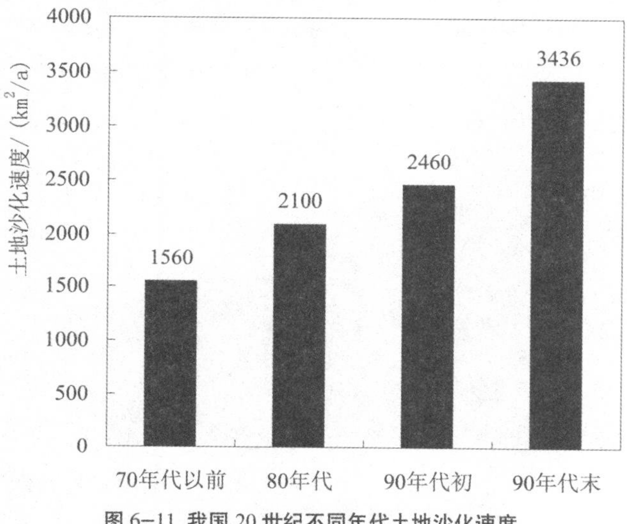

图6−11 我国20世纪不同年代土地沙化速度

泥沙淤积，加剧了洪涝灾害。水土流失产生大量泥沙，淤积在灌河、湖、库、降低了水利设施调蓄功能和天然河道泄洪能力，加剧了下游的洪涝灾害。黄河流域黄土高原地区年均输入黄河泥沙16亿t中，约4亿t淤积在下游河床，致使河床每年抬高8～10cm，形成“地上悬河”，对周围地区构成严重威胁。1998年长江发生全流域性的特大洪水，其主要原因之一就是中上游地区水土流失严重，加速了暴雨径流的汇集过程，降低了水库的调蓄和河道的行洪能力。

影响水库资源的综合开发和有效利用，加剧干旱的发展。我国多年农田受旱面积2.94亿亩，多数发生在水土流失严重的山丘地区。西冯地区水资源相对匮乏，总量仅占全国1/8，但为了减轻泥沙淤积造成的库容损失，部分黄河干支流水库不得不采用蓄清排浑的运行方式，使大量宝贵的水资源随着泥沙排入黄河。而在下游，平均每年需舍弃200～300亿 m^3的水资源，用于冲沙入海，降低河床。

生态环境恶化，加剧贫困。水土流失是我国生态环境恶化的主要特征，是贫困的根源。尤其是在水土流失严重地区，地力衰退，产量下降，形成“越穷越垦，越垦越穷”的恶性循环。目前全国农村贫困人口90%以上都生活在生态环境比较恶劣的水土流失地区。水土流失加剧的原因主要是过伐过垦过牧。我国人口众多，土地后备资源不足。在人口压力下，滥伐森林，陡坡开荒、草原垦殖、超载过牧等活动不断发生，土地资源遭到破坏，水土流失加剧。侧重开发，忽视保护。一些开矿、修路、采石等生产建设，随意倾倒废土、废石、矿渣，造成大量的水土流失。水资源不合理开发利用。特别是西北地区，人与自然争水现象严重，生态用水减少，天然绿洲萎缩，使本来就十分脆弱的生态环境进一步恶化。

（3）林木覆盖率偏低，调节生态环境能力差

目前，中国的人均森林面积只有0.128hm^2，仅为世界平均水平的21.3%。森林覆盖率16.55%，相当于世界人均水平的61%。生态环境日趋严重，荒漠化面积不断扩大，生物多样性受到严重破坏，自然灾害频繁发生。

国家林业局最新的森林资源清查结果显示，我国森林资源结构严重失调、分布严重不均。东部沿海11个省区市的森林覆盖率为26.59%，而西部11个省区市的森林覆盖率为9.06%，其中西北5省区仅为3.34%。

当前我国森林资源的突出问题是，总量不足、质量不高、效益低下、结构失衡。目前全国林业用地2.63亿 hm^2，有林地只有1.59亿 hm^2，利用率仅为60.37%；而且林龄结构极不合理，中幼林在林分面积中占71.1%；树种结构单一，全国以马尾松、杉木、杨树等为主的人工林占人工林总面积的58.8%，混交林仅占7.9%。

西部地区森林资源的严重不足，已经严重影响到国土生态安全。全国生态状况整体恶化的趋势并未从根本上遏制，涝、旱、沙三大灾害仍然威胁着中华民族，受沙漠化影响的人口已达4亿，沙漠化仍呈扩展之势；全国水土流失面积达356万km^2，约占国土面积的三分之一，每年流失的养分相当于4000万标准化肥。

由此所引发的林产品供需矛盾也日益突出。目前世界人均年木材消耗量为0.58 m^3，发达国家1 m^3以上，我国只有0.29 m^3。我国每年对林木蓄积消耗的需求量为6.5亿m^3以上，而现有森林资源的年合理供给量仅为2.2亿m^3，占需求量的40%。仅去年我国进口各种林产品折合林木蓄积约1.8亿m^3。而今后50年，我国森林资源消耗量至少需要185亿m^3，为我国现有森林资源总量的1.6倍。图6-12是全国森林第五次（1994～1998年）与第三次（1984～1988年）普查资源面积与蓄积量变化比例图。

而在世界主要城市中，东京市域面积2187km^2，人口1212万人，森林覆盖率市域为33%、郊区为50%。巴黎市域面积1.2万km^2，人口1065万人，郊区森林覆盖率为27%。伦敦市域面积6700 km^2，人口1110万人，郊区森林覆盖率为34.8%。全球森林覆盖率平均水平为31.7%。相比之下我国城市的森林覆盖率远低于发达国家的城市，新型城镇也不例外。

《中华人民共和国森林法》确定全国森林覆盖率目标为30%。中国生态环境优质城市森林覆盖率标准为30%以上。

（4）野生动植物资源家底不明，破坏严重

国家林业局自20世纪90年代中期以来相继组织的大熊猫、主要野生动植物及湿地资源调查工作，于2004年底基本全部结束。但此次调查大多是针对一些主要的野生珍稀动植物资源调查的，对于新型城镇而言，每个新型城镇的野生动植物资源调查基本上尚属空白。20世纪70年代末至80年代初全国农业区划与资源普查之后，还没有做过一次全面性的普查，现有可见的关于新型城镇野生动植物资源的数据资料大多还是源于那个时期的调查成果。随着生态环境的恶化，野生动植物资源急剧减少，急需进行彻底的调查，以摸清家底，进行保护。

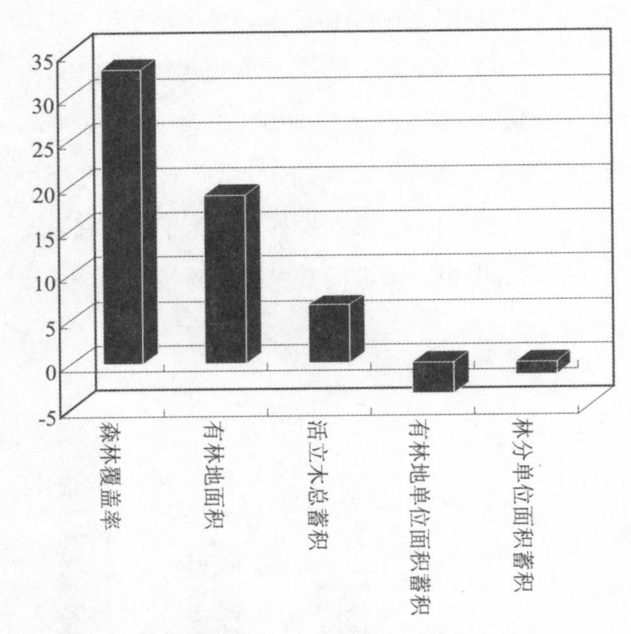

图6-12 全国森林第五次（1994～1998年）与第三次（1984～1988年）普查资源面积与蓄积量变化比例（%）

下面的两个例子是山东的两个新型城镇开展生态农业建设的情况。

6.2.3 案例研究

（1）案例一：临朐县

1）临朐县概况

山东省临朐县地处鲁中，位于沂山北麓、弥河上游，行政上隶属山东省潍坊市。地理坐标北纬36º 04'～36º 37'，东经118º 14'～118º 49'，东与昌乐、安丘县毗邻，南与沂水、沂源县接壤，西接淄博市，北临青州市。全境南北最长59km，东西最宽52km，总面积1833km^2。全县辖1乡16镇，966个行政村。截止2000年底，总人口86.7万人。

临朐县处泰沂隆起地带东北部，昌潍坳陷区南部，地质构造复杂，地形地貌多样。总体地势南高北低，西部、南部山峦叠嶂、沟壑纵横，东部则丘陵起伏，而北部为典型冲积台地。山地丘陵占绝对优势，为总面积的87.3%，境内山脉多为泰山山脉的沂山支脉，有大小山头2000余座，其中素享有“五镇之首”的沂山为最高峰，海拔1031m；平原面积仅240km^2，只占12.7%，主要分布于北部地区和弥河两岸，最低点在县域北部的龙岗镇小河圈村，海拔71.3m。

2）临朐县生态农业发展存在的主要问题

①山多地少，人均耕地面积少，土层薄，生态环境脆弱

全县土地总面积1833km^2。其中耕地6.1万hm^2，仅占27.8%。耕地大多质地差，水土流失严重，坡度大于25°的岭坡地和土层为30～60cm的贫瘠地约占耕地面积的40%，这些土地很不适合发展种植业。全县有经济林和林地6.8万hm^2，其中生产力低的疏林地约占20%；未利用的荒山、荒滩、荒堰共4.39万hm^2，占总面积的23.9%，它们治理开发潜力巨大，但难度也非常高。

本县山地丘陵地形复杂，相对高差大，坡度陡，植被覆盖率不高，加上陡坡开荒以及修路、开矿、采石等人类活动的加剧，水土流失严重；山地丘陵土层浅薄，养分含量低，保肥保水能力弱；还有部分土壤养分比例失调，土地质量退化，加之旱、涝、风、雹等自然灾害时常发生，土地生产力较低；建设用地和农村住宅建设占用不少良田，使可利用土地面积日趋减少。这些因素均使原本就人口总量大、土地面积较少的临朐县人均占有可利用土地量少之又少，成为制约临朐县可持续发展的重要因素之一。

②水资源短缺，分布不均

临朐县属全国水文区划中的缺水区，多年平均水资源总量6.83亿m^3，其中地表水资源3.53亿m^3，地下水资源2.30亿m^3，而水资源可利用量只有3.22亿m^3。由于受季风气候和地形的影响，临朐县降水量时空分布严重不均，因而地表径流的时空变化也很复杂，地表径流极不稳定。据弥河冶源水文站资料，汛期径流量占全年的78%，其他8个月仅占22%。枯水期常出现河流断流。地表水拦蓄利用量低，仅占地表水的47.8%左右。地下水分布也很不平衡，主要分布在北部平原地区，其次是山间河谷，而山地丘陵区地下水缺乏。

③农业结构欠合理，生产效益低

农业产业结构仍是以种植业为主的初级产品生产阶段。2000年种植业（包括水果、桑、等经济林）、林业、牧业、渔业所占比重为53.1：4.2：40.9：1.8，种植业仍远高于林、牧、渔业，尤其林业比例很小，与临朐县多山地丘陵的自然条件差距较大。农村第二、三产业不发达，农副产品深加工发展缓慢，缺乏规模效应，食品、纺织等产业存在技术落后、规模小等问题，不能将资源优势有效地转化为商品优势。

④农业环保亟待开展

化肥和农药使用强度大，地膜回收率低（见第一章）；再加上畜禽粪便几乎未经严格处理而自然堆放，都严重影响着农村生态环境的改善。

⑤农业新技术推广缓慢

高科技农业与常规农业相比，具有低投入、高产出的特性，近年来广大农民虽已认识到这一特性，但大额的项目启动资金并非一家一户所能筹集，同时复杂的地形也使农业土地经营的小区块化和新技术推广的规模化相矛盾，再加上中介服务组织不健全，农民的文化素质又普遍较低，因而严重阻碍了农业新技术的推广。

3）生态农业规划的主要目标

①发展方向

将农业开发与科学技术、现代化产业紧密结合，通过林果强县、畜牧强县、发展特色种植业、改善农业生态环境等四大重点工程的建设，提高太阳光能、热能和水资源的利用率，充分发挥土地生产潜力；

改善山区生态环境和农田水肥条件，建立并逐步扩大特色农业商品基地；充分挖掘山区优势，大力发展以食草畜禽为主的畜牧业；健全社会化服务体系；增加科技进步对农业的贡献率；完善农业投资机制；把临朐建设为布局合理，结构协调，经济效益高，生态、社会效益好，在全国和全省占有一定地位的农业商品基地。

②规划目标

总目标—大约用10年的时间，通过国土综合整治，合理开发利用自然资源，大力改善农业生态条件，使大农业内部结构不断优化，农村经济全面发展；大力培植高效农业增长点，使农业产出率持续稳定增长，农民收入不断提高。到2010年基本建成生产高效，生态协调的现代化农业体系，使农业成为区域发展的优势产业。

近期目标——从现在起到2005年，重点抓好以水土保持、水资源综合开发利用为重点的国土综合整治工程；退耕还林、绿化荒山荒滩，完善农田林网和林业生态体系；加强水利工程设施建设，改善临朐自然生态状况，改善农业生产条件；引进推广高科技农业项目和优良品种，抓好优质干杂果、优质苗木繁育、奶畜、食用菌和中草药材五大基地建设，突出发展干杂果和奶畜产品，走区域化布局，规模化经营的路子，发挥基地的辐射作用，带动全县大农业结构的优化调整；基本把临朐县建成畜牧强县和林果强县。全县林木覆盖率达到37.5%，农业总产值达到16.6亿元；农民人均纯收入达到3900元/年。

远期目标—到2010年，基本扭转临朐县水土流失严重、生态环境脆弱状况，农业生产条件明显改善；农业产业结构进一步优化，稳定粮食生产，进一步提高、完善各基地及各畜牧强镇、强村及小区建设；基本形成农业产业化体系，建成一批带动作用较强的以农产品精深加工为主的龙头产业群，以及辐射能力较强的市场，形成市场牵龙头，龙头带基地，基地促农户的一条龙化的经济发展格局。农民人均纯收入达到5300元/年。

4）生态农业区域划分

①生态农业区划

根据临朐县农业环境区域分异特征及自然—社会—经济复合生态系统特征，将其划分为三个生态农业类型区，各区因地制宜采取不同的模式发展生态农业（表6-1）。

②生态农业模式

各生态农业区因其自然条件各不相同，农业主导产业也不相同。在不断的开发实践中，临朐县已初步探索出了一条适合当地生态特点的生态农业发展模式。如山区可以合理开发秸秆综合利用，立体种植，庭院经济等高效生态农业开发模式，为农村经济发展奠定了良好的基础。根据各区条件、已有的经验及其未来发展趋势，总结出以下几种生态农业模式。

a. 北部平原粮、菜、牧生态农业区

充分利用太阳能、土壤、水分等自然基础条件，发展粮食、蔬菜、果品生产，利用秸秆、果树枝叶培养食用菌，菌渣再加工后发展养殖业，或经青贮、氨化、精发酵等处理后喂养牲畜，畜禽粪便与人粪便一起投入沼气池生产沼气供作生活能源，沼液、沼渣作为有机肥施入土壤以培肥地力，提高粮食、蔬菜产量。通过沼气这一纽带，将各个生产过程联为一体，形成生态良性循环。以家庭为单位可开发一些小型高效的沼气生产模式，在庭院中将人畜粪便与生态良性循环联系起来。

该区应当注意的是，规模较大的畜牧小区或畜牧基地选址时应尽量与乡镇或村有一定距离，集中管理，集中养殖，这样既便于集中处理畜禽粪便，也便于防治牲畜疫病，从而改善农村生活环境；进一步加强农田林网建设，在保护农田环境的同时也可提供部分薪柴。此外，还应积极创办一些主要农产品的深加工企业，以使产品顺利进入市场，转化为商品，

表 6-1 临朐县生态农业区域划分

分区名称	分布、面积行政区	区内特征	主要开发利用方向	重点开发项目
部平原粮菜牧生态农业区	县域北部和县城周围。面积 1.78 万 hm^2，占全县的 10%。主要包括临朐、杨善、纸坊、龙岗等乡镇	山前冲积平原，地势平坦，土层深厚，水土流失面积较少，程度较轻。水浇条件好，是全县吨粮田和蔬菜生产基地；交通发达，是全县经济、文化、科技中心，是三区中条件最好的区域。但存在人多地少，农业结构欠合理等问题。	以治理改造中低产田为重点，优化产业结构，在提高土壤肥力，推广良种良法上下工夫；完善农田林网建设；搞好吨粮田开发，提高粮食单产；发展蔬菜生产，露地菜、阳畦、大棚同步发展；充分利用农作物秸秆和余粮发展食用菌和城郊畜牧业；大力实施农业产业化，并建立综合加工厂。	麦菜精种示范区；吨粮田示范区；日光温室大棚蔬菜区；弥河流域综合开发区
西部青石山林果牧生态农业区	县域西部，中低山丘陵，面积 6.62 万 hm^2，占全县 30%。主要包括 治源、寺头、石家河、五井等乡镇	地形复杂，气候资源丰富；山丘起伏坡度大，野生药材、矿产资源丰富，宜林面积大；河流水系较多，但水源不足，灌溉难，干旱威胁大；土层浅薄，农林结构不合理，是三区中较差的区域。	治山改土，搞好小流域治理，大力发展水土保持林、用材林和干果经济林，兴修水利，扩大有效灌溉面积；发挥传统养殖优势（牛、羊、兔、鹅等）和中药材资源丰富的优势。	林果生产基地（银杏、仁用杏、柿子、山楂等）、食用菌生产基地和草食畜禽养殖
东南部砂山丘陵林果粮生态农业区	县域东部、南部砂山丘陵区，面积 109.5 万 hm^2，占全县 60%。主要包括七贤、营子、上林、柳山、卧龙、辛寨、蒋峪、大关、九山等乡镇	地貌复杂，东部主要是低山丘陵，南部主要是砂山，弥河、汶河两大水系位于区内，土地资源丰富，但土壤瘠薄，是本县水土流失最严重的地区；人少山多耕地少，农业结构欠合理；交通方便。	搞好以蓄水、保水、完善水利设施为重点的农田基本建设；以治理坡耕地为突破口，狠抓缓坡改梯田建设，治理水土流失；大力发展生产潜力大林果、桑蚕和具有传统优势的烤烟、花生；充分发挥牛、羊、鸡等畜禽生产优势和食用菌加工基础好的优势。	苹果、板栗等优质果品基地；堰边开发利用植桑工程；肉奶基地及畜产品加工、食用菌生产基地；黑山羊生产基地

使之产的出、卖的出，形成产加销一体化格局。

该区生态良性循环重点是种植业、畜牧业与农产品加工业的链接，通过这三大产业的链接使北部平原区农、工、贸紧密联系起来，为该区高效生态农业建设提供可靠的发展途径。

该区的生态农业模式见图 6-13。

b. 东、南部砂山丘陵林、果、粮生态农业区

根据其自然基础条件，在山顶种植生态林，防治水土流失，林区空间分层加以利用，上层发展蜜蜂养殖业，开发临朐特产 —— 槐花蜜，下层种植牧草，人工收割后作牲畜饲料，也可利用林下空地种植中药材，并人工培育珍贵品种，以质取胜，以稀、特占据市场；山腰发展经济林果，并与畜牧小区共同开发，就地取材，果树枝叶喂养牲畜、牲畜粪便培肥地力，大型的畜牧基地就近开发一些规模较大的沼气工程，以缓解山区能源紧张的局面；山脚缓坡地带经梯田改造后发展种植业，农作物秸秆发展养殖业或培养食用菌；山下挖窖洞，洞内利用作物秸秆、树叶培植食用菌，菌渣再加工成生产饲料喂养牲畜发展牧业，畜禽粪便进入沼气循环；丘陵地区还可发展一些特色种植，如大棚蔬菜、花卉、烤烟、花生等；最终实现山区综合开发。

该区生态循环重点是林业、畜牧业、食用菌栽培业以及农产品加工业的链接，同样也是通过沼气这一纽带实现生态循环，市场纽带实现产品增值和物质循环。

该区的生态农业模式见图 6-14。

c. 西部青石山林、果、牧生态农业区

发挥中低山丘陵区优势，山顶种植生态林，同样也对其加以分层开发；山腰栽果树，石灰岩山区主要以柿树为主，这既是该区农民重要的经济来源，同时也是一项重要的旅游资源，可开发生态农业观光旅游；山脚适当发展特色种植业，临朐一大特色产品 —— 佛手瓜位于该区；老龙湾泉水先观后用，在老龙湾公园外其下游较近距离处开发虹鳟鱼养殖，农产品加工业重点发展柿饼加工，这是临朐主要的创汇产品之一。该区循环纽带仍是沼气这一中间体。

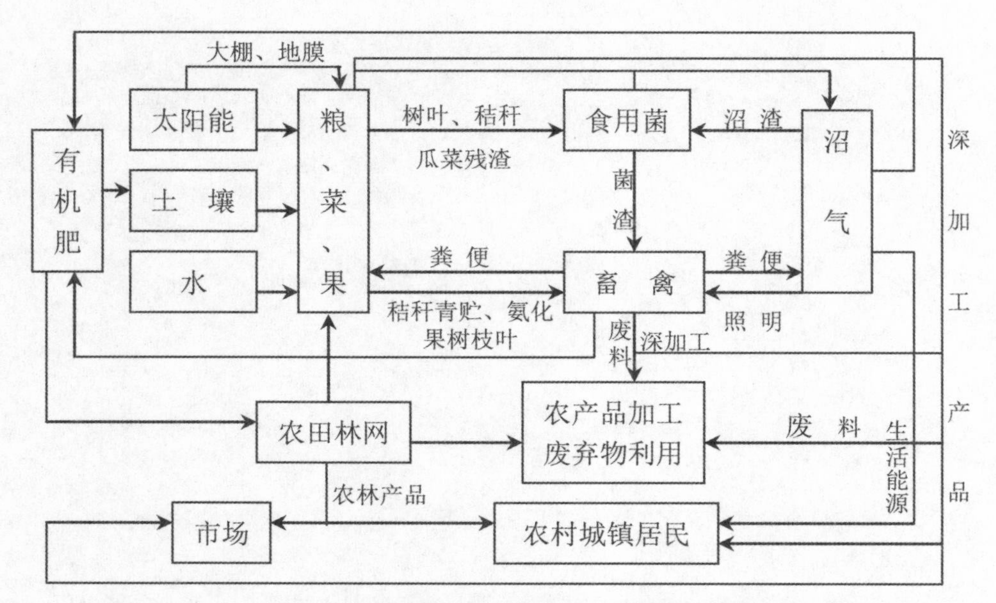

图 6-13 北部平原粮、菜、牧生态农业循环模式图

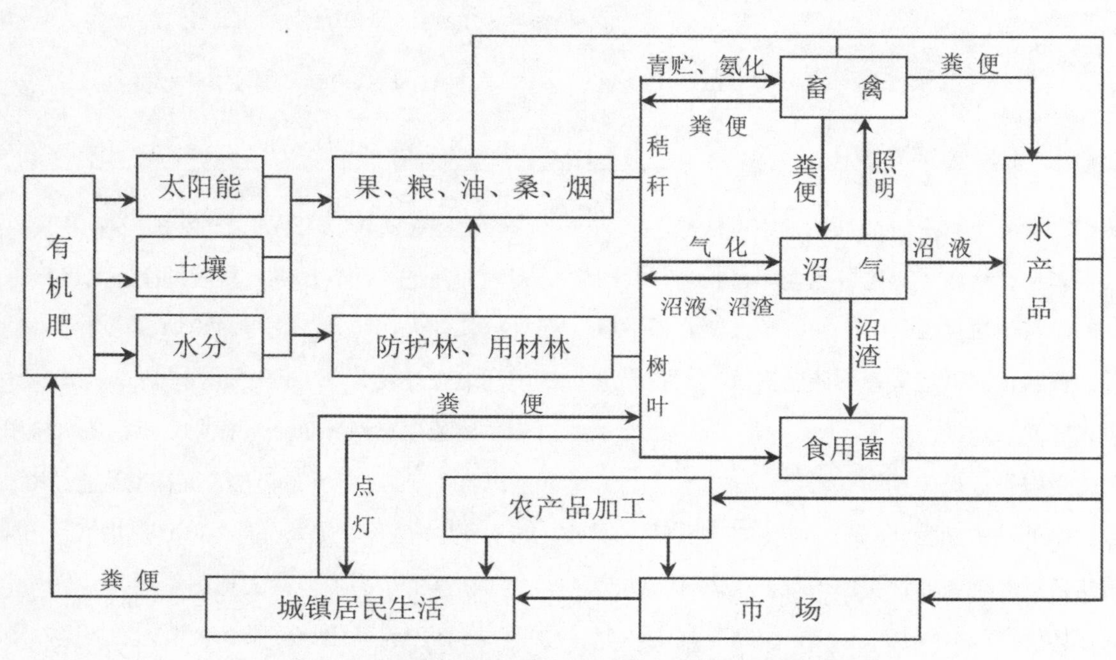

图 6-14 东、南部砂山丘陵林、果、粮生态农业循环模式图

该区生态农业的重点是林业、牧业、食用菌栽培三大产业的链接，通过这三大产业的链接，将该区各项资源联系为一体，同时，为了使农产品能及时转化为商品，进行农产品加工、发展市场经济，也是该区实现农村经济良性循环至关重要的一环。只有将各项产业与市场连为一体，方能实现最佳的经济效益和生态效益，实现生态农业的良性循环。

该区生态农业模式见图 6-15。

需要指出的一点是，对于农村而言，庭院经济也是农民不可忽视的一项重要经济来源。不管是山地、丘陵区，还是平原区，利用庭院多余空间，发展一些家庭养殖业、小型家用型沼气池等生态链模式，不仅可以充分利用家庭闲散劳力，也可改善农民生活环境，获得一定的经济收入，尤其是在能源比较短缺的地区，这种模式更应大力推广，以大大节约农村能源，同时也缓解农民砍伐薪柴所引起的植被减少、土地退化问题。因而庭院经济也应是临朐县大力推广的一种经济发展模式。

以上生态农业模式，是按照临朐土地适宜性和环境特点设计的，在实际操作中并不强调区域发展模式的唯一性，地区与地区之间可不同模式交叉分布，在具体实施产业布局规划时，也应根据各区具体情况进行资源的最优配置，寻求最佳经济效益和生态效益。

d. 临朐县总体生态农业模式

图 6-16 是临朐县总体生态农业模式图。

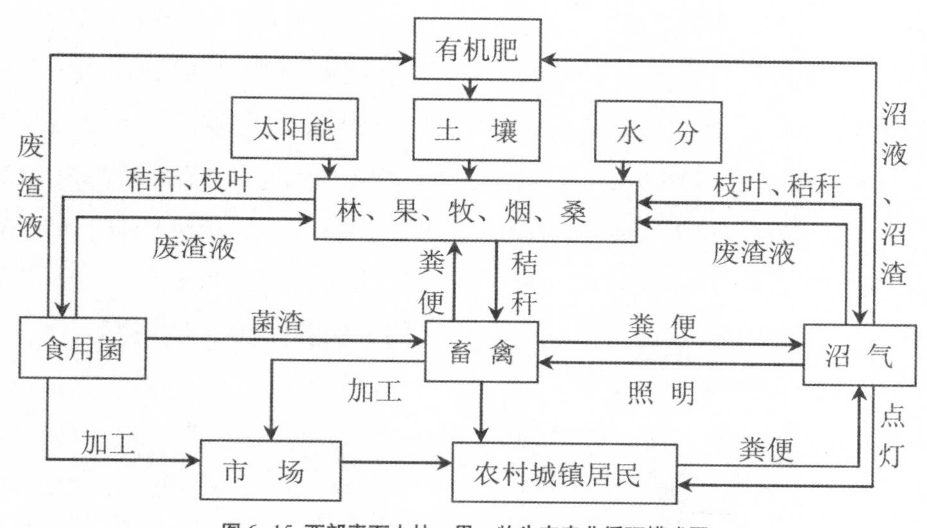

图 6-15 西部青石山林、果、牧生态农业循环模式图

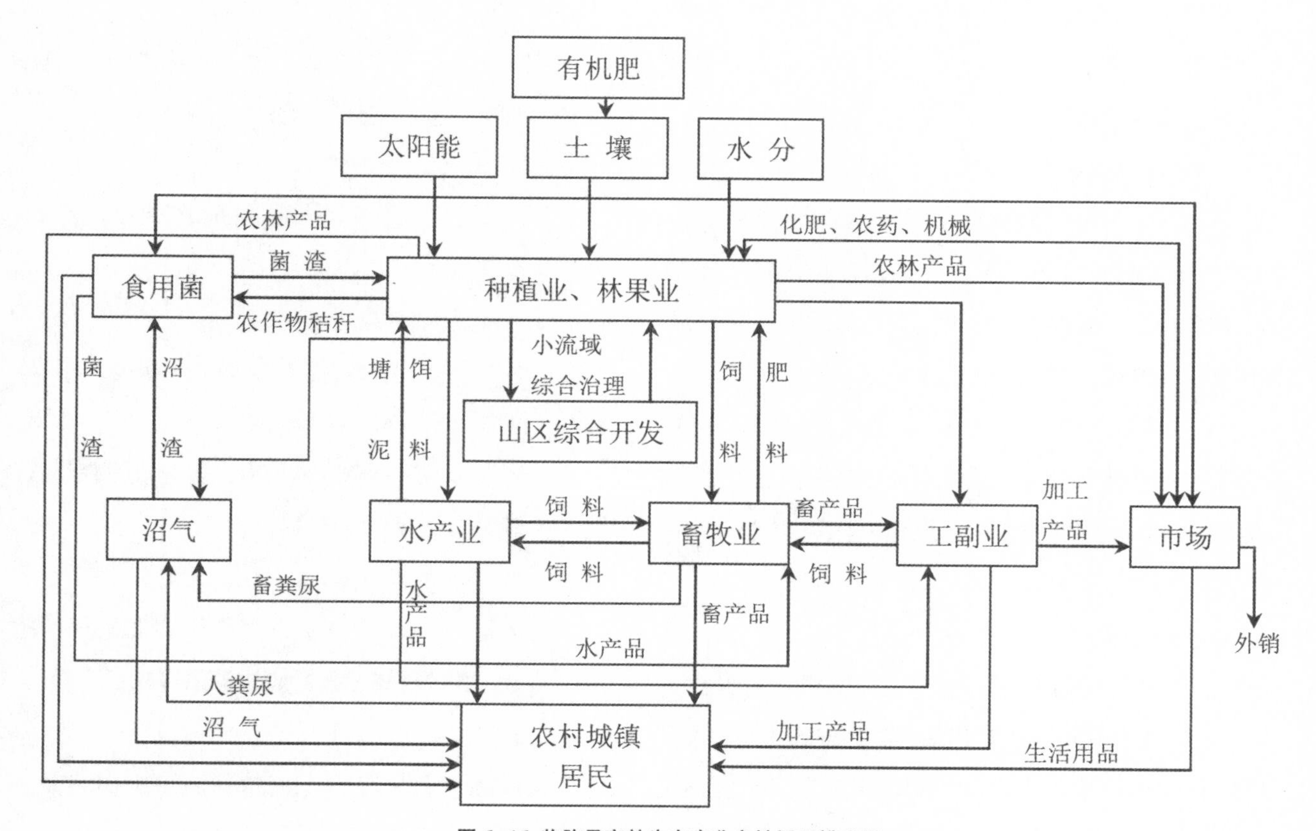

图 6-16 临朐县高效生态农业良性循环模式图

5）生态农业重点工程建设

在总体规划、分区开发、因地制宜等原则指导下，确定了生态农业6大类21项重点工程，通过这些重点工程的建设，基本构筑起临朐高效生态农业系统框架。

①“林果强县”建设工程

本工程中的林果所指皆为经济林。

a. 规划目标

在原有经济林发展的基础上，搞集中连片开发，集约经营。坚持“稳定发展水果，突出发展干果”的原则，搞好优质果品基地建设。重点扩大完善原有的六大基地，并新建六大基地，突出名、优、特品种。

b. 布局

（a）扩大完善原有六大基地：包括张亓大枣基地，葡萄基地，板栗基地，山楂基地，优质苹果基地。

（b）新建五大基地：包括梨基地，大樱桃基地，沿公路干线果品生产带，红香椿基地，大棚果基地。

（c）恢复重建基地：包括专用桑园基地，黄烟生产基地。

c. 重点建设项目

（a）冶纸五嵩柿子基地。

（b）敞口山楂基地：在五井、寺头一带建立的百万株山楂基地，1989年临朐被国家农牧渔业部列为全国山楂生产基地县。未来主要是加强管理，适当发展密植丰产园以及深加工技术。

（c）桑蚕生产建设工程：规划恢复重建临朐传统的桑蚕经济优势，并积极推广大棚养蚕，逐步实现规模化养殖，发展桑蚕副产品生产。

（d）大樱桃基地。

d. 主要措施

（a）加速“龙头”企业建设，实施龙头带动战略

（b）加快林果产品及其加工品的市场体系建设

（c）依靠科技兴林兴果，提高林果业的科技含量

（d）进一步完善林果业发展政策

②“畜牧强县”建设工程

a. 规划目标

重点发展瘦肉型猪、蛋鸡、奶畜生产三大强项和肉羊、肉兔、朗德鹅、巢蜜四大名牌，发展畜牧生产合作社，建成畜牧强县。

b. 布局

全县在大面上大力发展奶牛生产，山区乡镇重点发展肉牛、肉羊、奶山羊、肉兔，沿羊临路乡镇重点发展母猪生产，沿弥河流域乡镇重点发展肉鸭、朗德鹅生产，平原地区重点发展蛋鸡、生猪及奶牛生产，形成区域化、基地化饲养格局。畜、养殖基地要建在乡或村的外围离乡镇驻地不远处，以便于管理，同时又利于乡村环境建设和保护。

c. 重点建设

（a）肉畜生产基地

肉牛：主要分布在上林、柳山一带。

肉羊：主要分布在五井、寺头、九山、大关、蒋峪、石家河一带。

瘦肉型猪：主要分布在七贤、辛寨、卧龙、蒋峪、大关、龙岗、营子、临朐、杨善、柳山。

（b）蛋鸡生产基地

主要以卧龙、五井、杨善、临朐、纸坊、辛寨六个乡镇为主。

（c）奶畜生产基地

奶牛：主要以临朐、杨善、营子、卧龙、辛寨、冶源、柳山、七贤八个乡镇为主。

奶羊：以东部丘陵地区为主，各乡镇均有养殖，规划到2005年达到11万只。

（d）巢蜜生产

未来进一步依托防护林、经济林基地，开发蜂蜜生产潜力，并发展蜂王浆、蜂蜡等出口创汇产品。

d. 主要措施

（a）加快科技进步，提高畜牧业的科技含量

（b）壮大龙头企业

（c）扩大饲养规模

③特色种植业工程

a. 规划目标

本工程紧紧结合临朐多山地丘陵等生态特征，围绕烤烟、食用菌、中药材、花生等名、优、稀、特产品，走产业化开发之路。

b. 重点项目

（a）瓜菜产业化工程

重点建设的七大基地有：临、龙、营 7 万亩瓜菜基地；杨、纸万亩大棚瓜菜基地；五、纸、寺 2 万亩佛手瓜基地；以柳山为中心的万亩西瓜生产基地；大关、九山为中心的万亩越夏蔬菜基地；弥河东岸大棚蔬菜基地；黄淮海平原万亩中低产田开发粮菜间作区。重点要抓好临朐、杨善、龙岗、五井、七贤、柳山、蒋峪、上林等 8 个瓜菜专业镇建设，加快培植壮大瓜菜支柱产业。同时加强内联千家万户，外联国内外市场的龙头企业建设，坚持“大、高、外、新、多”并举的原则，积极培植辐射带动力强，高科技外向型龙头企业。

（b）食用菌生产开发建设工程

在已建成的辛寨、柳山、石家河、蒋峪、临朐、卧龙、七贤、杨善 8 处食用菌生产专业镇基础上，继续扩大规模，建成食用菌生产基地。同时建立菌种生产实验基地和乡镇菌种供应站，建立食用菌技术推广中心。培植龙头加工企业，搞好生产、加工、销售系列化服务，提高市场竞争力，使临朐发展为“菌菇之县”。

（c）黄烟生产建设工程

面积要保证 5333hm^2，争取达到 6667hm^2，单产烟叶 2.25t，总产 1.2 万 t 以上，其中上等烟达到 20%，中等烟达到 65% 以上，总收入 0.8 亿元。在稳定面积提高质量的同时，还要努力实现黄烟种植的四个转移：重点区由东部乡镇向西部乡镇转移，分散种植向规模种植转移，烟田由山上向山下转移，由无水浇条件地块向有水浇条件地块转移，使烟田布局逐步趋向合理。

（d）中药材栽培工程

主要分布在九山、五井、寺头、辛寨、大关、冶源、蒋峪等乡镇，现有种植面积共 1667hm^2，总收入 6250 万元，规划到 2005 年中药材种植面积达到 2000hm^2，总收入 7500 万元。

（e）农业科技示范园建设工程

工程位于杨善镇付加李召村东，共分为 4 个示范小区，即：无立柱冬暖大棚瓜、菜、果示范区，无立柱大拱棚瓜、菜示范区，优质果品示范种植区以及瓜、菜、果品苗木繁育、繁种区。通过科技示范园的建设，带动全县 1.5 万 hm^2 蔬菜的发展，加快果蔬良种的更新换代步伐，使其成为新品种、新技术的实验示范基地和科技培训基地。

c. 主要措施

（a）加快龙头企业建设

（b）大力发展各类农村合作经济组织及运销大户

（c）建立培育专业批发市场

（d）加速良种产业化建设

（e）建立农村科技推广服务体系，健全信息服务网络

④改善农田生态环境工程

a. 规划目标

以改善生态环境为目标，以治水、改土、植树造绿等为重点对全县现有水土流失区域，有计划、有步骤地治理一遍，并从根本上解决人为因素造成的水土流失和水体污染问题；宜林荒山全部绿化，增加城镇绿化面积，进一步提高绿化标准，形成完备的林业生态体系；加强自然保护区的保护和建设，强化污染源治理，改善生态环境；大力推行节约用水和农村新能源开发；使耕地退化基本得到治理和改造。为建立起适应经济、社会、人口、资源持续发展的良性生态环境系统打下良好的基础，最终将临朐建成山川秀美、人民生活由小康逐步走向富裕的生态县。

b. 主要任务

（a）继续深入开展水土保持工作，治理水土流失

（b）搞好水利建设，综合开发利用水资源

（c）强化林业生态建设，改善生态环境

（d）保护基本农田，改善农田生态环境

（e）切实加强自然保护区和生态功能保护区保护与建设

（a）控制环境污染，提高和改善环境质量

c. 布局规划

（a）北部平原区

该区位于本县北部，包括杨善、临朐、纸坊、龙岗四镇，总面积 202.02km²。该区生态建设以改造中低产田和完善农田林网为重点，充分利用水土资源，提高土壤肥力，优化产业结构，大力实施农业产业化，大力发展节水灌溉农业，建设大棚果、畜牧、食用菌和柿子基地，发展建设成高标准平原生态区。

（b）东部和南部砂山丘陵区

本区包括上林、营子、柳山、卧龙、辛寨、蒋峪、大关、九山、石家河等 11 处乡镇，总面积 1139.34km²，林木覆盖率 37.09%。该区山区山高坡陡，丘陵区沟壑纵横，是本县河流的主要发源地和暴雨集中地，是本县水土流失最严重的地区，是水土保持重点治理区。

该区治理以增加植被，沟道拦蓄为重点，以治理改造坡耕地为突破口，狠抓缓坡改高标准梯田的建设，整地改土，增施有机肥，推行水土保持耕作法。大力发展水土保持林、水源涵养林和以大枣、板栗等干果为主的经济林果，25°以上坡耕地全部还林还草。大力兴修水土流失防治工程和小型农田水利工程，积极推广节水灌溉新技术，抓好交通道路特别是环山营林路建设。加强自然保护，保护好山旺自然保护区和沂山自然保护区。

（c）西部石灰岩山丘区

包括冶源、纸坊、五井、寺头、4 个乡镇，土地总面积 492.38km²，林木覆盖率 37.44%。该区水源不足，土层浅薄肥力低，农业结构和林业结构不尽合理。

该区治理主要以中低产田改造和发展林果生产为重点，搞好农田水利配套建设，大力推广节水灌溉技术，治理水土流失，发展区域特色经济。

（d）沂山生态功能保护区

本区是暴雨集中地和弥河、汶河、沂河和沭河的发源地，境内有沂山自然保护区、沂山国家森林公园和沂山风景名胜区，它们在不少区域是重合的复区（图 6-17）。本区重点是保护现有天然植被，防止滥砍滥伐，加强山体绿化、道路绿化，保护古木古碑，防治病虫害，开展生态旅游。同时以增加植被，沟道拦蓄为重点，大力发展水土保持林、水源涵养林，大力兴修水土流失防治工程和农田水利工程，积极推广节水灌溉新技术。

图 6-17 临朐县沂山风景

⑤秸秆综合利用工程（包含青杂草、果树枝叶等）

a. 规划目标

进一步开发秸秆综合利用新技术，提高秸秆的生态循环层次，综合利用率提高。

b. 重点项目

（a）秸秆饲料加工工程（包括青杂草、果树枝叶等）

山区乡镇主要发展牧草种植、果树枝叶贮存技术，实行栽果、种草、养畜相结合，到2005年全县牧草种植面积达到1333hm^2；平原乡镇主要通过发展秸秆饲料加工技术来发展畜牧业，全县氨化、青贮、发酵秸秆占综合利用秸秆总量提高。

（b）利用秸秆栽培食用菌开发工程

（c）秸秆直接还田工程

该工程只在秸秆有所剩余或者条件较差的区域实施，在有条件的地方均用过腹还田、栽培食用菌等方式。

（d）秸秆气化工程

c. 主要措施

（a）因地制宜，搞好科学规划

（b）加大科技开发力度，研究和推广秸秆综合利用的新方法新模式

（c）加速科技推广体系建设

⑥绿色食品和有机食品基地建设工程

临朐地处山区，在弥河和汶河的上游，以农业生产为主，工业企业较少，环境空气质量较好，弥河上游和汶河的水质良好，具有建设高质量的绿色食品和有机食品基地的条件。

a. 规划目标

扩大绿色农产品基地总面积，使临朐的特色产品—小萼柿饼获得国家环保局有机食品认证，并争取有多个品种达到国家规定的有机食品标准。进一步完善技术设施，扩大绿色食品和有机食品的生产、加工领域，提高绿色食品加工水平，延长绿色食品产业链条，使绿色食品和有机食品基地向着规模化、产业化、集约化方向发展；争取多个产品达到国家规定的有机食品标准。

b. 重点项目

➤绿色食品和有机食品生产基地

西瓜生产以柳山为中心，并逐步向周围乡镇扩展。佛手瓜生产基地以五井、纸坊、寺头三个乡镇为主。山楂基地以五井、寺头、九山为中心。沿仲临路临朐段则重点发展大樱桃。

➤绿色食品和有机食品加工

以临朐为中心的蔬菜加工基地，未来应在扩大其生产规模、增加产品品种的同时，按照绿色食品的加工要求，提高产品深加工水平，增加产品附加值。

以家庭为生产单位的小萼柿饼加工，未来应走规模化、集约化经营的路子，改变传统的手工加工为机械化加工，提高产品质量，达到国家有机食品标准。

c. 主要措施

（a）保护绿色食品生产地生态环境，保证绿色食品无污染、无公害。

（b）与农产品深加工相结合，建设现代化的精包装厂，开发绿色、无污染的精包装。

（c）组建产品质检中心，对影响产品质量的土、肥、水、种、药等各生产要素以及产品质量进行全过程检测和监控。

（d）抓好人才培训。

6）发展高效生态农业的措施

（a）加强领导，统筹规划，抓好任务落实

（b）完善法规政策，依法管理

（c）依靠科技进步，提高治理水平

（d）增加投入，拓宽融资渠道

（e）深化农村改革

（f）抓好生产基地建设，实施农业品牌战略

（h）加速农业产业化进程

（i）开拓市场，完善市场体系

(j) 搞好组织协调，强化监督管理

(注：资料来源于《临朐县国家级生态示范区建设规划》；编制单位：山东师范大学，临朐县环保局；课题负责人：李爱贞；课题组成员：李爱贞、温娟、郝成元、徐礼强、王凌、孔繁花。)

(2) 案例二：日照市

1) 日照概况

日照市地处山东省东南部黄海之滨，位于东经118º 35 ～ 119º 39，北纬35º 04 ～ 36º 02之间，北与青岛市、潍坊市接壤，南与江苏省连云港市毗邻，西接临沂市等内陆地区，东临黄海，与日本、韩国隔海相望。

2) 日照生态农业布局

根据日照市的实际情况进行农业布局的优化与调整，努力构筑平原区农业及粮食种植区域带，中部低山区林果、瓜菜生产加工区域带，山地、丘陵、平原畜牧业养殖加工区域带，东部沿海区水产品养殖开发区域带，生态林业区域带等五大区域带。

①平原区粮食种植区域带

平原区主要包括东港、岚山、莒县、五莲的18个乡镇，区内以棕壤土为主，河流较多，是日照主要的灌溉农业区，由于开发历史较长，本区耕地的有机质含量普遍偏低，中低产田面积较大。要改善生产条件，发展种植业，其中将莒中平原、莲北平原和204国道两侧确立为粮食生产主产区，实行规模化生产；在难以大幅度增加粮食种植面积的情况下，应以提高粮食生产的科技水平和提升作物品种档次为突破口，以优质小麦和优质花生为重点，加快优良品种的引进、培养和推广，提高粮食复种指数，不断提高粮食的单产和总产；建设和发展无公害农产品、绿色农业、有机农业基地，加快农产品加工业的发展，提升农产品质量和档次，开发品牌农业；由于日照市现有耕地中水浇地面积不到耕地总面积的65%，应配套完善灌溉渠系、排涝渠系，提高综合抗灾能力，力争建成高标准的高产、高效农业及粮食种植区。

②中部低山区林果、瓜菜生产加工区域带

山丘区占日照市面积的60%以上，范围涉及东港西部、莒县东部和西北部、五莲西南部，土壤肥力低、土层薄、有机质缺乏、植被覆盖率低，建设重点是调整林牧产业结构，推行高效生态农业模式，大力发展林果栽种、蔬菜大棚和农副产品加工业。中西部、北部山丘区条件较好的地方以干杂果为主，东部及四周平原区选择新品种水果、花卉、茶桑等，河滩、水库上游淤积地带，土层深厚的山脚地、村庄周围，公路两侧等地发展用材林，其中林果业加快建设以茶叶、板栗为主导产业的综合性农业基地、开发以花卉为中心的专业性农业基地，瓜菜生产扩大芦笋、大姜栽培，积极发展高档菜，精细菜和无公害蔬菜，同时带动果蔬产品加工业发展，提高农产品加工率和商品率；对坡度较陡的耕地（25°以上），全部退耕还林还草。

③山地、丘陵、平原畜牧业养殖加工区域带

按照日照市山区、丘陵、平原各占三分之一的地形结构特点，分别建立与当地资源相适应的畜禽生产基地。建立三大畜禽生产区域带，山区、丘陵土层较薄的地方，推行退耕还林还牧，以发展牛、羊为主，针对有些山坡斜度较大、不宜养殖牛羊等大型牲畜的情况，养殖家兔、山鸡等小型家禽；平原地区要利用粮食、秸秆多、饲料充足的有利条件，以圈养猪、家禽、牛为主；城郊、沿海等地区要重点发展奶牛和特种动物，区域之间优势互补，相互促进，同时带动畜产品加工业的发展，结合市场需求，因地制宜，搞好生产、加工和市场的衔接，不断提高农产品档次。

④东部沿海区水产品养殖开发区域带

该区涉及东港区和岚山办事处两地的7个乡镇，拥有6条河流入海口、7.6万亩滩涂和广阔的海洋资源，沿海海域水质肥沃、无污染、水流畅通，沿海滩涂地势平缓，是各种鱼虾贝藻繁衍生息的良好场所和回游通道，水产资源丰富，海洋捕捞潜力大，海域生产力较高。要搞好滩涂养护，将沿海滩涂进行综合利用，建设滩涂增养殖带，发展贝类、文蛤、蛏子养殖；以东港、岚山海域的浅海为重点，建设浅海养殖基地，大力发展扇贝、紫菜、海带等立体综合养殖，加强基地育苗、养殖、加工配套管理，力争经济效益稳步增长；大力发展远洋渔业，同时加强海洋生态保护措施，在保护好生态环境的前提下，有计划地开发和利用资源，扩大出口，获取综合经济效益。

⑤生态林业区域带

按照地域区划分为防护林体系，即山区防护林体系、沿海防护林体系、平原防护林体系和城镇绿化体系。山区防护林体系，以莒县北部、五莲县西部和东港区西部为重点，对荒山荒坡大力植树种草，重点实行封山育林，努力增加森林植被，扩大野生动植物物种资源。沿海防护林体系，涉及东港区和岚山办事处的沿海地区，以沿海基干林带断带补植，林带加宽，沿海公路主体绿化，退耕还林为主攻方向，通过造林补植等措施，增加植被覆盖率。平原防护林体系，涉及莒中平原和东港、岚山的滨海平原，大力开展植树种草，营造防风固沙林和农田林网，逐步建立起稳固的农林复合生态系统。城市绿化以城市周围主要河流的水源涵养林、城市公共绿地、部门绿化和城围陆域大林带建设和山区绿化为主攻方向，建成乔、灌、花、草相结合，生态、经济、观赏树木相结合的园林式城市。村镇以四旁植、道路绿化和庭院绿化为主攻方向，大力栽植集生态、经济、观赏为一体的优质树种，提高村镇绿化档次，改变树种单一格局。通过四个层次的林区建设，改善整个日照地区的生态环境。

3）日照市生态农业重点发展领域

坚持适应市场、因地制宜、突出特色、发挥优势的原则，围绕国内外市场需求，提高农业综合效益，结合生态农业的布局，加快优化调整农业产业和产品结构，确立主导产业和产品，发展优势产业，扶持新兴产业，通过示范带动和服务，膨胀规模，形成各具特色的专业区域，大力发展特色生态农业。

①大力发展优势产业

围绕日照特色产业，培植各类专业户、专业村，通过示范带动，进而辐射膨胀，形成各具特色的专业乡镇、专业区域和专业片。同时，有计划地建立各类种养专业小区、专业经济带，生产提高产业和产品的聚集度和规模化、集约化水平。针对日照的资源现状，建议重点发展以下优势产业。

a. 花生生产与加工：日照市土质沙壤，透气性好，日照时数长，非常适宜花生种植，一直是山东省花生生产基地，东港、五莲、莒县均有花生种植区，种植面积较大，其生产的花生品种多、品质优，主要以出口为主，中国加入世贸组织后，欧盟部分国家已对我国花生出口解禁，与国外农产品贸易会逐步增长，日照应当以此为契机，扩大花生生产规模、增加花生产量。扩大东港三庄镇、莒县棋山镇、五莲叩官镇和街头镇花生生产基地的面积，逐步提升基地档次，针对花生生产中技术落后、机械化程度不高的问题，大力推广机械化生产，充分发挥各区县花生生产机械化示范镇、示范户的作用，进一步提高当地种植户对花生生产机械化的认识，提高花生生产机械化的普及使用程度；同时，应充分利用其原料丰富，劳动力资源丰富的优势，大力发展花生加工业，研究、改善加工工艺，研制开发花生深加工产品，增加新品种、新花色，并且组建集花生生产、加工、销售和新产品开发于一体的大型花生产业化企业，最终使花生发展成为日照农业的强势产业。

b. 茶叶生产与加工：茶叶一直是日照的特色产品，在东港、五莲部分地区，尤其是东港，境内地势以丘陵为主，光照充足，雨量充沛，土壤呈微酸性，含有丰富的有机质和微量元素，是山东省少有的茶树生长适宜区，这里生产的绿茶具有历史久、规模大、内质好、无公害四大优势，以及叶片厚、滋味浓、香气高、耐冲泡等鲜明特点。目前该区茶叶生产基本上处于自然管理和分散经营状态，存在着种类多、规模小、价格低、商业优势不明显等问题，本着充分利用资源优势的原则，把茶叶生产确立为该区农业特色优势产业，进行重点培植，实施茶叶基地开发，加快“江北第一绿茶基地”建设步伐，迅速扩大茶园面积和规模，提高、优化茶叶品种质量，加大有着成功引进经验的福鼎大白毫、龙井43号等优质无性苗和茶籽的引进力度，充分发挥规模效益和产品内质优势，促进区域特色经济的发展，巩固全省最大的“无公害茶叶生产基地”，大规模推广冬季茶园覆膜技术，从而体现出日照茶与北方大部分地区相比“人无我有”的优势，与周边地、市相比“人有我多”的优势。同时采用吸引外资、与大企业联合、股份制等多种形式兴建茶叶加工龙头企业，最终形成产、加、销一条龙，贸、工、农一体化的茶叶产业化格局。

c. 板栗种植与加工：日照发展板栗生产有着悠久历史，境内的五莲、莒县境内土壤肥沃，光照充足，降雨丰富，各种自然条件都非常适宜板栗生长。本着立足本地实际、发展特色产业的原则，规划以黄墩镇为中心，辐射周边乡镇，带动全市低山丘陵地区发展板栗种植，把板栗生产作为一项兴市富民的主导产业来抓，大力引进优良板栗品种，改善板栗品质，根据日本栗早期丰产性强，果大饱满，产量高，色泽鲜艳，味美，营养丰富等特点，在全市推广扩大日本栗种植面积，提高本市板栗产品的档次和价格，通过板栗种植园区域化、专业化生产，带动板栗加工业发展，由于目前日照市尚无板栗系列化深加工企业，所产板栗主要以外销为主，可引进资金、设备、技术，通过合作或合资的方式建设现代化板栗加工厂，加强板栗产品的精深加工，提高板栗产品的附加值，以创建板栗品牌为目标，大力引导和扶持板栗种植农户，切实把板栗品牌做大做强做优。

d. 芦笋生产与加工：日照市莒县四季分明，境内拥有适宜芦笋生产的土层深厚、质地疏松的沙壤土，发展芦笋种植业的条件得天独厚，目前全市98%的芦笋种植基地分布在该县，其芦笋种植基地规模大、档次高，生产的芦笋风味独特，口味鲜美，营养丰富。规划以莒县小店镇一点为主，安庄镇、洛河镇两点为辅，在三镇现有芦笋种植基地特别是小店镇江北最大绿芦笋生产基地的基础上，以点连线，以线扩面，带动整个莒县乃至整个日照市芦笋生产、加工业的发展，充分发挥该区芦笋种植时间长、经验丰富的优势，发展高质量、高效益、高产量的特色芦笋生产，扩大示范种植规模，同时聘请专家对农民进行芦笋栽培技术培训，重点培养技术骨干，让农民放心、放胆种植芦笋。引进外来优势品种，培植新品种，在扩大芦笋种植面积的同时提升产品档次，针对中国入关后芦笋出口供不应求、价格直线攀升的现状，大力发展芦笋加工业，生产国际上适销对路的新产品，开发药用芦笋、观赏芦笋、芦笋茶等品种，适时打出自己的品牌，以日本、韩国、东南亚、美国等地为目标，扩大速冻及保鲜芦笋产品的出口，使芦笋业快速发展，走上规范化、产业化的道路。

e. 特色海淡水育苗、养殖与加工：日照是全国最大的水产养殖基地之一，盛产牙鲆、大菱鲆、刀鱼、鲅鱼、黄花、文蛤、海螺、扇贝、紫菜等上百种海洋水产品，是海水育苗、养殖的优良区域。规划利用海州湾渔场的资源优势，发展精养、工厂化、集约化为代表的设施渔业，针对东港涛雒镇、岚山街道等地水域水质好、饵料丰富的特点进行重点开发建设，发挥两地已有海淡水养殖基地的辐射作用，带动周边乡镇积极拓展浅海养殖，合理布局，改进海水养殖模式，综合开发滩涂养殖、潮间带养殖和浅海养殖立体养殖模式，搞好水产种子工程建设，迅速提高名优品种的繁育能力，尽快形成水产苗种生产的规模化、名优化、系列化，大力发展贝、藻养殖，积极发展深水抗风浪网箱养殖模式；加快开发淡水渔业，以涛雒万亩淡水开发，莒县、五莲水库网箱养鱼开发为重点，发展河蟹、黑鱼、锦鲤、黄鳝等淡水名优产品；培植海产品加工龙头企业，进一步提高水产品精深加工和保鲜技术，提高水产品的附加值，加强基地育苗、养殖、加工配套管理，利用国内外两个市场，两种资源，扩大来料加工、来样加工规模，注重加强与日、韩两国合作，扩大出口，力争经济效益稳步增长。

②重点扶持新兴产业

因地制宜，发展效益农业，在搞好日照传统优势产业的同时，还应着重寻找新的经济增长点，开发新兴产业，使优势产业与新兴产业相互促进，形成优势产业带动新兴产业、新兴产业推动优势产业的局面，分析日照实际情况，确定发展以下农业新兴产业。

a. 花卉育苗与栽培：随着人们生活水平的不断提高，花卉已进入各种消费者的家庭，特别是一些节日的需求量很大，花卉产业市场有着巨大的发展潜力，日照四季分明，年平均气温适中，水质、土壤均显微酸性，经荷兰专家鉴定，是发展各种花卉苗木的首选佳地，是全国花卉产业化开发起步较早、具有比较优势的地区，日照要充分发挥本地的地理气候优势，抓住机遇，大力发展花卉产业。目前莒县招贤花卉面积已发展至1000亩，日照街道办事处花卉面积发展到2570亩，规划以招贤镇和日照街道办事处两处为中心，两相呼应，同时带动周边乡镇，建设北方第一个大规模花卉培植基地，重点发展鲜切花、盆花、花木盆景和绿化苗木，加强对主导产品的研究开发力度，建立花卉苗圃基质库，加大科研力量，依靠科技发展南花北植、北花南植，坚持高点起步，积极引进培育国外科技含量高的名、特、优、稀、贵花卉品种，如从荷兰、德国引进海棠、一品红等世界名优花卉的种球、种苗，同时突出对玫瑰花系列、百合花系列等品种的培植，实现中高档花卉产品的标准化经营，针对日照本地花卉产业由于资金不足、尚未形成规模的现状，采取“基地＋公司＋农户”模式，先由政府投资建基地，随之招商引资找市场，最后带动本地农民奔小康的三步走战略，逐渐形成以企业为主导、广大农户为主体的发展格局。同时，举办花博会，扩大日照花卉知名度，并在招贤等地建立专业花市，借助日照良好的交通优势，使之成为花农售花卖花的主要渠道和南花北运、北花南运的重要集散地；进一步完善市、县、乡三级花卉营销网络，努力开拓国内国际两个市场，国内销售方向主攻上海、北京、广东、天津、哈尔滨、沈阳、乌鲁木齐、石家庄、郑州、南京等大中城市，建设全国花卉销售网络，国外销售方向主攻日、韩，不断提高经济效益，使花卉向规模化、集约化、产业化方向发展。

b. 奶牛养殖与乳制品加工：目前日照奶牛养殖、乳制品加工仍处在起步阶段，养殖加工基地尚未形成规模，针对城郊、沿海等地乳制品、肉制品需求量大的特点，结合日照现有基础，依托交通便利的优势，将奶牛养殖和奶业确立为今后几年的发展重点，主动适应农村城镇化和新型城镇发展趋势加快的要求，推行“奶牛下乡、牛奶进城”战略，引导分散养殖向规模经营、标准化生产的养殖小区集中，在原有的奶牛饲养量较大的乡镇如东港后村、黄敦、陈疃的基础上，建设生产基地，以增加奶牛数量、提高质量为核心，加快良种繁育速度，实施黄牛奶改工程，不断扩大奶牛群体，培育高产奶牛，提高奶产量和产品质量档次，考虑到日照本地乳制品加工企业拉动力弱的实际，通过招商引资，加速建设乳制品加工企业，带动奶牛业的发展，因地制宜，搞好生产与市场的衔接，实现奶业发展质的飞跃。

c. 大姜种植与加工生产：莒县农业资源优势突出，物产丰富，大姜生产历史悠久，生产经验丰富，技术全面、先进，生产的大黄姜块大色正味纯，备受国内外客商青睐。2002年峤山镇大姜种植片被确立为省级农业标准化示范区，发挥峤山镇土壤肥沃、水源充足等得天独厚的自然优势，以该镇为中心，发展大姜的规模化种植，继而带动周边乡镇迅速扩大大姜种植面积，形成以峤山为中心的莒县大姜生产基地。在大姜规模化生产的同时，适应国际市场的需求，打造国际标准化农产品和具有国际品牌竞争优势的农产品，引导姜农按照绿色食品技术操作规程进行标准化生产，使大姜在质量上上档升级，同时完善对大姜的精、深、细加工，按照生姜—姜片—姜黄素的经典模式，促使大姜加工企业做大做强，最终在大姜种植业的带动下，一业多兴，使加工业、运输业、餐饮业迅速发展起来，使大姜生产真正成为一项富民产业。

4）重点发展措施

①加强龙头企业建设

要围绕水产、果蔬、畜产品、茶叶、桑蚕等大宗农产品的生产，打破地域、行业、所有制界限，多渠道增加投入，大力发展农产品加工、种苗繁育、水产养殖育苗、畜禽养殖、生物肥料、生物农药等产业的龙头企业。鼓励发展农产品精深加工龙头企业，对现有龙头企业认真落实税收、用地等方面的支持政策，加大财政金融扶持力度，引导茗家春茶、盛华水产等一批竞争力强的企业实施跨国经营，开拓国际市场；引导规模小、带动能力弱的企业进行股份制改造，加快初级加工企业兼并、联合搞好存量调整，扩大经营规模。同时，认真研究国际市场，了解日、韩等有关国家和地区的消费特点，调查其农产品进出口政策、供求关系、产品价格、质量要求等，研究应对措施，加快培育一批外向型和营销型龙头企业。抓好市级十家重点龙头企业的建设，进一步加大政策扶持力度，促其尽快上规模、上水平，增强辐射带动能力。围绕市场需求，鼓励工商企业换业、转产、兼营、兴办农业龙头企业项目，鼓励精深加工产品企业延长产业链条，提高一体化经营程度，努力把龙头企业做强做大。大力发展民营农业龙头企业，不断提高民营经济在农业产业化经营中的比重。把发展龙头企业与推进城市化结合起来，搞好规划布局，大力发展农产品加工园区，引导农业龙头企业向中心镇和工业园区集中。把基地建设与龙头企业联结在一起，实行产供销一条龙、贸工农一体化，使千家万户的生产顺利进入国内外大市场。

②强化品牌意识

大力实施名牌带动战略，对日照市名牌产品如在第 29 届布鲁塞尔国际博览会上获金奖、与历史名茶碧螺春齐名的“河山青”牌碧绿茶，山东省著名商标的“雪青”茶叶“三庄苹果”“河山苹果”“陵阳瓜菜”等要加大科技投入力度，突出产品的独特性，提高品质质量，及时注册商标，运用商标的法律效应维护企业的合法权益，并大胆采用先进的科学技术和生产工艺对传统名牌进行改造，进一步提高质量，确保其长兴不衰。同时，要进一步加快科技引进步伐，通过引进国外的新技术、新品种开发一批新的名牌，依托名牌带动扩大日照市农产品在国内外市场上的占有份额。

③加大科教兴农力度

充分发挥科技在生态农业中的作用，加快建立农业科技创新体系、技术推广体系、农民教育培训体系和农村信息体系建设。一是大力推广现有农业科技成果的转化，重点抓好无公害农业技术，强化国内外名特优新品种，引进、开发、推广高新技术，用先进技术嫁接改造传统农业，加大绿色产品、有机食品的开发力度；二是加强日照市水产研究所、市农科所建设，积极与高等院校和科研机构联合，强化各类农业科技示范园区和示范基地的建设与管理。加快外向型农业高新技术示范区、莒县农副产品出口加工区、南农大高科技农业示范园、良种猪原种场的建设，实现良种产业化工程，加快品种的更新换代；三是完善农业科技推广服务网络，加快农业高新技术、先进实用技术成果的转化和应用，逐步形成政府扶持和市场运作相结合的新型农技服务体系；四是加强农业职业教育和农业科技培训工作，组织农民学习先进实用技术，增强其参与产业化经营的科技意识和市场竞争能力，抓好“绿色证书教育”和“跨世纪青年农民培训工程”，提高农民的科技文化素质。

④加强特色农产品交易网络建设

加强日照市农业信息网络建设，首先要广泛征集农户农产品信息资源，保证必要时农民有网可上；然后由本市各级农业行业协会牵头，尽快实现日照市各农业部门信息的共享，建设本市主要农业农产品特别是无公害农产品、绿色食品、有机食品的生产 — 加工 — 销售信息系统和特色农产品交易综合服务网站，建设各种农业技术推广网络，及时向各种农业企业和农户介绍各种新的农业技术，建立与主要农产品有关的国内外市场动态信息研究机构，向农业生产者提供生产资料和农产品的国内外市场动态，提高本市农产品市场竞争力和商品率，同时积极推进网上招商和农产品贸易电子商务，做好推荐宣传工作，吸引国内外客商；由政府部门行使网络信息监督管理的职责，最终形成一个市有信息中心、镇乡有服务站、村有服务点的农业信息服务网络体系。

5）循环链接模式

根据日照市的资源优势与和现实情况，构筑以下符合日照实际、具有日照特色的生态农业发展模式：

①生态农业 — 旅游业循环链接

把日照市生态农业建设与旅游业发展结合起来，充分发挥本区的资源优势，以适宜发展生态农业、林果业观光旅游的黄墩镇优质日本板栗园、巨峰镇千亩茶叶示范园、招贤花卉种植园、寨里河乡樱桃园等地为重点，借助生态观光旅游业的推动作用，加速发展特色农业生产基地，提升基地档次，使生态农业与旅游业获得双赢，如图 6-18 所示。

②畜牧业 — 种植业型生态农业模式

日照市种植业在大农业中比重较大，大量的秸秆得不到开发利用，而肥力不足往往是农业持续高产的主要限制因素，因此要将畜牧业与种植业联合发展。依托当地的饲料工业、养殖业和加工业，鼓励引导农户和村集体共同出资筹建生态高效养殖园，种植经济作物，农作物秸秆加工处理后作为饲料，牲畜的粪便经生物处理后加工成有机肥料用于作物生产或发酵形成沼气后用于养殖户做饭及照明，以此构筑生态种植业 — 生态饲料加工 — 生态养殖业 — 有机肥料 — 生态种植业的良性循环产业链，如图 6-19 所示。

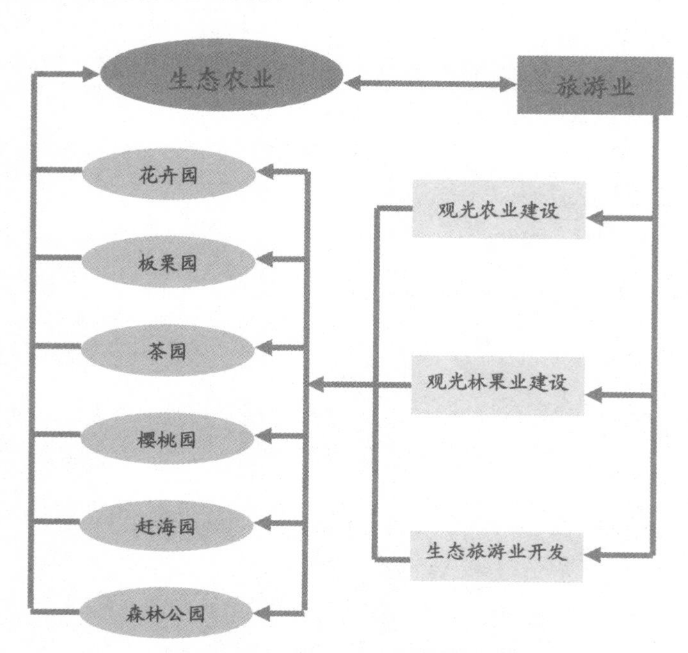

图 6–18 生态农业—旅游业循环链接模式

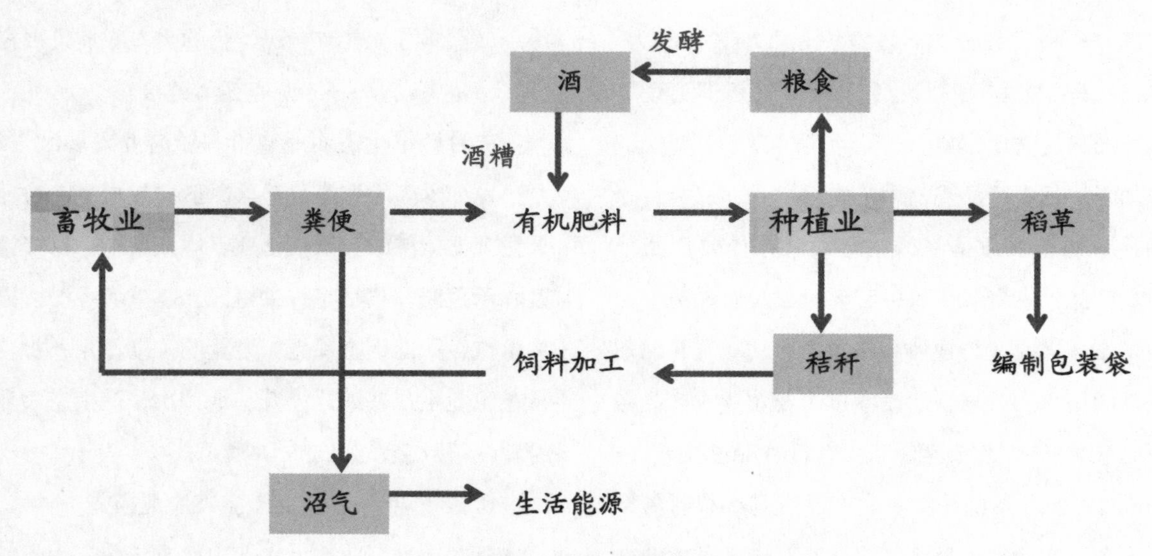

图 6-19 畜牧业—种植业循环链接模式

③林果 — 桑蚕 — 畜牧联合发展型生态农业模式

五莲、莒县属山丘区，土壤肥力低、有机质缺乏、植被覆盖率低，要重点发展林果、桑蚕、畜牧业，封育、改良天然林地、天然草场，搞好退耕还林、还草，扩大经济林、用材林地面积，逐步建立畜牧养护区，针对斜度较大的不适宜养牛等大型牲畜的地区，改养山鸡等小型家禽，形成林果、桑蚕、畜牧联合发展的局面，如图 6-20 所示。

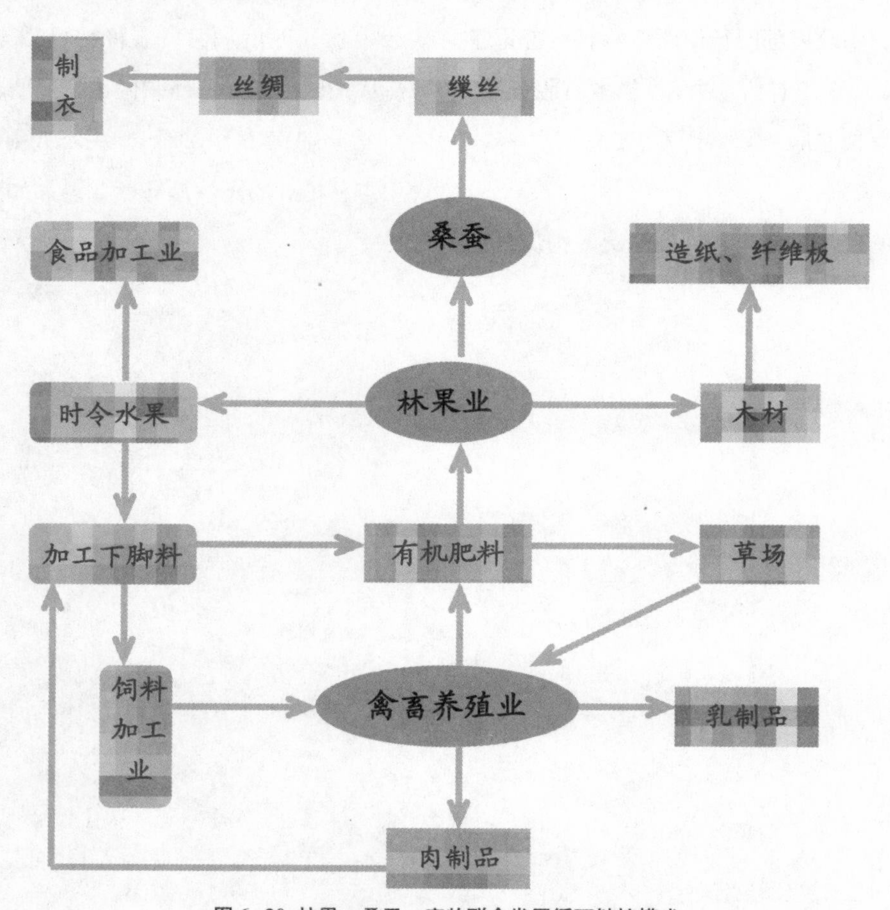

图 6-20 林果—桑蚕—畜牧联合发展循环链接模式

④畜牧业 — 蔬菜大棚型生态农业模式

日照市莒县、五莲光照充足、土地肥沃、水资源相对充足，适宜于蔬菜生产、花卉栽培，同时畜牧业也有一定的基础，因此，应将大棚菜、花卉种植与畜牧业联合发展。在开发方向上，以蔬菜大棚建设为中心，发展无公害蔬菜，带动食品加工业发展；大棚生产为畜牧业产生饲料，牲畜粪便经处理后为大棚、花卉增加肥料，形成大棚、畜牧双收的局面，如图 6-21 所示。

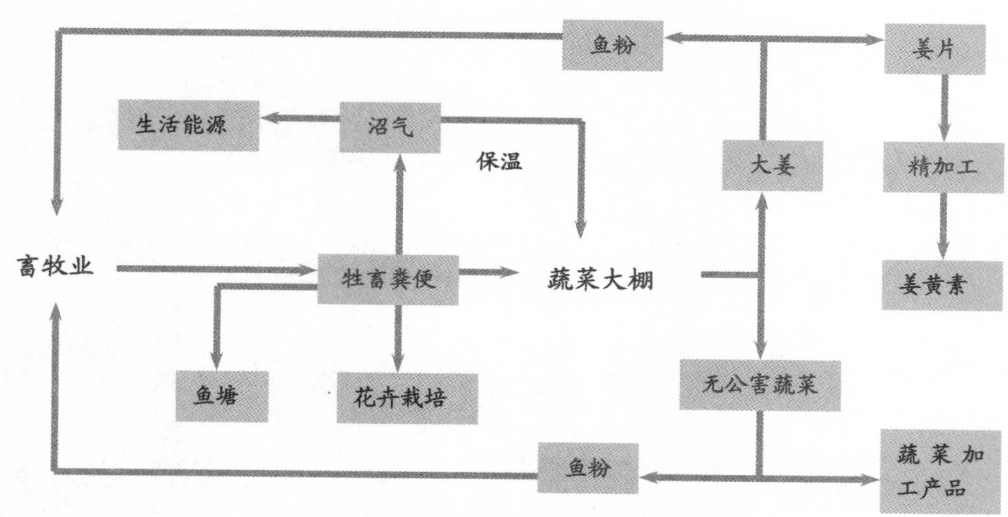

图 6-21 畜牧业 — 蔬菜大棚型生态农业循环链接模式

⑤水产养殖业循环模式

东港、岚山濒临黄海，海域水质清新、无污染、营养丰富，是海水育苗、养殖的优良区域，水产资源优势十分明显。规划以水产养殖业为核心，结合畜牧业、种植业，大力发展水产品加工业，重点发展精深加工，提升加工档次，形成涵盖冷冻保鲜、鱼粉、鱼糜、鱼油和海洋生物等的多层次水产加工体系，同时带动海洋生物、海洋药物、海洋保健品等新兴海洋产业，拉长渔业产业链，如图 6-22 所示。

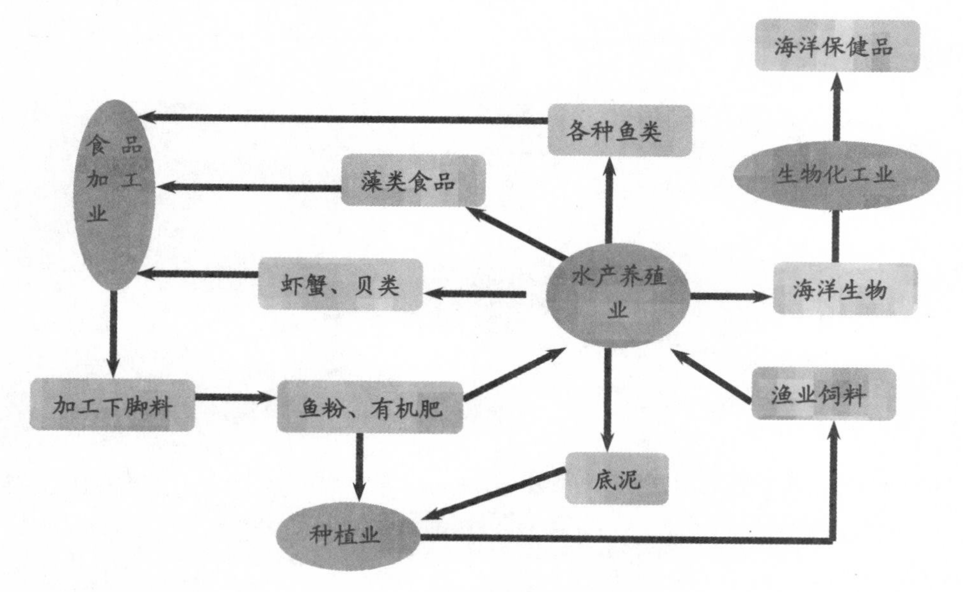

图 6-22 水产养殖业循环产业链

⑥花卉生产—加工—流通产业链

随着人民群众生活水平提高，城市建设的加快，对家庭、住所、道路等美化要求也越来越高，花卉的市场需求也越来越大，市场供求矛盾已经凸现。日照应发挥本地花卉种植优势，以花卉种植业为基点，发展观赏型、食用型、药用型、饮用型花卉，同时举办花卉博览会，带动餐饮、旅游业的发展，以花为媒，打造“花木之乡”的品牌，建立中国北部地区最大的花卉交易市场、贸易集散中心，推动花卉产业链的形成，如图 6-23 所示。

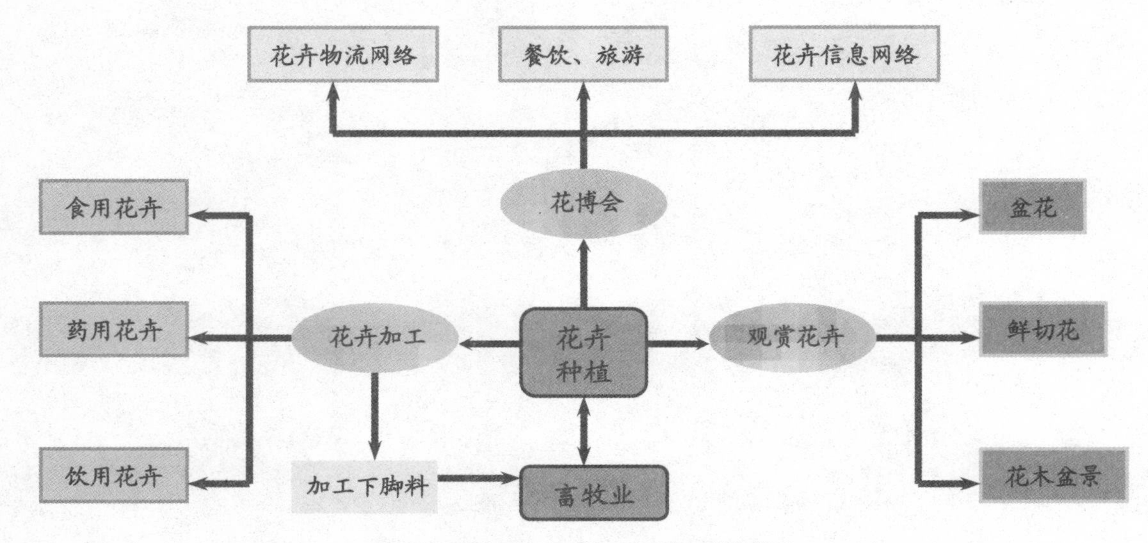

图 6–23 花卉—生产—加工流通循环链接模式

⑦城郊型生态农业模式

城郊型生态农业具有向心式结构，它以城市需求为导向，依托城市的良好区位、资金、技术、信息及设施条件，能够获得高生产率和高效益。将生态农业发展布局与城市规划结合起来，在日照市区和岚山、莒县、五莲这些区县城镇的郊区和外围有计划地培育城郊生态农业，构筑起以城市为核心的城郊型生态农业发展模式，以取得良好的经济和生态效益，如图 6-24 所示。

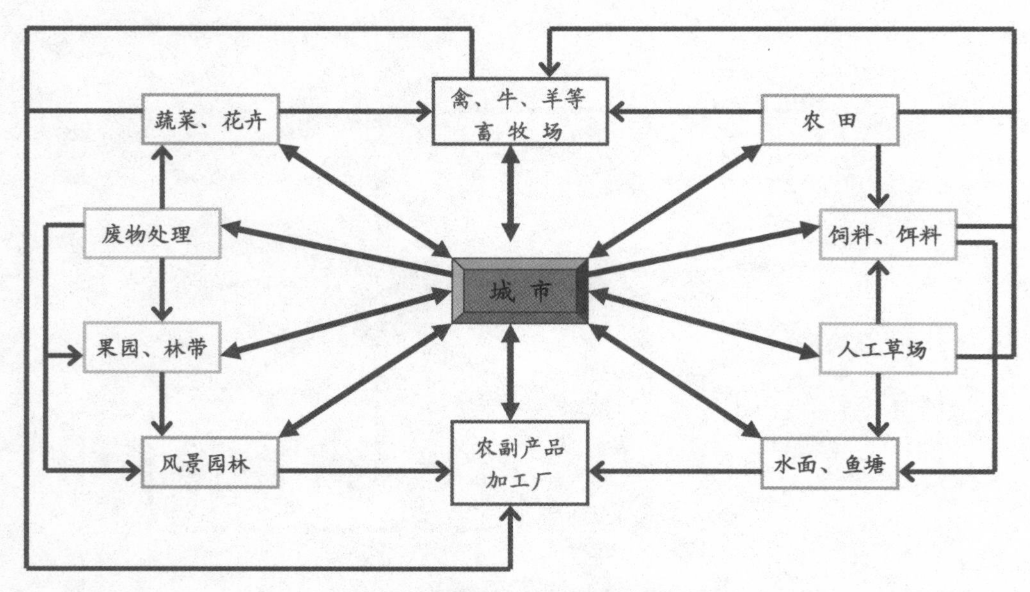

图 6–24 城郊型生态农业循环链接模式

注：资料来源于日照市人民政府，《山东省日照循环经济市发展规划》

规划编制和课题研究小组组长：张　凯（山东省环境保护局局长、教授）

规划编制和课题研究小组副组长：崔兆杰（山东大学环境科学与工程学院教授）

规划编制和课题研究小组成员：苏继新、殷永泉、李玉江、李小明、刘玉海等

6.3 旅游服务型新型城镇生态环境建设

6.3.1 旅游与环境

（1）环境是旅游的前提

环境是旅游的前提，没有优质的环境，就不能吸引旅游者前来旅游。所以在某种程度上说旅游是依附环境发展的。良好的环境是旅游业建立和发展的前提，是一个国家或地区旅游业赖以存在和发展的最基本条件。旅游环境既包括自然因素，也包括人为因素。旅游的开发取决于当地拥有旅游者所需要并愿为之支付的优美的自然和人文资源。充满情趣的未被污染的风景、海滩和山峦、古代的宏伟建筑，富有传统特色、风光绚丽的城镇和村庄等，都构成了旅游产品生产中的基本投入。以自然环境来说，在众多的人类经济活动当中，旅游对自然环境的依存度是非常高的。因为美丽的景观本身就是非常有价值的旅游资源，换句话说，旅游就是将美丽的自然“环境”卖给游客的一个过程。所以，一旦自然环境受到污染而恶化，旅游者就买不到高品质的旅游产品了，也就无法从旅游中获得满意的旅游体验。可见，环境品质是影响旅游的关键因素之一，旅游事业的成功和自然环境所散发出的吸引力、能给人类带来的愉悦以及旅游者从中体验的舒适程度息息相关。依靠丰富的自然风光而发展了大规模的旅游业的地方在全世界数不胜数。澳大利亚、新西兰、瑞士、西班牙、非洲和南美的一些国家以及地处热带的一些岛屿，正因为其拥有丰富无比的自然环境，而能长久地吸引世界各地的观光游客，成为国际旅游者喜爱的旅游胜地。

（2）无烟产业并非无污染产业

长期以来，旅游业以其“无烟产业”的形象得到了许多政府的大力支持和开发。但随着旅游业自身的不断发展，人们越来越清醒地认识到，由于旅游业比其他产业更直接地依赖于生态环境因素，有时它对生态环境的破坏是最直接的毁灭性破坏。在旅游业推动经济发展的同时，也带来了生态环境遭污染和破坏的负面效应，它同样有大气污染、垃圾污染、水体污染、视觉污染、噪音污染、生态破坏等等。有时，甚至比其他产业带来的环境公害更有过之，其结果将是人类遗产的最后丧失。

据世界旅游组织统计，从1972年到1992年，旅游业扩大了3倍，增加了4.5亿旅游者，1/8的世界人口每年都会离开自己的国家去旅游。全球资本的7%投资于旅游业，创造出1.12亿个就业岗位，从业人员已经达到整个就业人口的1/15，占全球国民总产值（GNP）的6%，这些数据均说明旅游业已经成为全世界最大的产业。世界上已经没有一块处女地或古代文化遗迹能从旅游业的扩张中得以幸免。

英国旅游业事务组织和世界自然基金会联合编写了一本书——《绿色地平线之外》。书中指出，旅游业的负面影响之一是西方式的过量消费，伴以废弃物、污染和给当地文化带来一定的影响。旅游活动还可侵蚀土壤、干扰野生动物的生活，就连海洋也无法幸免。据联合国环境署的报告，每年到达地中海地区的旅游人数比上年翻一番，由他们生产的废水仅有30%经过处理。

过度拥挤、自然资源被不合理的利用、建设建筑物和基础设施、开展其他相关旅游活动等均对环境产生负面影响，这种影响不仅是物质上的而且还是文化上的。

大众化的旅游引发了一系列问题，例如环境退化、疾病传播、森林退化和随之引发的土壤侵蚀、乱扔垃圾、干扰野生动物的生活等等，这一切都明确地向人类发出警告：要保护环境。但随着旅游业的强劲发展，旅游业与资源保护之间的冲突变得剧烈起来，两者之间的共存变得更加困难。

（3）旅游对环境的负面影响

韩弥特·柯尔的《野地游憩：生态学与管理》中讨论了土壤、植被、野生动物、水资源等方面对旅游地区生态的影响。1992 年，美国学者格林（Green D.H.）等人从实施旅游开发的环境效应评价角度，分类列出了旅游对环境的各项潜在影响（表 6-2）。

表 6–2　旅游对环境的潜在影响

自然环境			人造环境		
自然环境	改变动植物种群结构	①破坏动植物繁殖习性 ②猎杀动物 ③猎杀动物以供纪念品交易 ④动物的迁移 ⑤因采集柴薪造成植物破坏 ⑥因建设旅游设施而伐除植物，改变植被覆盖率或植被性质 ⑦野生动物保护区 / 禁猎区的建立	人造环境	城市环境	①土地不再用于最初的生产用途 ②水文特征发生变化
				城市环境	①建筑物密集区的扩张 ②新的建筑风格 ③人及其附属物
	污染	①水质因排放垃圾、油污而污染 ②车辆排放物导致空气污染 ③旅游交通运输和旅游活动导致噪声污染		基础设施	①基础设施超负荷运行（道路、铁路、停车场、电网、通讯系统、废物处理设施、给水设施） ②新的基础设施的建设 ③为适应旅游需要而进行的环境管理（如海坎、垦荒）
	侵蚀	①土壤板结导致地表土流失和侵蚀 ②地面滑移 / 滑坡 ③雪崩的危险性增大 ④损害地质特征（如突岩、洞穴） ⑤损害河岸		城市特征	①居住、商业和工业用地的变化 ②城镇化的道路系统（如车行道、人行道） ③出现分别为旅游者和当地居民开发的不同区域
	自然资源	①地下水、地表水的耗竭 ②为旅游提供能量的矿物燃料的枯竭 ③发生火灾的危险性增加		古迹修复	①废弃建筑物的重新使用 ②古代建筑和遗址的修缮与保护 ③修复废弃建筑物供作别墅
	视觉效果	①各种设施（如建筑物、索道滑车、停车场）有碍景观 ②垃圾及处理影响景观		竞争	某些旅游区点可能因其他区点的开放或旅游者兴趣变化而贬值

资料来源：Green D.H., The Environmental Impact Assessment of Tourism Development

1）对地表和土壤的影响

随着各自然区域内旅游活动的开展，旅游设施开发与日俱增，已使很多完整的生态地区被逐渐分割，形成岛屿化，使环境生态面临前所未有的人工化改造，如地表铺面、植被更新、外来物种引入等。换句话说，地球上能完整地保持原始状态的生态地区正在逐渐消失。无论是陆地还是水域表面都可能受到旅游活动的影响，岩岸、沙滩、湿地、泥沼地、天然洞穴、土壤等不同的地表覆盖都可能承受不同类型的旅游冲击，尤其是地表植物所赖以生存的土壤有机层往往受到最严重的冲击。如露营、野餐、步行等都会对土壤造成严重的人为干扰。土壤一旦受到冲击，物理结构、化学成分、生物因子等都会随之发生变化，并最终影响土壤上植物的种类，生长，昆虫、动物也会随之迁徙或减少。

2）对植物的影响

旅游开发对植物的覆盖率、生长率及种群结构等均可能有不利影响，如对植物的采集会引起物种组成成分变化，会导致植被覆盖率下降；大量垃圾会导致土壤营养状态改变；空气和光线堵塞，致使生态系统受到破坏：大量游客进入，践踏草地，使一些地面裸露、荒芜、土地板结，树木生长不良，导致抗病力下降，发生病虫害。基础设施和旅游设施建设必然占据一定空间，会破坏一些植物，割裂野生生境，各类污染地会影响一些植物的存活。

3）对水体的污染

旅游开发会造成水体水质变化、景观退化，丧失作为旅游水体的功能，制约旅游业的发展。因此，要在规划的基础上加强管理。应注意的是：未经适当处理的生活污水不能排入水体，过多的营养物质进入水体加剧富营养化的过程；过量的水草生长降低了水中含氧量；有毒的污染化合物进入水体给生物和人体造成伤害；身体接触的水上运动可能将各种水媒介传播的病毒带入水中，造成疾病传播。

4）对大气质量的影响

主要表现在车船排放的尾气、废气和旅游服务设施排放废气等方面，如生活服务设施对大气的污染源主要是供水、供热的锅炉烟囱，煤灶排气，小吃摊排放的废气等，又如汽车尾气、垃圾、厕所等排放的异臭，封闭环境中的大气污染（餐厅），过度装修中的室内空气污染，对大气质量影响很大。

5）对环境卫生的影响

旅游活动对环境卫生的影响主要表现为固体废弃物垃圾污染。游客造访旅游点时会产出所谓的“民生污染”，尤其是过夜型的旅游方式，所产出的民生污染会直接留在当地环境里，若处理不善将会严重影响当地的环境卫生，影响当地居民的健康与生活。其中固体废物垃圾问题最令人头痛。因为垃圾所衍生的问题层面极广，如垃圾处理不善可能会影响水体、土壤、植物、动物、空气（恶臭）、居民健康、景观美质等。垃圾污染现已成为我国很多风景名胜区的一大祸害，是一个十分普遍而又棘手的问题。

6）对环境美学的影响

旅游活动对环境美学的不良影响主要在于游客的不文明旅游行为和旅游业的不合理开发建设。很多游客有在古树、碑刻、石头等上刻字画画的不文明行为，刻字留念可以说是最常见的游客恶习，不仅会破坏景观，而且会影响一些植物的生长，降低文化旅游资源的价值。此外，从环境美学看，不合理的开发建设是“破坏性的建设”，也是旅游“开发污染”。比如滥建大型人造景点、传统景点的不适宜再开发等等，都会对自然的、历史的景观造成破坏，环境美学价值大大降低。

6.3.2 生态旅游

（1）生态旅游的内涵

生态旅游（Eco-tourism）自 1983 年提出来至今，不同学科背景的各个专家各抒己见，尚未有统一定义。生态旅游是一种新兴的旅游活动，是当今一个社会性的新概念，需要一个不断被认识、被了解的过程，需要在不断地研究、探索与实践中得到发展与完善。国内外学术界不同的学者可以从不同的角度、不同的深度来定义。但就其总体而言，包含两方面的内涵：一是回归大自然，即到自然生态环境中去观赏、旅行、探险等，目的在于领略和享受清新、静谧、轻松、舒畅的和谐气氛，探索、认识自然奥秘，增进健康，陶冶情操，接受环境教育等；二是对自然生态环境有促进作用，不论生态旅游者，还是生态旅游经营者，甚至包括得到经济收益的当地居民，都应当在保护生态环境方面做出贡献。也就是说只有在旅游和保护两方面均有表征时，生态旅游才能显示其真正的科学意义。

结合生态旅游的实践和可持续发展的思想，简单地说，生态旅游就是把旅游和环境保护紧密结合起来的旅游；具体来讲，生态旅游是可持续发展理论在旅游业上的应用，是在不破坏环境的前提下，以自然环境为主要活动舞台所进行的一种对生态和文化负责任的旅游。对生态旅游者来说，生态旅游是到远离城市的环境中去，在欣赏、感悟自然的同时获取生态和文化知识，并以自身的实际行动为环境保护做出贡献；对生态旅游开发者和经营者来说，生态旅游是运用生态学原理来规划生态旅游区，设计生态旅游活动，履行保护生态环境的宣传与教育职责，把旅游对外境的破坏限制在最小范围的一种旅游开发方式。

（2）生态旅游产品类型

我国的生态旅游产品类型主要有如下几种：

1）森林生态旅游

森林生态系统有着丰富的自然景观、良好的生态环境、诱人的野趣和独到的保健功能，是最重要的生态旅游产品之一。典型的森林生态旅游项目有森林浴、滑雪、漂流、野营等。

2）草原生态旅游

草原生态旅游是以草原生态系统为旅游对象的生态旅游产品。草原景观素以其辽阔、坦荡、悠扬、蕴含天人合一的文化而闻名于世，它与数以千计的草原植物、动物及传统游牧文化、风土人情相结合，形成一类生态旅游目的地。常见的旅游项目有动植物资源的观赏、特定地表景观的观光、草原文化生态旅游、草原休闲度假、草原越野等。

3）湿地生态旅游

湿地生态旅游是以湿地生态系统为旅游对象的生态旅游产品。湿地被称为“地球之肾”，生机盎然，神秘而妩媚，是许多鸟类等动物的栖息繁衍地，又有开展鸟类生态旅游的优越条件。同时湿地大多具有丰富的野生动物物种、多样的植物景观，并结合有大面积的开阔水体，是展现多姿多彩的生物世界的美妙场所。

4）荒漠生态旅游

荒漠生态旅游是以荒漠景观为主要对象的生态旅游，凡是具有典型性、观赏性和科学考察价值的沙漠、戈壁、风蚀地貌、旱生植物，干旱风沙作用产生的奇特自然景观以及湮没于荒漠之中的古迹遗址均可以作为荒漠生态旅游资源开发利用。全球荒漠化土地面积有 3600 万 km^2，占地球陆地面积的 28%，主要分布于亚热带干旱区，往北可伸达温带干旱区。具有科学价值和观赏价值的荒漠旅游资源主要有沙漠风光、雅丹景观、旱生植物、荒漠遗址类等。这类生态旅游的特点主要体现在神秘性、探险性和自主性。

5）海洋生态旅游

海洋生态旅游是利用海洋环境开展的生态旅游活功，或观赏海洋自然风光，游览各种人文景观；或休闲度假、避暑疗养；或听潮海浴，潜水冲浪；或品尝海鲜，了解风俗民情：或参与海上作业，遛船捕钓；或漂流探险，寻究海洋秘密。21 世纪是海洋的世纪，海洋和海岛的开发是未来经济发展的大趋向，而与“海”有关的特色旅游项目的并发，亦将成为 21 世纪旅游休闲业发展的一大新热点。海岸、海岛、海水、海底、海产品等等皆是可用来开发生态旅游的海洋资源。

6）农业生态旅游

农业生态旅游，亦称“生态旅游农业”，是以农村自然生态环境、农业资源、田园景观、农业生产内容和乡土文化为基础，通过规划、设计与施工，加上一系列配套服务，为人们提供生态观光、旅游、休养、增长知识、了解和体验乡村民俗生活场所的一种旅游活动形式。农业生态旅游使人们在领略锦绣田园风光和清新乡土气息中更贴近自然和农村，增强保护农业生态环境、提高农产品品质的意识，促进城乡信息交流和农产品流通。农业生态旅游是生态旅游业与农业生态系统的有机结合。这类旅游资源具有地域多样性和可塑性，活动具有可实践性和体验性，同时从经济角度看，也具有产业经营的双重性，其产品既是农产品又是旅游产品。可开发的旅游有观光购物农园、租赁农园、休闲农场、教育农园、农村留学以及乡村俱乐部等。

（3）生态旅游与传统旅游的比较

20 世纪 60 ～ 70 年代是大众旅游的时代，人们在享受它的便宜、方便后，很快发现了它的缺点，特别是对旅游目的地经济、环境、文化、社会方面产生的负面影响。20 世纪 80 年代，生态旅游迎合了人们向往自然，注重环保的趋势，成为新的流行时尚。

Himmetoglu 认为生态旅游和大众旅游的区别是多方面的，不仅是旅游者的行为，而且在经营者的观点和管理方式上也有根本不同。可以说，生态旅游与传统旅游二者在追求目标、受益者、管理方式、影响方式、旅游设施建设、市场因素分析、发展战略等很多方面都具有不同的特征。

对于传统旅游而言，利润最大化是开发商追求的目标；而追求享乐则是旅游者的主要目标；价格是调节供需的杠杆和游客与旅游点建立联系的纽带；其最大的受益者是开发商和游客。而生态旅游旨在实现经济、社会和美学价值的同时，寻求适宜的利润和资源环境的维护；生态旅游的目的是享受自然赐予的景观和文化，通过约束旅游者和开发商的行为，使之共同分担维护景观资源的成本，从而使当地居民和子孙后代也成为生态旅游的直接受益者。

（4）生态旅游的正面效应

目前，生态旅游不仅已成为一种新兴的国际旅游时尚，反过来，它也把旅游活动综合效益功能和旅游产业关联带动作用表现得淋漓尽致，从而促进了旅游活动向更高品位发展，带动区域旅游产业向自然、社会、经济协调发展的可持续型模式转化。旅游者在生态旅游活动中，不再仅仅是被动地观赏和娱乐，而是参与了更多保护环境的实际行动，从而发挥了环境教育的巨大威力。生态旅游活动也使旅游资源永续利用和良性发展以及旅游环境改善成为必然，并增强了旅游业的发展潜力和动力。其所产生的正面效应也是多方面的，既有经济效益，又有社会效益和环境效益。其中环境效益主要表现在三个方面：

生态旅游可以大大地促进和推动环境保护，而且还可通过经济手段，比如旅游资源税、旅游发展基金等，使环境保护的措施得以实施。正如世界旅游组织现任秘书长萨维尼亚克所说："旅游业可以在许多方面帮助保护环境，特别是它可以通过提供经济刺激的手段来保护那些无法通过其他途径获得财政收入的资源，如珍奇动物种群、独特的自然景区和文物。"

1）生态旅游可大大提高环境的质量

优越的环境质量是生态旅游最强大的旅游吸引力，在环境意识深入人心的现在，没有优越的环境，哪怕旅游资源再好，也不可能成为好的旅游胜地。为了发展旅游，人们往往比任何时候都更注意环境保护和环境质量的改善。

2）生态旅游也可推动对自然资源、野生动植物及环境的保护

生态旅游是一种可持续旅游，它在满足旅游者需求的同时，也会兼顾当地居民的利益，从而会使当地居民的观念发生转变，尤其是生态旅游给当地带来实际收益时就更是如此，比如农民不再伐木、打猎，而通过开展森林生态旅游、观赏野生舞动等，来维持生存和获得一定的经济收益。

3）生态旅游还可促进民族传统文化的发展与保护

生态旅游提供了一条保护民族传统文化的有效途径。生态旅游需要提供保护良好的人文生态环境，尤其是保持着原始古朴民风的原汁原味的人文生态资源，因此发掘、整理和提炼那些最具民族特色的风俗习惯、历史掌故、神话传说、民间艺术、舞蹈戏曲、音乐美术、民间技艺、服饰饮食、接待礼仪等民族旅游资源，使这些民族文化的瑰宝得以永世流芳。这样，随着生态旅游的发展，当地一些原先几乎被人们遗忘了的传统习俗和文化活动又重新得到开发和恢复；传统的手工艺品因市场需求的扩大又重新得到发展；传统的音乐、舞蹈、戏剧等又重新受到重视和发掘；长期濒临湮灭的历史建筑又重新得到维护和管理等。所有这些原先几乎被抛弃的文化遗产不仅随着旅游的开展而获得了新生，而且还成为其他旅游接待国或地区所没有的独特文化资源。

6.3.3 案例研究

（1）案例一：即将被旅游所毁灭的马罗卡岛

马罗卡是西班牙贝里瑞群岛中的一个岛屿。这里曾经是一个宁静、快乐、和平的海边小村庄，白色的沙滩、美丽的迎客松和枯黄色的胡吉花遍布岛上。20世纪60年代后，一些冒险家、艺术家及好奇的游客发现了马罗卡岛，他们欣赏这里的自然风光、未被污染的海滩，以及封闭、平静、安全的环境，喜欢岛上依然保留着的世界最古老的文明。

20世纪70年代初期，随着经济的不断发展，开始有大量的游客涌入马罗卡岛。于是岛上建起了许多大众化的旅游度假设施，获得了令人羡慕的旅游收益。马罗卡从一个不知名的小岛变成了大众旅游的目的地。据统计，马罗卡岛80%的国民收入来自旅游业，50%的岛上居民都在从事旅游业。由于旅游业创造的大量就业机会，使愈来愈多的外来人口不断涌入。岛上的住宿设施快速增加，并且超过了游客增长的速度，使得旅游接待能力呈现出供大于求的情况。

到了20世纪80年代晚期，岛上开始出现了由于过度的旅游开发所造成的一系列环境问题：

地下水的过度消耗和水盐浓度的提高是其中比较严重的问题，马罗卡岛是一个水资源稀缺的地方，岛上每个城镇人口的日用水量为250L，而每个游客的日均用水量为440L，从地下抽取净水的数量大大超过了从积蓄的雨水中获取净水的数量，由于净水水位不断下降，海水随之大量涌入，使原有的净水资源受污染，这不但严重破坏了岛上农业和园林的灌溉系统，而且还威胁着公众的健康。1993年，岛上每立升净水的含盐量为1500mg，高于正常盐量的5倍。

地下水的过度消耗和水盐浓度的增加又造成了新的环境污染。岛上居民和游客越来越多地使用从外地运来的矿泉水和当地生产的纯净水，这一方面增加了交通运输量和汽油使用量，造成了温室效应；另一方面出售矿泉水、纯净水使用的塑料包装瓶又给垃圾的处理造成了困难。而且纯净水的生产也使地下水的消耗数量增加了3倍，地下水消耗和水盐浓度的状况进一步恶化。

由旅游发展造成的另一个环境问题是岛上垃圾的大量增加。据统计，外来游客产生的垃圾比当地居民高出50%。

旅游开发造成的最突出和最严重的问题是岛上的自然风景遭到破坏。层出不穷的高层旅馆建筑破坏了岛上美丽的空中地平线，原有的金黄海岸沙滩、大片的绿色沼泽和银白色的盐田都在层层叠叠的钢筋水泥中消失了。

美丽的马罗卡岛当年那令人陶醉的灿烂阳光、洁净的海水、蔚蓝的天空、秀丽的自然景观和宜人的气候，如今都已难再寻，这个靠自然旅游资源生存和发展起来的小岛如今对游客的吸引力已经变得越来越小了。近年来我国随着生活水平的提高，消费观念的改变，越来越多的人也开始在节假日出行旅游，寻找一块自然的乐土去涤荡心灵，享受自然。应运而生的也是许许多多自然环境条件较好的区域开始大规模的开发旅游，发展经济。马罗卡岛的事实可以说为我们敲响了警钟，如何才能做到既发展经济，又能保持好生态环境？于是生态旅游就提上了日程，这也是生态旅游越来越被人们重视的一个主要原因。

（2）案例二：王朗自然保护区

王朗自然保护区位于四川省绵阳市平武县西北部，地处青藏高原东缘，平均海拔3200m，总面积325km^2。保护区岩层古老，由于处在断裂地层结构之上，地震活动频繁，生态环境容易遭受破坏而较为脆弱。气候属半湿润气候，随海拔升高呈现出暖温带、温带、寒温带、亚寒带、水冻带的类型。这种特殊的气候孕育了丰富多彩的生物资源。

保护区内除了少数沿河谷地带曾被采伐而形成的桦木林外，基本上保持原始状态。几乎没有受到人为干扰，具有生态环境最基本的背景，是生物物种的天然基因储藏库。据粗略统计，保护区内植物共计97科、296属、615种，其中还包括一些中国特有分布属，植被类型有阔叶林、针叶林、灌丛和灌草丛、草甸、流石滩等，资源植物类型多样，有木材植物、纤维植物、油脂及芳香类植物、牧草及饲料类植物、中药材植物、野生水果蔬菜、野生花卉及观赏植物等。此外，还有重要的珍稀濒危植物，如麦吊云杉、星叶草、独叶草以及大熊猫主要食物箭竹。兽类共有62种，其中特有种类有大熊猫、金丝猴、小熊猫、喜马拉雅旱獭、四川林跳鼠、田鼠、普通攀鼠、四川毛尾睡鼠等。珍稀和资源兽类有大熊猫、金丝猴、牛羚、云豹和豹等，均属国家一级重点保护野生动物，此外还有一些国家一级保护的鸟类等等。图6-25是王朗自然保护区的动植物风景图。

(c)

(d)

(a)

(e)

(b)

(f)

图6-25 王朗自然保护区的动植物风景

(a) 水体与红果　(b) 竹根岔沟尾草坪花卉　(c) 原始林　(d) 高山风光
(e) 黑冠山雀　(f) 冬日栖息地

在王朗自然保护区开发生态旅游是一个很有经济潜力的方向，但是也要看到其局限性和潜在威胁。首先，旅游开发和经营引起的环境退化或破坏大部分是缓慢的，保护区很难及时作出量化指标的评价；其次，国内外对自然保护区内发展生态旅游如何规划设计，怎样开发建设等有关问题多处于理论探讨阶段，典型成功的范例或模式并不多，因此，对自然保护区生态旅游的开发必须持谨慎的态度，应严格保护，谨慎运作。

王朗自然保护区在世界自然基金会的帮助下，通过平武综合保护与发展项目（ICDP），于1999年启动了生态旅游，经过3年的实施，生态旅游在保护区有了长足的发展，并取得了成功经验。它的生态旅游开发策略由四个部分组成：

第一，按规划实施。根据自然保护区的特殊性，围绕发展生态旅游要素进行细致的综合分析研究，在此基础上，再进行生态旅游规划。

第二，可持续发展战略。在自然保护区开展生态旅游必须实施可持续发展战略，其内涵有四个方面：进行绿色开发、发展绿色产品、开展绿色经营、培育绿色体系。

第三，当地居民参与及管理。为社区居民创造就业机会，鼓励社区居民参与到生态旅游行业当中，使他们真真切切体会到生态旅游资源和生态环境给他们带来的利益，让他们支持、配合、参与管理。

第四，收入按一定比率投入环保等事业之中。

在上述策略的指导下，2001年9月，王朗自然保护区通过了澳大利亚“自然与生态旅游认证项目”（NFAP）认证标准体系的“高级生态旅游认证”。2002年5月被NEAP作为发展中国家生态旅游基准向世界生态旅游大会推荐。

从以上王朗自然保护区生态旅游开发探索获得的成功经验，可以得出结论，自然保护区开发生态旅游是有巨大发展潜力的。但是，应把“自然保护”放在首位，处理好旅游发展与生态环境保护的关系，应坚持走可持续发展道路。

注：资料来源于世界自然基金会资助的四川省平武县“综合保护与发展项目（ICDP）”。

6.4 历史文化名城型新型城镇生态环境建设

6.4.1 历史文化名城概述

历史文化名城是祖先留给我们的一份珍贵财富，这个财富不仅属于历史文化名城本身，而且属于整个中华民族，以至属于整个人类。它也不仅仅是属于一个时代，而是属于过去、今天和未来。一定要珍惜这个非常宝贵的历史文化遗产。一旦损坏，无论用多大的代价都是无法恢复的。历史文化名城的古迹、文物、名胜等等，是这些城市今后发展特有的一种珍贵的资源和优势，这种资源是无法代替的。历史文化名城就是镶嵌在中华大地上的一座座光彩照人的博物馆。

历史文化名城是对外交往的窗口，通过这些窗口城市可以看到古代和现代中国的变迁，历史文化名城保护工作做得好不好，关系很大。在旅游方面这些历史文化名城应该起先导作用，就全国范围来说现代旅游业的水平还不高，更应当首先办好历史文化名城的旅游业，来带动全国旅游业的发展。这种示范作用、窗口作用、先导作用，是历史赋予历史文化名城的光荣责任。

历史文化名城的发展战略研究比其他一般城市更加必要，更加重要。历史文化名城有丰富多彩的文物古迹和名胜等优势，而且各个城市又是各具特色的，这里大有文章可做。国务院先后于1982年、1986年和1994年先后公布了三批国家级历史文化名城，第一批24座、第二批38座、第三批37座，共计99座，这99座历史文化名城就像每个人一样，一个人一个面孔，每一个历史文化名城都有每一个独自的特色。但是归纳起来，大体上具备以下一些特点：

（1）历史悠久，古迹多

我国是世界著名四大文明古国之一，各族人民在长期艰苦而光辉的斗争中，用高度的智慧和血汗创造了无数古代奇迹，99 座历史文化名城是历史的最好见证。目前，经普查，我国的地上地下古遗址、建筑物有 6.3 万处，公布为各级文物保护单位的两万处，全国重点文物保护单位 243 处。其中，各城均有驰名中外的占有举足轻重地位的古遗址、古墓葬、古建筑，其数量之多，质量之高，门类之齐全，是世界上其他国家无可比拟的。

（2）风光秀丽，名胜多

历史文化名城大都具有类型多样、风貌多彩的自然风景资源。亿万年来，由于地形的发育，地壳的变化，风化淋镕，天工开物，塑造出各种别具特色的风景区。

（3）人文荟萃，名流多

在历史文化名城的形成和发展过程中，文化是发展过程中的一个基本方面，名城孕育和荟萃了许多为祖国文化作出卓越贡献的思想家、文学家、艺术家、科学家和无数民族英雄豪杰。

（4）经济发达，物产多

我国 99 座历史文化名城，除少数几个源于攻击战守的需要，而成为政治的或军事的中心以外，多数皆位于沃野千里、物产富饶的地带，成为当地的商品集散地。有的地处交通要塞，成为内外贸易的重要枢纽，带动各业的繁荣，成为经济发达物产繁多的地区。

6.4.2 历史文化名城开展生态建设的必要性

近一段时间，历史文化名城不断传来的消息令人忧心：襄樊宋明城墙一夜之间被夷为平地，遵义会议会址周围的历史建筑一拆而光，福建的三坊七巷名存实亡，高速路穿过中山陵绿化区，高架桥迫使三元里抗英炮台搬家……每一次都会出现自发的“保卫战”，但每一次几乎都以保卫者的失败告终。

难道经济建设与文化遗产保护不能兼顾吗？

（1）历史文化名城在建设的名义下被破坏

近年来随着城乡建设的兴起和房地产开发的热潮，历史文化名城和名城传统街道的破坏日趋严重。2000 年 3 月 10 日，我国第一个关于历史文化名城保护的议案上交全国人大常委会。在这份议案上，有 31 位人大代表签名，其中 25 位是全国人大常委会委员。议案中写道：“这些具有很高历史价值的古建筑一旦惨遭摧毁，就永远不能再生，即使按照原样重建，也丧失其历史价值和信息。由于房地产开发经济利益的驱动和地方政府某些领导人的行为缺少制约，破坏历史文化名城的势头形成了一股强大的力量。”

国家文物局局长张文彬说，近 20 年来，不少城市追求大规模的建筑群，导致城市面貌千篇一律，而这种单一面貌的文化正在吞噬以历史城镇、街区、古老建筑为标志的城市特色和民族特色：拆除、迁移文物古迹，使之成为孤立的陈列品；不进行必要的考古发掘，导致永久性的损失……

匆匆于现代化进程的人们，在付出了惨重代价之后，终于明白了保护自然生态的重要，开始了还林还绿。可是相当多的人特别是决策者对保护良好的文化生态依然没有足够的重视，一边建设一边破坏的事情时有发生。须知，自然的绿色是人类生存的条件，而文化的绿色是民族精神延续的基因。自然环境生态破坏了可以弥补，而历史文化生态一旦破坏即无从恢复。

（2）文化遗产是民族精神的载体，我们无权毁坏她

对文化遗产的保护，不少人认为：这些旧时代的陈迹，是落后生产力条件下形成的，有多少能够满足新时代的要求？还有一些人不满地说：投入这么大的力量保护这些古物，有多少意义？难道要让死人压死活人吗？

国家历史文化名城保护专家委员会副主任郑孝燮说："这完全是对历史的无知！是对民族文化的虚无主义态度！我们今天的文化，不是海市蜃楼，她植根于我们脚下的大地，是由一代又一代人的心血汗水浇灌发育起来的。毁掉了文化遗迹，我们就看不见今天发展的基石，就无法告诉后人我们是从哪里来的。"

历史文化遗产不属于我们这一代人，我们无权定夺它们的命运，我们只是后人委托的文化遗产保管人！"两院"院士吴良镛说，"如此无视历史文化名城的价值，只把其当'地皮'使用，无异于拿传世字画作纸浆，将商周铜器当废铜！"

（3）新城建设与旧城改造，并不是截然的一对矛盾

被列入世界历史文化遗产名录的山西省平遥县，古城边上建设了新城，有不少很现代的建筑，而古城内却没有这样做。当地人说："古城里面盖新楼，就破坏了，就不是平遥了。"这朴素的话语，道出了历史文化名城保护的一个基本常识：要做好名城的保护工作，就必须在城市规划上做到新旧分开、新旧两利，而不是新旧叠加、新旧矛盾。

环顾国内各大历史文化名城，许多城市的规划都是以旧城为核心，向四周蔓延发展的。60年代，巴黎曾在古城中心区建设几幢高楼，遭到众多市民强烈反对，市政府调整建设方案，在距古城5公里之外的德方斯建设现代化的商务中心区，此举既保护了城市的历史风貌，又促进了经济的发展。

那么，古城区就一点儿都不能动了吗？那些危破的街区就不需要改造了吗？

中国文物学会会长罗哲文说："古城区并非一点儿也不能动，关键是要立足于整治，而不是大规模拆除或改造。"国内外的实践证明，在大力发展新区的同时，历史文化名城保护区立足于小规模整治，是降低城市改造成本，最大限度保持城市文化个性的成功模式。

基于上述历史文化名城的发展现状，我们必须对历史文化名城采用生态建设的理念来进行保护性的建设和开发。下面是两个历史文化名城的保护规划案例。

6.4.3 案例研究

（1）案例一：平遥

平遥是我国现存保存最完整的历史文化名城，具有完整的历史风貌和明显的地方特征。平遥古城是按中国传统"礼制"思想规划建设而成，反映了明清时期的汉民族文化特色和新型城镇的形态特征。平遥县文物资源十分丰富，古迹众多，到如今仍保存完整的传统民居院落3797处。古城内至今保持着明清时代格局，街巷组织结构为"四大街、八小巷、七十二条蛴蜒巷"，城墙、街道、店铺、民居、寺庙等构成古城空间，具有深厚的文化底蕴和浓郁的地方特色。图6-26是平遥县城的部分历史文化古迹图。

1997年12月3日，在意大利的港口城市那不勒斯召开的联合国教科文组织世界遗产委员会21届大会上，历史文化名城平遥被列入《世界遗产名录》，这是我国历史城镇第一次列入世界遗产名录。标志着我国历史文化名城的保护工作已得到世界的肯定。

平遥的历史文化名城的保护最重要的就是使名城的历史文化得以延续，城市经济和城市建设得以发展，同时还要赋予古城新的生命力。

在山西省城乡规划设计研究院编制的保护规划中，将平遥县城的历史文化古迹进行了分级、分类，并分别明确了各自要保护的内容、划分保护范围，提出保护的要求及措施。集中体现在以下几个方面：

1）全面保护突出特色 要对平遥古城进行全面保护，既要将古城2.25平方公里的整体风貌都得到保护，又要将古城具有地方特色的历史方化，进行保护和开发。同时，还要突出和强化平遥特色。

2）保护与改造相结合 在平遥古城中保存历史风

(a)

(d)

(b)

(c)

(e)

图 6-26 平遥县城历史文化古迹图

(a) 南大街 (b) 北大街 (c) 百川通票号旧址 (d) 古县衙内 (e) 拴马石

貌和改善生活居住环境是两个同等重要的问题，必须统筹解决保护与建设之间的矛盾。

3）古城保护与新区建设相结合 古城是县城经济和生活的重要部分，必须与新区建设同步进行，以减轻古城的压力。

4）名城保护与旅游开发相结合 将旅游业纳入经济发展轨道，充分发挥文化资源的优势。

注：资料来源于《平遥历史文化名城保护规划》

编制单位：山西省城乡规划设计研究院

（2）案例二：龙潭

龙潭古镇，位于重庆市酉阳土家族苗族自治县东南，渝、湘、鄂、黔四省市交界的武陵山区腹地，是一个有近三百年历史、融地方民族文化与中原文化为一体的山地城镇，也是重庆市第一批历史文化名镇（图 6-27）。

龙潭古镇的特色，包括自然山水、人文历史、建筑环境三类。自然山水表现在城镇选址、规划布局、防灾减灾等方面，体现天人合一的唯物观、万寿辰辉、笔架韵奇、白岩挂榜是其中的代表；人文环境以民族服饰、语言、舞路、习俗等为特色，体现土家族、苗族、汉族等多民族文化水乳交融的特点，土家摆手舞、木叶情歌是其中的代表；建筑环境，以清代石板街、传统民居、会馆建筑、名人故居以及与水文化相关联的码头、水井等为特色，体现巴渝传统文化，其中万寿宫、吴家园子、王家大院、谢家院子等，是典型的山地民居院落，并融汇了江西、湖南等地水乡民居建筑的特点。图 6-28 是龙潭古镇古迹风景图。

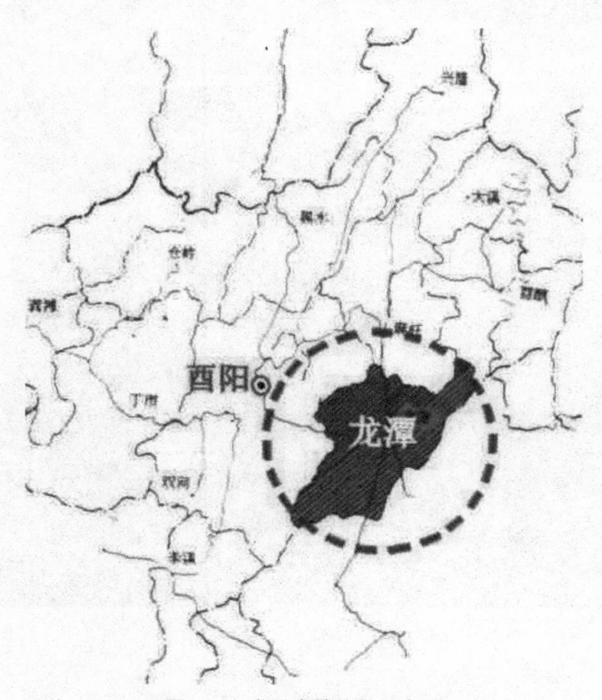

图 6–27 龙潭古镇位置示意图

(a)

(b)

(c)

(d)

图 6–28 龙潭古镇古迹风景

(a) 龙潭河 (b) 江西建筑风格的封火墙 (c) 甘家码头 (d) 屋顶

龙潭古镇位于武陵山区，湘、渝、黔、鄂四省交界所在的土家族、苗族世代聚居之地。旅游资源十分丰富，特色鲜明，环境容量大。作为历史文化名镇与少数民族风情展示的重要场所，龙潭古镇与周边旅游景区，如黔江小南海地震遗址公园、武隆仙女山森林公园、酉阳桃花源及乌江画廊，有较理想的协调互补性。由于地处渝东南旅游环线与张家界旅游线路的交点，具有发展都市休闲、观光、怀古的重要旅游潜质。

于是规划布局了“三点两线一中心”的旅游路线，三点即龙潭北部自然山水景区、中部传统文化与建筑景区、南部生态农业与休闲观光景区；两线即龙谭河水上游线、古镇石板街游线；一中心即古镇民风民俗展示区。

旅游的开发必然会对古镇生态环境带来一定的影响，为了保护古镇，划分了风貌保护核心区、风貌控制区、风貌协调区和一般控制区四个层面，对每个层面都按照不同的要求进行规划管理和保护。其中核心保护区内的建设要求要保留与维护传统的风貌与特色。对一些重点建筑进行定期的维护整治，并对古镇建筑高度也分区进行了控制，保持了古镇的风格协调、视觉景观与建筑空间的完善。

（3）案例三：周庄

小桥、流水、人家；清悠、闲适、自然；街道寂静，而河道喧哗；前门开店，后门住家；楼下是铺，楼上生活……这是传说中的周庄，虽然这个传说直到 1992 年在余秋雨风靡一时的《文化苦旅》一书中的“江南古镇”一文里还能找到众多踪迹。而今天，我们只能在夜晚体会一些没有人气的风貌。那些典型的江南建筑，美丽的小桥、流水在纷繁的现代旅游下，变得已不再闲适。水污染的问题成为越来越让周庄人头疼的问题，也成为周庄旅游业发展的瓶颈问题。图 6-29 和图 6-30 是未开发旅游前的传说中的周庄和开发旅游后现实中的周庄图。

图 6–29 传说中的周庄

图 6–30 现实中的周庄

周庄四面环水，其水流方向和速度受镇区北急水港的影响而变化较大，当急水港流量小于 25m/s（或静风）时，河道呈滞留状态。由于历史的原因，居民的生活污水几乎全部直接排入河道，仅有少部分生活污水经过化粪池做简单处的预处理；古镇区内现有几十家饭店、多座公厕，大多将污水直排入河道；加之每天旅游人口较多，对古镇水环境造成了相当大的压力。根据 1999 年的监测结果，河道水体已遭受较为严重的污染。这对古镇旅游业的发展造成了严重的威胁。于是周庄镇政府决定建设污水收集管网，建造污水集中处理厂，以改善河道水体水质、维护古镇风景。

1）污水收集管网

污水经收集管网进入污水处理厂，周庄古镇污水收集管网的规划及实施难度较高，古镇建筑属于保护性建筑，故污水收集管网需周密考虑各种因素。根据当地地形，以河道为分界线将面积约 0.47km^2 的古镇区分为以下 5 个区域：后港以北、油车漾与南北市河之间为Ⅰ区，后港、油车漾、中市河、南北市河包围区域为Ⅱ区，中市河以南、南北市河以西、南湖以北区域为Ⅲ区，南北市河以东、银子浜以北区域为Ⅳ区，南北市河以东、银子浜以南、箬泾以西、南湖以北为Ⅴ区（图 6-31）。

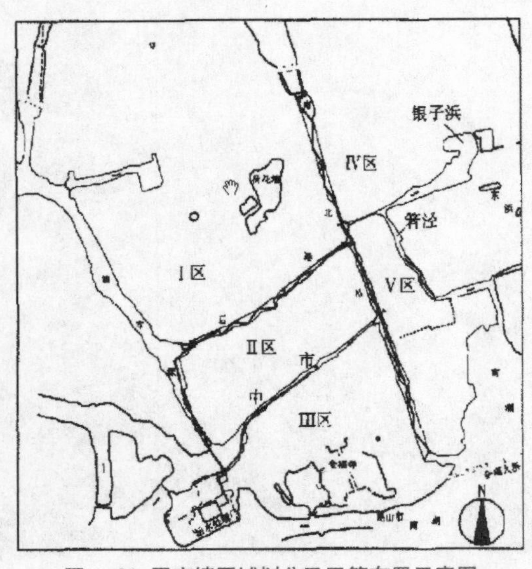

图 6–31 周庄镇区域划分及干管布置示意图

2）工程实施

根据污水收集管网工程的相关经验，可设置污水自流方法，即污水依重力自然流动输送收集。基本原则是：采用分散式多点收集方法，重新敷设各户污水管排入就近的化粪池，再接入支管或干管。

因普通重力流管道系统中沿程检查井较多、场地有限，在河道清淤时，于河道底部敷设暗渠（暗管），各方排水管路均沿河接入暗渠（暗管）中，在接入暗渠之前，各方排水支管经格栅等截除大颗粒漂浮物质。暗渠（暗管）兼起化粪池的作用，于一定间距处、接入点处或转弯处设置清淤用检查井，沿河底通向岸边（图 6-32）。

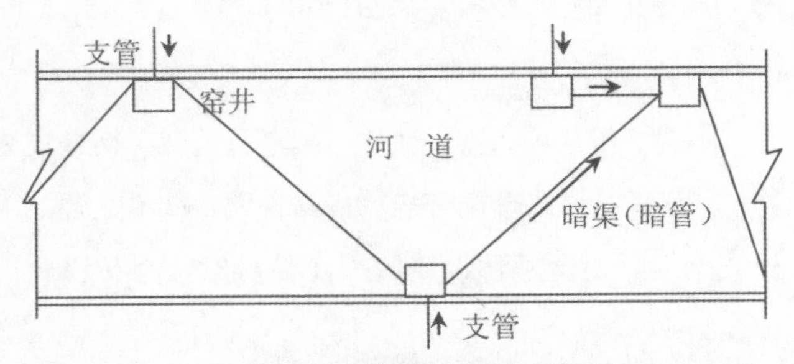

图 6–32 重力输送管线敷设示意图

鉴于管道埋深较大，为减少施工难度、降低投资费用，设置提升设施（即中途泵站）。在管网干管末端设置集水井，经泵提升至污水处理厂。

因周庄古镇餐饮业较为密集，该部分污水进入管网系统之前，需设置隔油预处理。经实地踏勘后，确定将污水处理厂建于古镇西南角，考虑到污水处理厂

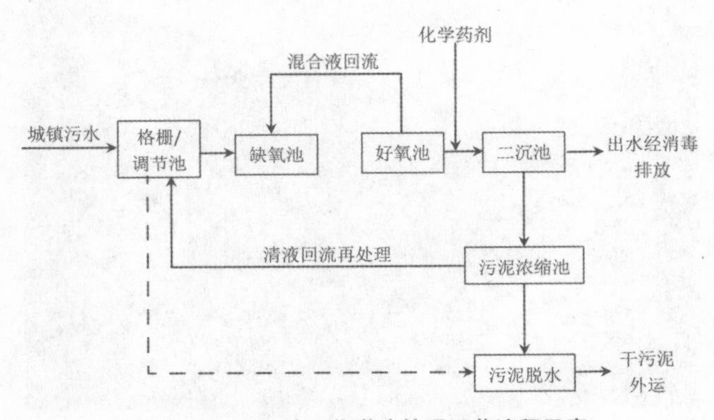

图 6–33 A/O 法＋化学法处理工艺流程示意

所接纳的生活污水水量较小，时段也不均匀，所以选择了 A/O 法＋化学法处理工艺，这种具有良好的抗冲击负荷能力，系统能在短时间高浓度或大流量进水时处理效果仍能维持较好的水平。处理工艺流程示意见图 6-33。

6.5 城区卫星型新型城镇生态环境建设

6.5.1 城镇化及卫星城

（1）卫星城：城镇化的道路

卫星城是城镇化的产物，也是城镇化的一个重要标志，迄今的人类发展史，也是城镇化的历史。在人类城市发展过程中，经历了不定期不固定地点菜市→定期定点菜市→常年固定地点菜市→集镇→小城市→中城市→大城市→特大城市→超大城市九个阶段。这九个阶段的依次渐进发展，取决于生产力发展水平的自然历史过程。前六个阶段是人口向心城镇化过程，而在特大城市到超级城市阶段则是逆城镇化阶段。建设卫星城是特大城市发展过程中不可逾越的一个阶段。从经济地位来看，大城市有一个向国际经济中心→国际大都市→大都市带发展的趋势。其经济辐射体系依次为：特大城市→大城市→中城市→小城市→新型城镇→小集镇→农村，辐射程度依次递减。城镇化与发展卫星城，这是两种互相对立的城市发展变化现象，同时十分鲜明地发生在我国不同地区。

国外有关城市最适规模的讨论，最具现实意义的要数波兰学者提出的“门槛理论”。该理论认为，城市发展到一定程度，常常会产生一些阻碍城市进一步发展的因素，诸如自然环境、建设技术、地域结构等，似乎城市增长存在一个极限。城市人口规模越趋近这一极限，限制性因素的作用就越强，城市人口增长也就越困难。这时，需要投入一大笔资金，用以消除障碍。这笔巨资便构成城市发展的“门槛”，门槛越高，投资越大。对城市发展的制约作用越强。高门槛迫使城市采取多中心、分散化的总体布局模式，在城市周围发展卫星城。

人类历史上最早的卫星城，要数古希腊雅典的卫城——在城外地势险要的地方设立的保卫城市的城堡，其意义仅限于军事目的。我国古代三国时董卓修建的郿坞，仅用于供贵族享乐。

1915 年，美国学者台依拉的著作《卫星城镇》一书，首先使用“卫星城”概念。稍后，“花园城市”理论的追随者、英国建筑师恩维，在花园城市理论的基础上提出了首个卫星城方案。他成为卫星城的实际创始人。他又是伦敦郊外两个花园城市的设计者。当初的卫星城，以疏散城市人口为宗旨。此外，柯比西埃提出过“光明城”，我国钱学森先生提出过“山水城市”的设想。美国规划师惠依顿提出用绿地限制大城市发展，并在绿地外建设卫星城。1924 年，阿姆斯特丹国际会议上，“卫星城”的名字得到公认。英国的翁文灏•阿伯克比在主持大伦敦规划时，在外围设计了卫星城镇。1946 年，伦敦市政府颁布“新城法”，开始以法令形式规划卫星城建设，“新城”也由此得名。

（2）现代卫星城的特点

卫星城的发展也是时代发展的必然选择，现代卫星城具有几个共同的特征。

1）与主城的经济联系密切

卫星城的产业安排、交通网络组合、文化渊源、人口组成等，都与主城的关联度甚高。产业相关度和人口通勤率可以作为主要指标。卫星城非农人口不低于主城 10 个百分点，国民生产总值的 60% 从主城相关产业产生，人口通勤率占 15%，劳动力通勤率占 25% 以上。这是新型的生产力布局形式。卫星城面向的是主城，而县城和新型城镇面向的则是农村。

2）与主城相邻

卫星城与主城之间的距离比 100 年前呈拉长趋

势，这主要取决于交通工具的发展程度。两地之间距离一般在 20 ～ 100km 之间。

3）人口数量达到一定规模

当今 20 万人口以上的城市才有较高的经济效益。

4）卫星城具有对主城功能延伸、补充、修正、完善的功能

卫星城是一个动态概念。今天，对现代城市的卫星城的标准，各国不同，学者看法也不尽一致。我们认为，主要有以下几个：①人口数量达到一定规模。今天应在 20 万人口以上，以便取得聚集效应；②非农人口比重不低于 60%，即卫星城以二、三产业为主业；③三产比重不低于主城的 10%；④与主城之间的交通通达程度不超过公共交通 1h 的车程，以满足往来于主城上下班的工薪阶层的交通需要；⑤人均 GDP 不低于主城的 10%。

（3）我国卫星城发展现状

卫星城和特大城市是紧密联系着的，从其基本含义来看，卫星城就是地处大都市周边、同大都市的中心城区有一定距离、具有一定数量人口规模、并且同大都市中心城区有着密切联系的新兴城镇。

发展卫星城是城市建设的需要，卫星城作为郊区城镇化的龙头，既要分担市区的相应功能，吸引市区人口向卫星城转移，缓解市区人口压力；又要承担本地区综合功能，带动周边地区的经济和社会发展。

在上海的周围邻近地区，松江、嘉定、闵行、青浦、南汇、奉贤、吴淞和金山等郊区卫星新城的发展势头十分强劲，且上海卫星城的发展在事实上还越出了上海的行政地域；隶属于江苏省的昆山、太仓和隶属于浙江省的嘉兴和嘉善等地的中小城市发展很快，其城区面积、城市人口规模和城市经济实力等都接近或达到中西部地区的中等城市。而且在不少特大城市的周围，原有的一些郊区和卫星城镇已经发展为与大都市城区连绵相连。在上海中心城区北翼的吴淞—宝山地区、南翼的莘庄、闵行地区，都已经同中心城区基本连成一体；原来在北京城区外围的石景山、颐和园、回龙观、高碑店、南苑、长辛店和卢沟桥等地区，现在都已经同北京中心城区连成一体；临近广州的佛山、南海、黄埔等原本为卫星城镇地区，现在也已经基本上同广州中心城区连成一体。

6.5.2 城区卫星型新型城镇

（1）城区卫星型新型城镇的内涵

我们这本书中所指的城区卫星型新型城镇，是特指一些中、小型城市中心城区周边的小型行政建制镇。这类新型城镇在地理位置上介于中心城区与农村之间，在联结城乡关系上起着承上启下的作用。既具有城市的某些职能，又与农村生产、生活有着密切联系；既可在城乡物资交流和信息传递中发挥其纽带、桥梁作用，活跃农村经济，又可就地利用广大农村的农业资源和地方性的资源发展农产品加工和商品零售业；可以使乡镇企业向新型城镇集中，对中心城区的工业化生产能力和水平有所促进和提高。同时这类新型城镇交通也相对比较便利，人文及生活环境相对农村而言也相对较好。我们将这一类新型城镇命名为城区卫星型新型城镇。既接受中小城市中心城区的辐射带动，承担一定的经济和社会发展功能，同时其自身也对周围农村具备一定的辐射带动作用。

（2）城区卫星型新型城镇生态建设的重要性

在国内外建成成功的大都市，如英国的伦敦、日本的东京、美国的纽约，无一例外地在都市区内建设有大片的绿地或森林，同时大多在城市外围建设大片的环城绿带，目的既是为了阻止城市的过分扩张，同时也缓解了城市开发所引致的城市热岛效应。很多观点认为在新型城镇不必进行大规模的绿地、森林等生态建设，其实这种观点有失偏颇，不管是大都市，还是新型城镇，保有大面积的生态用地，进行森林绿地的建设，对于保持环境、生态、经济的协调，实现可持续发展都是非常重要的。

城区卫星型新型城镇作为中小型城市的卫星城镇，在位置上，与城市中心区有一定的距离，在功能上，承担着中小城市的部分产业分工，从我国的实际情况而言，大多是承担了工业组团的开发或者工业园区的建设。这就要求这些卫星新型城镇既要与城区保持紧密联系，同时又要与城区之间建设安全的生态屏障，并承担起城区生态建设不足的补偿功能。这些卫星新型城镇本身的建设就应该是一个可持续性的生态型新型城镇的建设。

6.5.3 案例研究：深圳布吉镇

深圳市龙岗区布吉镇是深圳市的重点工业卫星镇，紧靠深圳经济特区，交通非常便利。布吉镇经济繁荣，1998 年全镇农民年人均集体分配收入 7160 元，已形成了以工业为基础，第三产业为支柱，三大产业齐头并进的经济发展格局，是广东省乡镇企业百强镇。全镇现已形成南岭科技园、坂雪岗工业区等 11 个较大规模的工业区。

可以说布吉镇走出了以新型工业化带动城市化的发展道路，在这个道路的过程中，先后实现了三个转变：由低附加值向高附加值产业的转变、以外资企业为主向民营与外资并重的转变、以工业化带动农村向城市化的转变，从实质上推动了城市化的进程。

布吉镇的工业化发展模式的特点主要表现在：

（1）信息化带动工业化

主要表现在两个领域：一是以高新技术产业的发展来促进工业化的发展；二是利用信息技术改造传统产业。

（2）外源经济内源化

充分利用了深圳经济特区毗邻国际市场的区位优势，在外向型经济高度发达的基础上，逐步将经济发展的主导角色由外资企业向民营企业转移，使民营资本成为推动本地工业结构调整的主导力量，也成为布吉镇外源型经济实现内源化的重要路径。

（3）龙头企业带动行业集聚

通过重点项目建设，形成了一批以华为为代表的高新技术产业集群；以联创电子为代表的家电产业集群；以大芬村油画为代表的文化产业集群等，实现产业规模效益和集聚效应，带动全镇及周边地区关联配套产业的发展。

（4）中小企业实现规模化

众多的中小型企业在自己的专业领域内做专做精，逐步发展形成规模，以有效地发挥地区集聚效率。

（5）工业化带动城市化

优化规划布局，实现组团式发展，工业化带动区域的城市化，实现农业转变为工业，农村转变为社区，农民转变为居民的三大转变。表 6-3 充分展示了布吉镇在工业化带动城市化发展过程中“三农”特征的演变。

表 6–3 布吉镇新型工业化带动城市化过程中“三农”特征演变表

	1978 年前	80 ~ 90 年代	本世纪初	2008 年后
城市化特征	乡	镇	小城市	大市区
城市化进程	农村时期	新型城镇时期	卫星城时期	城市化时期
主导产业	农业	传统工业	新型工业	城市产业
产品代表	大米	玩具	家电	信息产品
村（居）民依靠方式	土地	厂房	技术	文化
村（居）民追求目标	自食其力	租金	效益	健康
村民实际身份	农民	小业主（房东）	公司股东	市民
劳动力村民平均文化程度	小学	初中	中专	大专
村（居）民年人均收入状况	贫穷型（低于 200 元）	温饱型（低于 5000 元）	小康型（高于 10000 元）	富裕型（高于 15000 元）

注：布吉镇农民 1978、1989、1999、2003 年人均收入分别为：117 元、4862 元、11100 元和 15910 元。

布吉镇走出了一条我国沿海地区乡镇的新型工业化道路，伴随大量劳动力的转移和向高新技术产业的集聚，形成了显著的产业集聚效应和规模效益，极大地提高了当地城市化的发展水平，实现了工业化与城市化的同步推进与相互促进，奠定了区域经济与社会协调发展的坚实基础。布吉镇促进新型工业化的经验和做法，对我国沿海新型城镇地区推进新型工业化和城市化具有一定的启示和借鉴意义。

6.6 生态退化型新型城镇生态环境建设

6.6.1 生态退化

（1）土地退化

土地是一个由气候、土壤、生物、水文等组成的生态系统和自然综合体。土壤退化是指在人类经济活动或某些不利自然因素的长期作用和影响下，土地生态平衡遭到破坏，从而土壤和环境质量变劣，调节、再生能力衰退，可塑性变差，承载力变弱的过程。土壤退化是自然因素和人为因素共同作用、相互叠加的结果。自然因素是土地退化的基础和潜在因子，而人类活动则是土地退化的诱导因素，大多数土地退化是自然退化的过程，而人为因素起到推动和叠加的作用。土地资源的特点是数量上的有限性和质量上的可变性，土地退化通常表现为数量减少和质量降低。数量减少可以表现为表土丧失或整个土体毁坏，或是土地被非农业占用。质量降低表现为土地在物理、化学和生物方面的质量下降。

在我国，春秋时代就有关于土壤侵蚀、毁林以及其他环境问题的记述；南宋的陈傅在《农书•粪田之宜篇》中就曾提出土地退化问题。20 世纪 50 年代末，有关专家开始注意到资源不合理利用及由此产生的生态环境问题。自 20 世纪 80 年代以来，特别是近些年来，全球变化、生物多样性丧失、环境污染、生态退化问题已日益成为困扰我国农业可持续发展的重要因素。因此，国内外专家和政府从不同角度开始了生态恢复的研究。

土地退化和土壤退化往往是交织在一起的。有关土地退化和土壤退化，龚子同认为，以生态学观点来看，土地退化就是植物生长条件的恶化，土地生产力的下降。史德明认为，土壤退化有广义和狭义的两种含义：广义的含义指在不受人类活动的自然条件下形成的，目前人们尚难控制其发生发展；狭义的含义是指由于人类不合理的生产活动和自然因素的综合作用，导致生产力衰退甚至完全丧失的过程。史培军认为，土地退化是天（即气候方面的影响）、地（即地表物质与地貌方向的影响）、人（即人类物质文化活动的影响）相互作用形成的。“天”的影响决定着土地退化是必然的和广泛的，“地”的影响决定土地退化是类型多样的和区域性的，人的影响决定着土地退化的程度和可改变性。

（2）生态退化的原因

1）侵蚀

侵蚀是一种自然过程，也是一种地形地貌的再塑过程，它通过自然力作用于生态系统，使生态系统的结构和组成成分发生相应的变化。侵蚀的作用通常是从土壤、植被共同开始，而其作用的终点也许就是土地完全丧失生产力，生物群落消失，形成沙漠、戈壁、裸土地、裸岩等地貌，而不再使土地具有生态系统的结构和功能。从其自然力的来源可分为：风力、水力、冻融、重力等。风力侵蚀的生态退化过程就是通常说的沙质荒漠化过程；水力侵蚀即通常说的水土流失，水土流失是一个分布范围最广的自然力侵蚀形式，它的作用过程是自然降水通过对地表的冲刷以及其形成洪水对地表的冲蚀面造成一系列的侵蚀过程；冻融是近些年来才引起人们重视的一种自然力侵蚀形式，目前认为冻融侵蚀的区域仅限于青藏高原土体部分，这种自然力作用于生态系统首先表现为地表土壤出现冻胀丘、冻融裂缝等，形成多边形土，土壤母质通过冻胀作用运移到地表或冻融裂缝之中，随作用力的加深或时间的推移，生草土层形成破碎的“块”状，一旦土层融化或其他外力如风力、水力、重力、牲畜践踏等作用力给予叠加，其生草土层就被剥蚀，地表植物群落也随之消失，形成母质裸露的地表，导致生态系统退化或丧失；重力作用主要造成崩塌、泻溜、下陷等，破坏局部地表。

2）火

火是由于闪电、岩石下落产生火系、火山爆发或人类活动而引起的，火会使原生生态系统遭受严重损害，甚至使原有生态系统消失，构成大面积退化生态系统。火对土壤有深刻的影响，由于火烧后的裸露土壤或黑灰覆盖的土壤可以吸收大量的太阳能，因而火烧后的土壤温度较原来提高。火烧如果影响到土壤有机质含量，则对土壤的影响是长期的，引导土壤退化，从而也影响植被的退化，火烧还可能通过苔藓类植物的消失而增加水分的蒸发。火可以消除土坡上层的微生物，改变了土壤中微生物群落构成以及微生物种、种群的数量和比例。火灾对大型动物有严重的影响，一方面它们可能逃离火场或被烧死，另一方面，栖息地植物群落的改变也使它们因不适应而迁移。因此，火作为退化生态系统形成的因素之一，是客观存在的，火的不同频度和强度决定了许多动、植物群落的分布和结构，以及群落的演替形式。

3）人类生产活动

人类的生存和发展必须通过对自然生态系统的利用来实现，人类对自然生态系统的作用表现在开垦、放牧、砍伐森林等几个方面。开垦是把自然生态系统转化为农田生态系统，原则上讲，把物种丰富、生态过程复杂的自然生态系统转化为物种单一的农田生态系统本身就是一种退化现象，但农田生态系统作为一种人类必需的受控生态系统，从经济发展的角度来讲是必需的。开垦对土壤的影响首先是破坏天然植被，使裸露的土壤更易受自然力的侵蚀，开垦也破坏了自然生态系统腐殖质积累这一过程，改变了土壤系统中的各种水热条件和物质循环，进而对土壤动物和微生物产生影响。其次，垦殖通过引入其他因子进行高投入的生产，对土壤形成间接影响，如土壤酸化、碱化、土壤污染等，农业土壤的耕作过程是促进有机质矿化、加速有机质消耗的过程，对土壤动物、微生物及土壤结构、持水性均有深入的影响。其三是不合理的灌溉制度往往造成土地次生盐渍化。盲目地开垦是造成生态退化的一个主要方面，如把草地生态系统转变为农田生态系统，其先决条件是必须有投入，一旦不能保证农田生态系统具有较高的生产力，这种农田不仅不稳定，而且对风蚀、水蚀等自然力的作用有促发和诱导作用，往往造成风蚀、水蚀等，使农田不得不弃耕。弃耕后的农田恢复为原有的面貌需要很长时间，并且投入将增加 5 ～ 10 倍，而且其开垦弃耕还影响相邻未开垦的生态系统，使开垦农田成为原生生态系统物种流动、交换的隔离带，对原生生态系统的更新和稳定性产生不利影响。放牧是人类对自然生态系统产生作用的另一方面，合理的放牧并不会导致草原生态系统的退化，相反合理的放牧还可促进生态系统的更新和正向演替。但是过度放牧会导致生态系统的退化，退化的普遍特征是草丛变矮、覆盖度降低、物种减少，特别是优良牧草的比例减少，而杂草、毒草及一年生植物数量增加，产草量下降，进而使生物生境恶化，出现沙化、盐渍化等现象。森林的采伐也是导致生态退化的因素之一，首先森林砍伐后林地裸露，根本地改变了原有生境，使森林生态系统转化为灌丛或草地生态系统，即使间伐、择伐及重择伐也使森林生态系统组分发生不同程度的变化。其二是森林采伐之后使原有的截留雨水功能减弱，造成水土流失的发生。其三是森林大面积采伐使局域气候条件恶化，生物多样性减少，也影响到其他生态系统生境的改变，另外造成生态退化的因子还有非农业占地过程，如城市交通建设、采矿废弃地等。以采矿引起的生态破坏为例，首先，矿山开采活动对土地造成直接破坏，如露天开采会直接毁坏地表土层和植被，地下开采会导致地层塌陷，从而引起土地和植被的破坏；其次，矿山开采过程中的废弃物堆置，导致对土地过量占用和对堆置场原有生态系统的破坏；另外，矿山废弃物中的酸性、碱性、毒性或重金属成分通过径流和大气飘尘，会破坏周围的土地、水域和大气，其污染影响面积将远远超过废弃物堆置场的面积。

（3）生态退化的一般过程

生态退化是自然和人为双重影响面形成的，是一个渐进的过程，只是影响因子不同而其退化过程不同。如垦殖一弃耕过程对自然植被的破坏是一蹴而就的，过牧对退化的影响是先从其功能退化开始，逐渐改变了生态系统的结构。自然过程中如不给予人为过度干扰，则其退化速度相对来说有较长的期限，并且时段非常明显，有一定的梯度分布规律，而到达某个时期之后，如果生态因子（如气候、土壤、水分）等不继续恶化，就会有一个相当长的稳定时期。任何生态系统其退化如果是生态因子（如土壤、水分等）退化，则要恢复到原来状态很难。

生态退还的过程可以简单的表示为图 6-34。

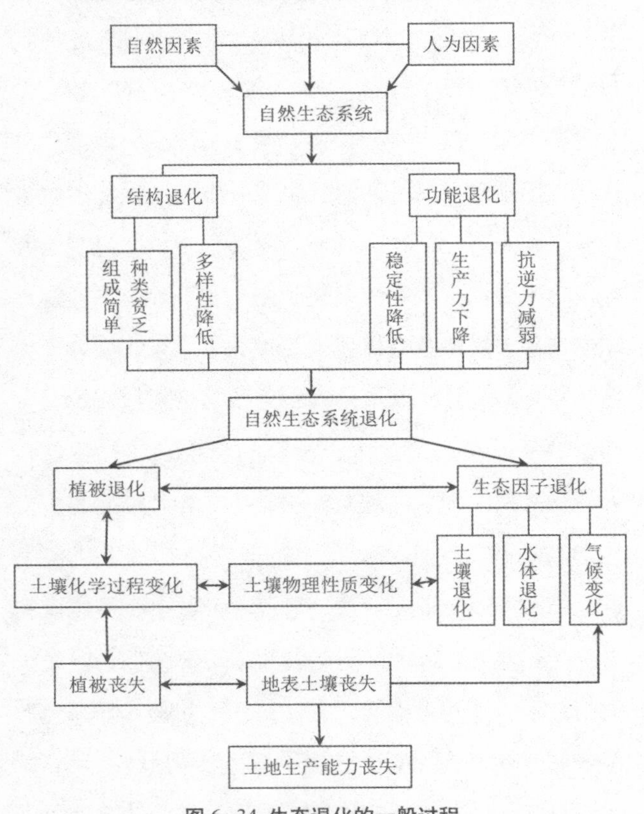

图 6-34 生态退化的一般过程

6.6.2 恢复生态学

（1）恢复生态学

恢复生态学是研究生态退化和生态恢复的机理和过程的科学，是生态学的一个分支，它研究的内容是生态退化和生态恢复的机理和过程，通过对生态系统演替规律的认识，来研究如何恢复和创造出高生产力的，在一定时间和空间尺度内具有稳定性的、并且有可持续利用性能的自然、人工以及人工—自然复合生态系统的科学。它是农业技术、生物技术与工程技术综合的大尺度生态工程的研究。它所研究的恢复过程是破坏过程的逆向过程，这一逆向过程可能沿被破坏时的轨迹复归，也可能是沿一种新途径去恢复；可能是自然进行，也可能是需要人工支持和诱导的过渡过程。恢复生态学研究的土地退化包括土地沙漠化、土壤侵蚀、土壤污染、土壤肥力下降、土地再生盐渍化和潜育化以及采矿废弃地占地一系列土地退化过程。

（2）生态恢复

1）生态恢复的内涵

生态恢复就是依据生态学原理，利用生物技术和工程技术，通过恢复、修复、改良、更新、改造、重建受损或退化的生态系统和土地，恢复生态系统的功能，提高土地生产潜力的过程。

恢复的关键过程包括：①确定引起退化的各种内、外在因子的作用机制和退化过程；②提出扭转、改善退化的方法：③确定重建物种和生态系统功能的理想目标，认识恢复的生态学局限及实施恢复的社会、经济和其他障碍因素；④建立观测生态演替的简单易行的方法；⑤提出相应尺度上实施恢复目标的可行技术；⑥在更广泛的土地利用规划和管理策略中提取并交流这些技术；⑦监测关键的系统变量，评价恢复的进程，必要时对恢复方案进行调整。

2）生态恢复的流程

生态恢复是生态退化的逆转过程，但在这个过程中不是靠纯粹的自然恢复，还须加入一定的人为手段，因而最终恢复的不应仅仅是自然生态系统，还有许多是人工建立的新的生态系统。生态恢复的一般过程是：本底调查→区域自然、社会经济条件（水、土、气候、可利用的条件等）综合分析→恢复目标的制定→恢复规划→恢复技术体系组配→生态恢复实施→生态管理→生态系统的综合利用→自然—社会—经济复合系统的形成。生态恢复的流程图见图 6-35。

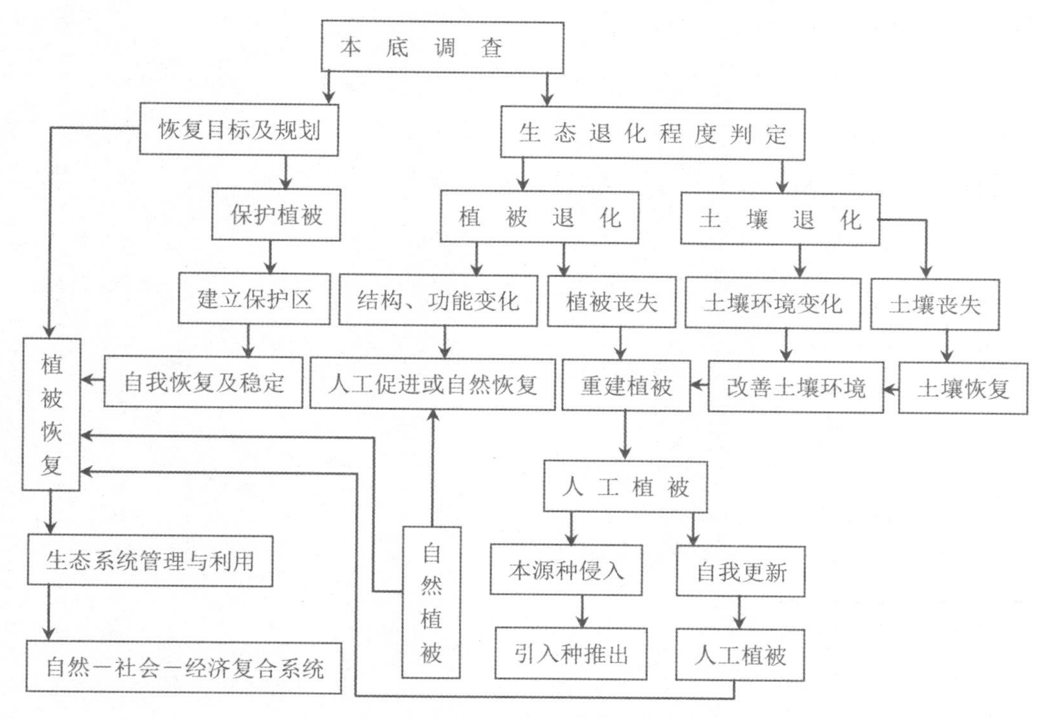

图 6–35 生态恢复流程图

6.6.3 我国土地退化与生态恢复研究

我国土地退化及生态恢复研究主要针对水土流失、风蚀沙化、盐渍化、采矿废弃地及其对农牧业的危害进行，也包括岩化、裸土化、沙砾化、土地污染、肥力下降等，因而其研究内容多分散于这些研究领域。

我国关于土地退化和生态恢复的研究主要集中在以下几个方面：

（1）土地沙漠化及其整治

沙漠化是干旱、半干旱及亚湿润干旱地区干旱多风的沙质地表环境与土地强度利用相互影响，使脆弱的生态平衡发生破坏，从而使地面出现风沙活动的类似沙漠的景观。沙漠化作为一种土地退化过程，其前期研究主要集中于发生的原因、发展过程、动力学机制、危害退化程度指标体系等方面，如土壤风蚀过程、风沙运移规律与沙漠化研究、土地沙漠化过程中植被演替等。近十年来围绕土地沙漠化过程进行风沙物理与治沙工程、沙漠形成演化与气候变化、土地沙漠化与景观变化、植物逆境生理、沙漠化对生态系统动力学作用机制等方面的基础研究。同时，沙漠化土地恢复模式和技术研究也取得了很大的进展，创造了综合治理和恢复与农业开发利用相结合的模式，如奈曼的“生态网”“多元系统”“小生物圈”、乡村户级沙漠化土地综合治理模式；西藏一江两河生物防治与生态农业模式等。工程措施方面目前成功的主要有草方格固沙、“前挡后拉”、固底削顶、引水拉沙造田、化学固沙等。生物技术方面包括沙地衬膜水稻种植技术、沙生植被恢复技术、沙区作物栽培技术、沙区节水灌溉技术、咸水灌溉技术等，这冲模式和技术为沙漠化生态恢复工作起到了推动作用。

（2）水土流失治理

水土流失主要通过地表冲蚀、水力侵蚀等流水作用使土地丧失土壤基质及有机质和营养元素，造成土地退化，进而造成土地丧失、土壤流失和土壤质量下降。目前我国有关水力侵蚀造成土地退化的研究主要集中于水土流失的动力学机制及作用过程方面。水土流失区生态恢复最成功的模式是小流域综合治理模式，它是以退化土地、结构、功能恢复为出发点，采用工程技术、生物技术相结合的方法，解除水力侵蚀作用的同时，充分利用天然降水以重建生态系统，恢复土地生产力。目前成功的工程技术主要有：支沟拦坝蓄水、水平梯田、宽阶水平带、窄带水平沟、营养柱法、地孔法、集水灌溉技术等；生物技术包括干旱造林、建植灌木、种草等。

（3）盐渍化土地改良

盐渍化是土体中积累可溶性盐，形成盐渍化土壤的过程，是一种土壤化学成分积累的退化过程。土壤盐渍化研究主要有盐渍化的成因、盐渍化土地退化过程、土壤次生盐渍化的发生发展过程以及土壤盐渍化对植物生态类群形成的影响、盐胁迫生理等方面。盐渍化改良技术主要有：①物理改良，如排水、冲洗、松土施肥、铺沙压碱等；②化学改良，包括利用石膏、过磷酸钙和磷石膏、腐殖酸类、硫磺和硫酸亚铁改良等；③生物改良，利用植物对卤碱的耐受性及植物对某些盐碱分积累的特性进行生物改良；④其他技术，主要针对人为因素引起的次生盐渍化土地，如改进农田灌溉技术、灌溉水质淡化等。

（4）采矿废弃地复垦

土地复垦是针对土地破坏而言的，就是对采矿等人为破坏的土地，采取整治措施，因地制宜地恢复到可利用的期望状态的行动或过程。目前我国采矿废弃地复垦方面的研究主要有：①开采沉陷对土壤物理、化学、生物特性的影响规律和时空变化规律研究，初步探明了开采沉陷耕地生产力下降机理；②开采沉陷对耕地景观的破坏特征和规律及其与地表沉陷相变形的相关关系研究，界定沉陷土壤侵蚀较严重的位置；③运用模糊数学方法，建立了以主导因子评价与模型综合评价相结合的土地破坏程度评价和分类模型，提出了土地破坏边界和影响角，并给予了界定方法；④地表裂缝对土壤生产力的影响研究；⑤提出了从沉陷土地资源合理利用和复垦管理到复垦工程技术诸多方面的对策。

有关生物复垦技术中的生态工程和生态农业复垦技术、土壤改良的生物技术和矸石快速熟化技术的研究方面，目前仍以现场为主，主要研究内容有：①复垦材料筛选、植物品种的优化及养分比；②先锋植物种属结构及群落特点、根系分布及生长规律；③重金属元素及盐分迁移规律；④废弃物回填的充地特征、不同乔灌草的种植条件；⑤生物链工程和生态重建中的平面、垂直等时空结构布局等研究。

6.6.4 案例研究

（1）案例一：黄土高原水土流失区——安塞纸坊沟

安塞纸坊沟过去是次生稍林区，20 世纪 40 年代以来由于人口的持续增长、至 20 世纪 50 年代末森林植被破坏殆尽，仅存少量灌木，垦殖指数高达 51.5%，谷坡地由于植被的持续破坏，水土流失严重，原生草本植被也因过牧及水土流失、干旱化而极度退化。中国科学院水土保持研究所在安塞纸坊沟开展了水土流失综合治理。

从区域恢复角度来说，黄土高原水土流失区的基准点是：①水力侵蚀使土壤贫瘠化；②侵蚀面上基质极不稳定；③大部分地区由于水土侵蚀和过度量殖，原生植被已破坏，自然恢复较为困难；④环境条件变劣，气候干旱化。

基于此，水土流失综合治理以水土资源合理利用为前提，通过强化入渗、拦蓄等工程措施，控制土壤侵蚀，以植被恢复、土壤恢复和生态农业建设为主导措施，实现生态恢复与经济发展相结合的生态经济型生态农业。

生态恢复实施三步走的措施（图 6-36），第一阶段控制土壤侵蚀，包括综合措施和工程措施。综合措施即通过调整土地利用结构，建立基本农田，保证恢复区农业经济体系的健康发展。工程措施是通过泥沙拦截、水分蓄积的工程控制水土流失。第二阶段为生态系统恢复与重建。生态系统恢复即在土壤侵蚀基本被控制之后，对一些尚未完全破坏、有一定植被的区域采用禁牧、禁垦、禁伐等措施，恢复自然植被，这类恢复法旨在退化生态系统通过自然保育，恢复到相对稳定状态。同时，对一些有一定自然植被，但自我恢复需要较长时期的区域，人工引入外来或本土植物种进行补植，使植被尽快恢复，形成自然 — 人工植被。生态系统重建主要针对退耕坡地以及因土壤侵蚀严重而建立的水平阶、鱼鳞坑等，选择适宜的植物品种，进行草、灌草、乔灌草植被的建立，建立时一般利用生物生态位理论进行品种选择和合理配置。植被建立时注重的另一措施是耕作技术，如在补播时采用钻孔法、营养杠法等，重建时采用深耕法等，这些方法一方面促进了土壤水分的保持，另一方面对播种植物的生长发育有积极意义。第三阶段是生态恢复与生态经济相结合的阶段。在这一阶段中一方面是对恢复和重建的植被进行保育，促使植物群落向稳定方向和高产方向发展；另一方面对周边区和恢复区土地进行农、林、牧综合利用，促进地方经济发展，尽快驱动自然 — 经济 — 社会复合系统的运行。

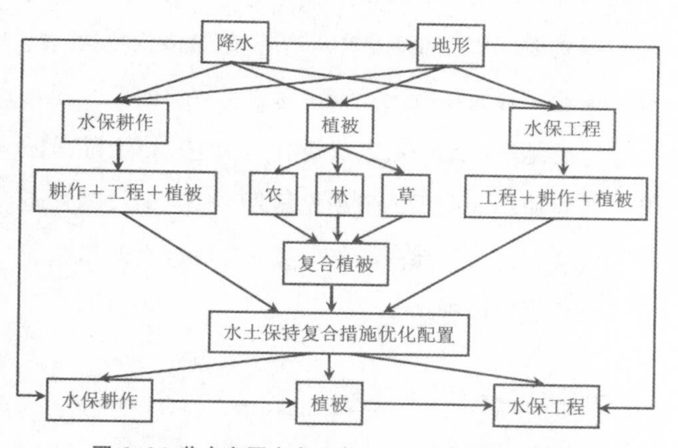

图 6–36 黄土高原水土流失生态退化区恢复路线图

在纸坊沟生态恢复实施过程中，形成的范式为：①川地 + 沟坡地地区（图 6-37）；②塌地 + 沟坡地地区（图 6-38）；③全部山坡坡地地区（图 6-39）。

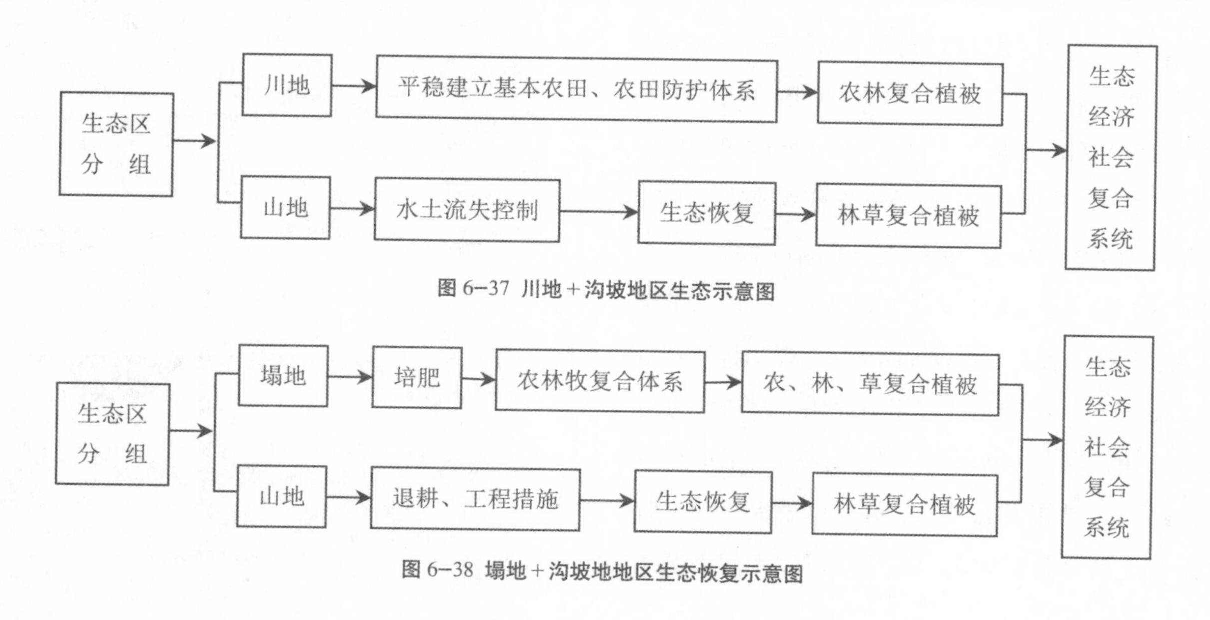

图 6–37 川地 + 沟坡地区生态示意图

图 6–38 塌地 + 沟坡地地区生态恢复示意图

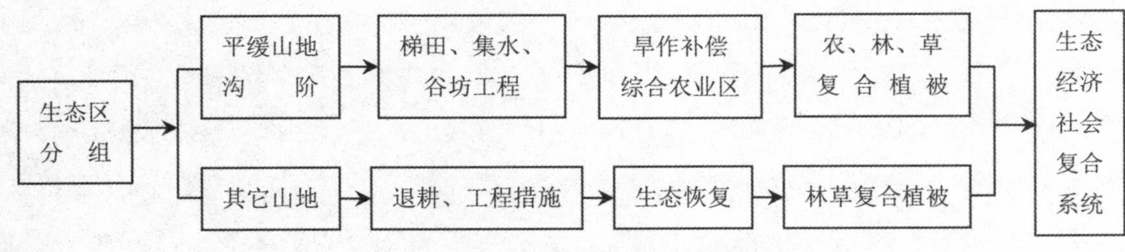

图6-39 全部山坡坡地地区生态恢复示意图

（3）案例二：煤矿塌陷地复垦——龙口市

龙口市位于胶东半岛西北侧，是胶东地区重要的煤炭生产基地，自20世纪70年代煤矿开采以来，因塌陷而征地1106.6km^2，仅农田就占2076.6hm^2，因而土地复垦显得非常重要。

在充分分析了当地塌陷地类型、分布及环境状况条件下，结合具体情况，采用了2类5种复垦模式（图6-40）：

① 充填复垦类型，利用矿区固体废渣为充填物料进行充填复垦，包括两种模式，一是开膛式充填整平复垦模式，用于塌陷稍深，地表无积水，塌陷范围不大的地块，在充填前首先将凹陷部分0.5m厚的熟土剥离堆积，然后以煤矸石充填凹陷处至离原地面0.5m处，再回填剥离堆积的熟土。其二是煤矸石、粉煤灰直接充填，用于塌陷深度大、范围较小，无水源条件但交通便利的地块。向塌陷区直接排矸或矸石山拉矸充填，使煤矸石、粉煤灰直接填于塌陷区，从而提高复垦率，避免了矸石山对土地的占用，这种复垦若其利用目的是耕种，则需再填0.5m厚的客土。

② 非充填复垦类型，即根据土地塌陷情况采用相应的土地平整等措施。根据不同的塌陷深度，采用三种模式，其一是就地整平复垦模式，用于塌陷深度浅、地表起伏不大、面积较大的地块，受损特征表现为高低起伏不大的缓丘，若塌陷地属土质肥沃的高产、中产田，则先剥离表土，平整后回填，若原土地为土质差、肥力低的低产田，则直接整平，整平后可挖水塘，蓄水以备农用；其二是梯田式整平复垦，适用于塌陷较深，范围较大的田块，外貌为起伏较大的塌陷丘陵地貌，根据陷后起伏高低情况，就势修筑台田，形成梯田式景观；其三是挖低垫高模式，适用于塌陷深度大，地下水已出露或周围土地排水汇集，造成永久性积水的地块，此时，原有的陆地生态系统已转为水域生态系统，复垦时将低洼处就地下挖，形成水塘，挖出的土方垫于塌陷部分高处，形成水、田相间景观，水域部分发展水产养殖，高处则发展农、林、果业，若面积较大，则可考虑发展旅游业。

这类复垦土地一般以农业利用为主，因而除保证其作为农业用地所需的附属设施外，还须通过秸秆还田、增施有机质、埋压绿肥、豆科作物改良的措施配套，以提高土地肥力。

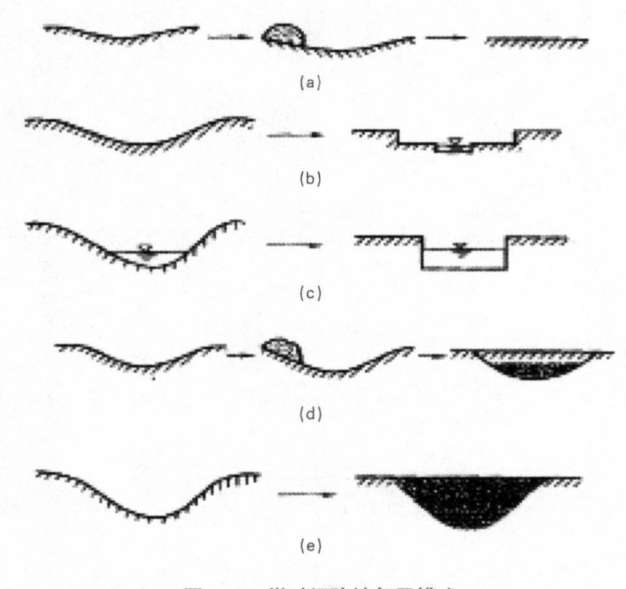

图6-40 煤矿坍陷地复垦模式

（a）就地整平复垦模式 （b）梯田式整平复垦模式
（c）挖低垫高很垦模式 （d）开膛式充填整平复垦模式
（e）煤矸石粉煤灰充填模式

7 新型城镇的生态景观建设

7.1 新型城镇生态景观建设的内涵及意义

7.1.1 新型城镇生态景观的内涵

新型城镇是我国经济和社会发展、生产和生活的重要基础。根据第六次人口普查结果，居住在城镇的人口为6.7亿，占全国人口的50.3%。建设美丽新型城镇是实现城乡协调发展的关键所在，是改善我国人居环境的重要内容。以农业、畜牧业及林业生产为主体的我国传统新型城镇，在长期的人与自然相互作用中，构建了良好的生态系统，形成了风格各异、各具特色的新型城镇景观特征。新型城镇生态景观是以大地景观为背景，以新型城镇聚落和生态景观为核心，由自然景观、产业景观、文化景观构成的生态环境综合体。新型城镇生态景观是人类在自然生态系统基础上，通过长期的生产实践，形成的“自然生态系统”“农业生产景观”和“居民生活景观”的复合景观。新型城镇生态系统、土地利用格局、新型城镇人居环境形成了地域生态景观特征，沉积着当地的历史和传统，具有丰富的生物生境和生物多样性。传统的新型城镇景观特征是历史发展的印记，体现了顺应、适应、适宜、调谐和提升人与自然和谐的生态内涵。新型城镇生态景观作为一种独特的资源，在传承中华农耕文明、协调城镇化和新型城镇风貌建设过程中发挥着重要的作用。同时它也为新型城镇休闲度假产业提供资源，能够极大地提升优势特色农副产品的附加值。

7.1.2 新型城镇生态景观建设的意义

当前，推进社会主义新型城镇建设，实现城乡空间布局、基础设施、市场和经济、社会事业和生态景观一体化建设是国家的重点任务。2009年中国城镇化率达46.6%，预计到2015年达到52%左右。根据高密度人口国家城镇化率达到50%后新型城镇的发展趋势和战略，未来中国新型城镇发展应逐步提高新型城镇发展的多功能性，主要体现在：大力推进食品安全生产，提高农林牧副渔的生产力和竞争力；提高新型城镇的生活、生态、环境和景观功能，构建城乡一体化绿色基础设施，保护生物多样性，防治新型城镇污染，保护自然资源和人文资源，维护并提高新型城镇生态景观服务功能；大力开展城乡一体化基础设施建设，提高新型城镇经济的多样性，促进新型城镇功能的多样化，发展新型城镇休闲度假经济，实现新型城镇复兴和城乡统筹发展。

作为城乡一体化建设的重要组成部分，新型城镇生态景观建设在新型城镇建设方面具有重要的战略和现实意义。

（1）增强土地综合生产能力，确保粮食和生态安全

生产发展、生态良好、生活富裕是我国社会主义新型城镇建设的最基本要求。通过水土生态安全规划、生态修复，强化生态系统弹性，提高新型城镇生产系统稳定性和综合生产能力，确保粮食和生态安全。通过新型城镇生态景观建设，降低景观破碎化，提高景观功能和空间的连通性，保护生物多样性，缓解和适应气候变化带来的影响。

（2）提高新型城镇生态景观质量，改善新型城镇的人居环境

通过生态环境问题治理、生物生境修复，推进新型城镇沟路林渠和各类绿色基础设施生态景观化技术应用，保护生物多样性，提高生态系统服务功能。通过集生物多样性保护、自然和文化景观提升、水土安全、游憩发展于一体的绿色基础设施建设，维护新型城镇区域生态安全格局，提升生态景观的功能，改善新型城镇人居环境。

（3）促进人与自然和谐发展，实现城乡的统筹发展

中央提出建设生态文明，在我国形成节约能源资源和保护生态环境的产业结构，增长方式和消费模式，这标志着我国开始了生态文明社会的建设和实践。新型城镇生态景观建设是生态文明建设、城乡统筹发展、实现人与自然和谐发展的需要。通过景观特征、历史文化遗产景观保护和提升，挖掘新型城镇景观美学和文化价值，营造生态景观和乡土文化相融的氛围，打造富有魅力的新型城镇景观，促进新型城镇休闲旅游经济发展，实现新型城镇经济和文化复兴。

7.2 国内外新型城镇生态景观建设的发展概况

7.2.1 新型城镇景观变化、效应及研究

新型城镇景观建设是推动城镇人口到新型城镇休闲度假、发展新型城镇生态旅游、增加居民收入的基础，更是协调和统筹城乡生态与社会经济协调发展、生态安全、实现和谐社会和可持续发展目标的战略需求。国际上，新型城镇生态景观建设已成为新型城镇可持续发展的重要内容。在欧洲，人们越来越多地认识到文化景观对提高居民生活质量的重要性，它不仅是日常生活、农业、自然和旅游业的主要环境和载体，也是展现国家、区域和地方特色的一个非常重要的组成要素。

新型城镇景观经常被用来研究人类调谐自然的相互作用过程，反映了一个地区的自然和人文特色。新型城镇景观也被称为“文化景观”，因为人类在新型城镇系统中的一系列活动形成了特殊的景观，如绿篱、农田边界、栅栏、梯田、树林、田间道路等。这些由人类和自然之间的相互作用而形成的特殊景观具有独特的、不可替代的生态功能和美学价值，也正是这些独一无二的景观吸引着人们到新型城镇游览休憩。

然而，人类影响的改变导致世界各地的景观也发生着变化，新型城镇景观变化已成为当今世界的热点论题。景观变化的主要驱动力是人类活动对新型城镇景观影响的频率和强度。这是因为人类影响的变化对新型城镇景观的作用是显而易见的。第二次世界大战以后，发达国家为了提高农业生产力，开始实施集约化和规模化农业生产，农业在提供越来越丰富的农副产品的同时，也使湿地、林地面积减少。同时，过度使用化肥和农药导致地下水和土壤污染，新型城镇的生态环境质量降低，生物多样性锐减。农业集约化也改变着传统农业景观，导致新型城镇景观多样性下降、生态系统稳定性降低、新型城镇美学价值受到严重损害以及新型城镇景观均质化。这些集约化农业系统影响到新型城镇组成成分的生物多样性，使新型城镇的生物多样性在过去几十年里发生了局部性的锐减。最近30年，由于交通网络发达，住宅、工作

岗位和服务设施不断地向农村地区扩散，致使农田减少、新型城镇景观开放空间减少，再加上农业生产力的发展也使农业用地减少，大量农业生产用地废弃，导致新型城镇景观、生物多样性和生态环境的变化。严重的教训，促使许多国际经济合作组织国家开始引入一系列的农业环境保护措施。

7.2.2 我国新型城镇的生态景观建设

我国自先秦以来，在“天人合一”哲学观影响下的风水学，就十分重视理想聚落和家居环境的选址，在探索理想新型城镇景观上作出了卓越的贡献，这在中国的山水画、山水诗、山水园林和很多历史文化村镇的营造中都可以引为佐证。唐代诗人杜甫诗曰：“卷帘唯白水，隐几亦青山。”表现了诗人网罗天地，饮吸山川的空间意识和胸怀。与自然相结合的思想创造了优美的文学传统，也塑造出“文人”生活方式，而这种“文人”生活方式逐渐成为中国人所追求的典型生活方式，恬淡抒情产生了另一种生活意境。在聚居形态上，表现为宅舍与庭院的融合；在居宇选址时，多喜欢与山水树木相接近，所谓“居山水间者为上，村居次之，效居又次之。”

晋代陶渊明在《桃花源记》中描绘的聚居环境是由群山围合的要塞，一种出入口很小，利用防卫的形态。唐代孟浩然在《过故人庄》的诗中，也展示了一派优美的聚落环境景观：“绿树村边合，青山郭外斜。”写出了自然环境对聚落的保护性和聚落的对景景观。这一节都说明我国的先民们对城镇生态景观已早有研究。

7.2.3 国外城镇的生态景观建设

近代对城镇景观的研究起源于欧洲，这与欧洲悠久的农业文化和自然科学研究基础有关。

欧洲的城镇景观研究主要从社会经济角度，探讨新型城镇聚落与新型城镇景观的发展过程。现已发展到对人文景观的管理、景观变化和管理、景观历史的未来发展、新型城镇景观生态学、景观中的多样性、景观的可视性、景观与地理信息系统等多学科的新型城镇景观研究。

近年来，各国开展了大量的关于新型城镇土地利用和景观变化的研究，内容涵盖了新型城镇景观变化对水源污染、水土流失、生物多样性和城镇可视化等的影响。

在亚洲，韩国和日本对新型城镇景观进行了大量的研究。新型城镇景观面临着一定危险，由于社会经济环境的变化而导致对城镇景观的遗弃，诸如逐渐减少的农村人口、日趋严重的土地利用单一化以及农村人口老龄化，都会对农村的植被、生物多样性和景观产生影响。在韩国，20 世纪 70 年代开展了新型城镇景观美化运动（即新型城镇运动），该运动一定程度上协调了城乡土地利用之间的矛盾。2000 年，韩国政府为改善农村地区的经济而制定了国家土地开发计划方案，包括向农村引入生态旅游。从 20 世纪 90 年代开始，韩国就有学者认真地研究新型城镇景观问题，主要致力于如何提高游客对新型城镇景观的愉悦性。日本学者对新型城镇景观开展了大量研究，重点针对城镇景观和生物多样性保护。1994 年，日本制定的基本环境计划已经认识到城镇景观的重要性。这份计划认为人与自然之间的相互友好关系将是一个重要的长期目标，并提出了城镇景观建设内容和策略。2002 年，新的生物多样性战略又使日本生物多样性保护提升到新的高度，特别是强调了城镇生物多样性保护的重要性和战略措施。

7.2.4 新型城镇生态景观建设是历史的发展趋向

总之，新型城镇景观是城市最重要的支撑系统，是实现城乡融合的重要元素；新型城镇景观反映了人类调谐自然的历史，不同的区域具有不同景观特征，也属十文化景观；新型城镇景观是由不同的生态系统镶嵌而成的复合镶嵌体，主要包括聚落景观、产业性景观和自然生态景观，形成不同的空间格局和可视特征，具有经济、社会、生态和美学价值。在实践上，新型城镇景观规划和建设技术发展应立足于协调农业、林业和新型城镇聚落系统土地利用和生态经济过程，最充分地利用自然和文化的资源，保护和恢复新型城镇的自然和生态价值。

相当一段时间以来，我国对农村的研究主要集中在生产功能上，而对新型城镇景观生态、美学和文化功能研究较少。直到20世纪90年代，学术界才开始探讨新型城镇的功能，并开展了有关新型城镇景观变化、概念、功能、评价和规划的研究。在实践上，我国的农业和农村景观建设与管理远远落后于发达国家。党的十六届五中全会提出“要按照生产发展、生活宽裕、乡风文明、村容整洁、管理民主的要求，坚持从各地实际出发，尊重居民意愿，扎实稳步推进新型城镇建设”，新型城镇人居环境和景观建设正式列为政府的行动计划。建设“美丽新型城镇”的行动也在蓬勃发展。

7.3 新型城镇生态景观的组成要素和特征

7.3.1 新型城镇生态景观的定义

新型城镇生态景观是相对于城市景观而言的，两者的区别在于地域划分和景观主体的不同。相对于城市化地区而言，新型城镇生态景观是指城市（包括直辖市、建制市和建制镇）建成区以外的人类聚居地区（不包括没有人类活动或人类活动较少的荒野和无人区），是一个空间的地域范围。从地域范围来看，新型城镇生态景观泛指城市景观以外的具有人类聚居及其相关行为的景观空间；从构成要素看，新型城镇生态景观是新型城镇聚落景观、经济景观、文化景观和自然环境景观构成的景观环境综合体；从特征看，新型城镇生态景观是人文景观与自然景观的复合体，具有深远性和广泛性。新型城镇生态景观包括农业为主的产业景观和粗放的土地利用景观以及特有的田园文化特征和田园生活方式。

7.3.2 新型城镇生态景观特征

进士五十八等根据日本乡土景观研究，提出了城镇生态景观应该具有的景观特征（表7-1）。

在《欧盟景观公约》的指导下，欧洲城镇发展委员会，提出了基于景观特征构成的10个层次，辨识和评价城镇景观特征。

（1）地形和岩石

地形包括山地（高山、中山、低山和丘陵）、平原、沟谷、盆地和高原，以及景观分异因素、坡向和坡度等。暴露在外的岩石常常可见，它们是景观中的可视元素，在有些地区，因岩石被土壤和植物覆盖而看不到，但你可能也会注意到底部的岩石对自然、土壤质量、植物、作物和林地产生的影响，如北京市板栗树主要生长在500～700m海拔高度的酸性片麻岩上。另外，岩石在许多地区被用作主要建筑材料，因此也影响着一些可视景观。

（2）气候

城镇生态景观中的气候因素包括太阳辐射与地面温度的地带性分异、水热时空变化和局地气候。气候对景观的外观和特色都具有深刻的影响。雨、霜、阳光和风可以决定植物的丰富程度以及景观的外观和变化。对当地气候的了解有助于解释在景观中所看到的事物。

（3）地貌和土地结构

在许多景观中，最强烈的可视外观来自于地貌——山脉、山坡、起伏景观的缓和曲线，低缓平原的视平线，低洼凹陷的河谷以及湖岸的曲线。我们要辨识和判断地貌和土地结构是如何在你所看到的景

表 7-1 乡土景观构成上的特征

具有大地般的广阔感	广阔田地的景观给人悠闲的感觉，给人精神上带来宁静感
具有深远感	乡村的村落、田野、近郊山林等，按照相当于近景、中景、远景的构造进行协调地延伸，形成悠闲的、使人舒适的、具有深远感的景观
具有稳重的安定感	与在空间高度利用基础上的人工地盘化日益严重的城市相比，田地等乡村景观具有大地所特有的稳重的安定感
地理上具有典型的景观	在田园中，河流和农道具有明快的方向性，成为空间坐标轴，使地城变得容易理解，给人安心感 同样，神社树林群落和田地中的一棵大树等成为当地的标志，有助于识别自己的生活场所，给人以距离感觉，成为易于理解的地区印象
具有可以成为地区象征地场所	田园之中，具有以类似于族神、族寺的血缘地缘而牢固结成的神社树林群落和寺庙树林等的象征，作为人们精神的寄托场所，发挥着巨大的作用
具有丰富的水系与植被	在田园中，水田、水渠、水库、菜地、树林地等的水系与植被成为主体，在具有循环性的基础上构成。这种水系与植被的景观可以给人带来本质上的宁静感
可以见到多种多样的生物	在田园中，不仅能够看到牛、马、鸡等家禽、家畜，而且能够看到多种多样的野鸟、昆虫、鱼等。与只受人类支配的单纯化的城市相比，田园可以提供与多种多样的生物接触的机会，可以给予与作为相同的生物生活的真实感
具有丰富的四季变化	基于土地、自然之上的田园，成为四季变化丰富的场所。随四季变化和循环的多样的景观，给予生活的松弛感与韵律感
具有以植被与土地为主体的温和的景观	在田园中，以植被与地表为主体构成特有的柔和的线条，总体上形成具有温和、安稳的景观
具有使人联想起食物的场所	田园中，生产食物的田野和果树，可以给予人们的体验生命时的安心感
具有顺应自然界的顺位关系的土地利用状况	在田园中，从村落到田野，再到山林，成为顺应自然界的顺位关系的土地利用，与周边形成连续的、调和的景观
山脚或者树林的边缘坐落有村庄	农家村落，建于后面为山势环抱、顺沿地势安定的场所。如果后面无山的话，方为开阔空间。这与中国的风水说相通，则会栽植树林，在考虑地势、风向、太阳等方位的基础上进行选址。这就是作为同时具备给予平静感的“眺望”与“围合”机能的场所，是理想的居住空间
具有人性化尺度的营造物	田园是人力改造自然、利用人性化尺度形成的景观。台阶地与梯田等为代表例子，使人感到人手的柔和与温暖
具有以当地材料为主的统一与协调的村落景观	田园中，因为使用当地材料形成了村落，结果带来了地方特点丰富、安定的、具有统一感的景观，使人感到具有暖感的、地区整体的协调性和联系性
具有年代美的景观	田园的环境设计以木材和石材等自然材料为主体。使用自然材料的，附着的青苔，或者经过天然的风化，酿成了安定的年代美
具有历史性的遗产（生活文化的资产）	在田园中，古老的道祖神、地藏神，或者从过去遗留下来的土造仓库和小棚等，从祖先传下来的东西非常多见，可以使人感觉到从过去到现在时间的连续性（历史性）和积淀性（传统性）

注：（进士五十八等，李树华等译，2008）

观中表达出来的，以及它是如何与树木、建筑物等特征联系在一起的。例如，地形的变化导致形成不同的土壤，从山区、山前、河漫滩和河谷地带会形成不同的土地利用格局和景观，而一排树标志着河流旁边的小路。

（4）土壤

在一些景观中，土壤是很难观察到的，因为在漫长的岁月中，它早已被树木、荒地和牧场所覆盖。在有些地方，土壤可能被季节性耕作，或被风力、腐蚀作用暴露在外。但不管怎样土壤都是景观中的主要元素，其厚度、肥力和酸碱程度决定着植物、树木、庄稼和农场牲畜在此繁荣生长和变化特征。土壤颜色可以为景观“上色”，就像在黄土形成的景观，有时，土壤的颜色也会影响到建筑物色调。

（5）土地覆盖

在很多城镇生态景观中，植被是最明显的可视特征。甚至在一些城镇里，树木和其他草木也可能为建筑物提供“外衣”。所以，我们应辨识土地覆盖的情况，包括主导植被群落，林地、农田和牧场的空间格局，树篱网络或其他地界，林荫道或单独的树木，水域。地上覆盖造就了可视类型，同时也提供了多种野生生物的栖息地，这使得景观内容更加丰富。野花是非常明显的可视元素，还有鸟类、野生动物、牧群和其他驯化动物，这些都对形成景观的独特特征起到作用。

（6）农业和林业

农作物的耕作、播种、收获，收割干草或收集饲料，牧群或畜群在土地上的活动，种植或砍伐森林树木等，这些都会对景观带来颜色、类型、活动等方面的改变，对于一个特别的地方，常通过一些特别的方式（如牛群的颜色）来辨实和评价景观特征。居民们保持他们土地的方式对生态及景观视角都有着决定性作用。农业和林业以及它们为景观带来的其他特色都在影响着区域景观特征的形成。

（7）聚落和住宅

几千年来，人类在定居过程中，以当地的材料——石头、树木、泥土、火石、茅草、石灰修建房屋。他们建立了村庄、城镇和城市。在这些过程中，每个地区都继承了当地的房屋和住宅地的特色，或多或少地反映在基础的岩石、气候和土地结构上，并可能形成标志性景观，如聚落的形态、建筑物的颜色、城镇的道路、村口的大树等。但是，现代运输工具的发展、建筑材料的大量生产导致了当地材料使用的降低，在很大区域范围的建筑形式都变得同一化。但是也并不会完全破坏当地建筑传统和居住地类型的多样性，这种多样性使很多景观中的元素都得以保留。我们需要研究这些传统和形态，记录它们存在了多久，以及在建筑和居住地的类型和设计中发生过什么样的变化。

（8）工业和基础设施

景观是一个舞台，很多演员在其上演出。我们在这个舞台上见到居民、林业工作者、房屋拥有者等，然而矿工、采石工人、士兵、电业工程师、修路工人等所建造的公路、铁路、水泥工艺、工厂、采石工艺、发电厂，也都是景观重要的组成元素。这些以及它们所发生的变化都应被记录下来。新型城镇基础设施包括新型城镇交通道路、农田基本建设、水利设施、供暖设施、能源设施、环境卫生设施和通讯设施等。农田基本建设内容有农田土地形态、设施农业、农田灌溉和农业机械化。新型城镇工业景观主要包括生产厂房、场区、生料场、烟囱、水塔、污水处理、污水排放等。

（9）历史特色和文化

人类在生产过程形成了大量历史遗迹和文化特征。狭义的文化景观主要指城镇生态景观的软质景观，人类在认识、调谐自然的过程中，形成的生产、生活、行为方式和新型城镇风土民情、宗教信仰等方面的社会价值观。

（10）感知和联系

识别景观不是一个像科学家解剖动物一样执行“冷"过程，而是一个“暖"过程，与之相关的是生活的实体，生存和改变的场所，拥有过去和未来，使人们充满情感。我们可以注意这些景观给人们带来的情感和感受以及人们对于景观的看法。

7.3.3 农业景观和价值

（1）农业景观概念和构成要素

农业生产的需要是创造和改变景观最根本的动力，农业土地利用和耕作塑造了新型城镇景观特征。国际经济合作组织认为，农业景观是农业生产、自然资源和环境相互影响形成的可视结果，它们包含宜人的环境和事物、遗产和传统、文化、美学和其他社会价值（图 7-1）。

农业景观是由各种环境特征（例如植物、动物、栖息地和生态系统）、土地利用方式（例如作物种类、农作系统）和人造物（例如树篱、农场建筑、基础设施）之间相互作用形成的景观。从农业景观和新型城镇景

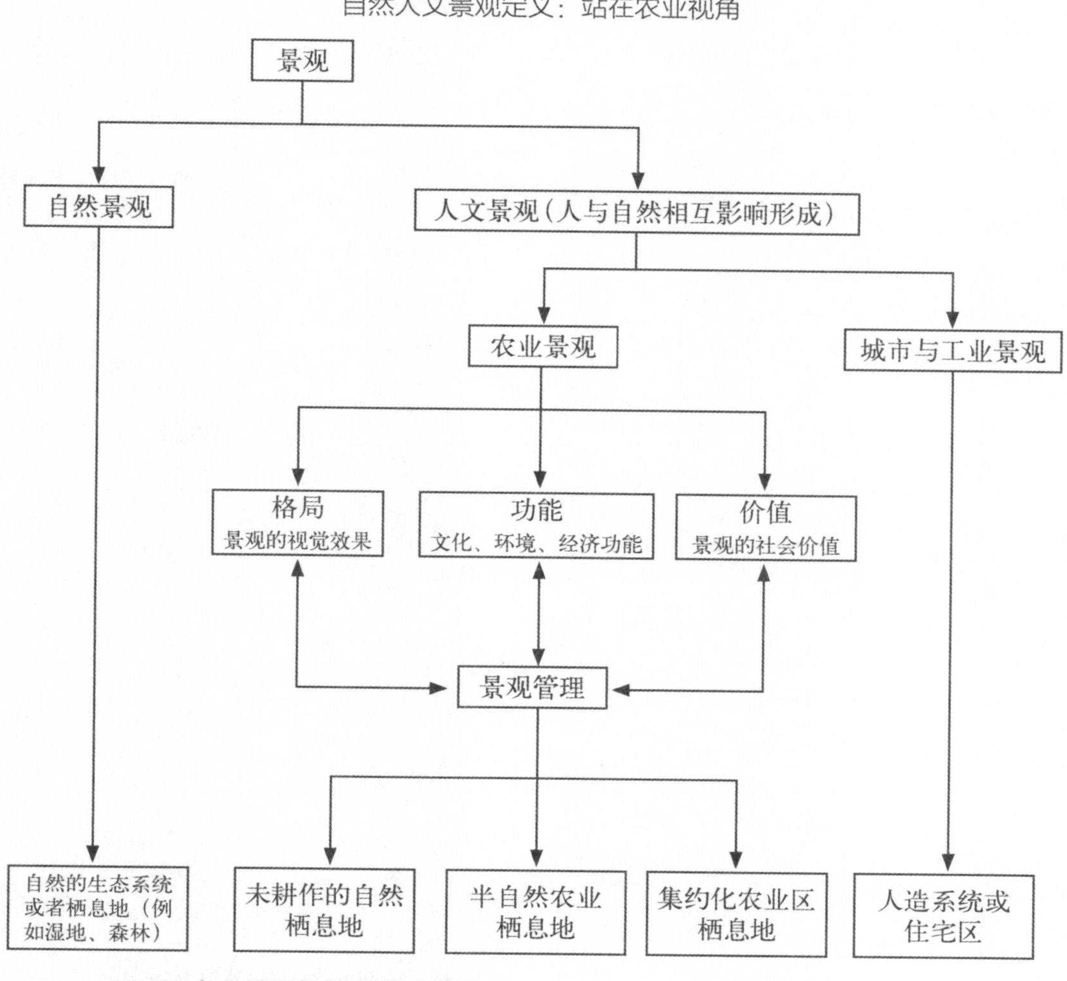

图 7–1 关于农业景观的解译

观的定义可以看出，农业景观和新型城镇景观是有一定差异的。从组成上，农业景观重点研究的是生产性农田和设施以及周围环境，包括受人类干扰强烈的农田林地和林网、沟渠路以及相关聚落，新型城镇景观重点除了农业景观外，还包括新型城镇范围内的林地、聚落、湿地和河流。但农业景观和新型城镇景观研究内容边界相互重叠，使得人们有时很难区别农业景观和新型城镇景观。

（2）农业景观功能和价值

农业景观具有多种同时存在且不相互排斥的价值（图 7-2）。主要功能和价值包括：

生产、生态服务、科学和教育、可视美学、休闲娱乐、标识价值。一个具有合理的生态价值的农业景观应该具有良好的无污染生态环境、合理的土地利用方式，并且可以维持较高的生物多样性。目前还没有唯一的方式来定义、分类和评估图 7-2 中的各种景观结构、功能和价值。城市居民倾向于从一般审美、娱乐和文化角度来评估景观价值。生态学家把景观看做最初的生物多样性和栖息地的提供者，而居民、村庄和最终的消费者喜欢或者至少从农业生产相联系的商品经济上获利，或者把景观作为一个生产和生活的环境。

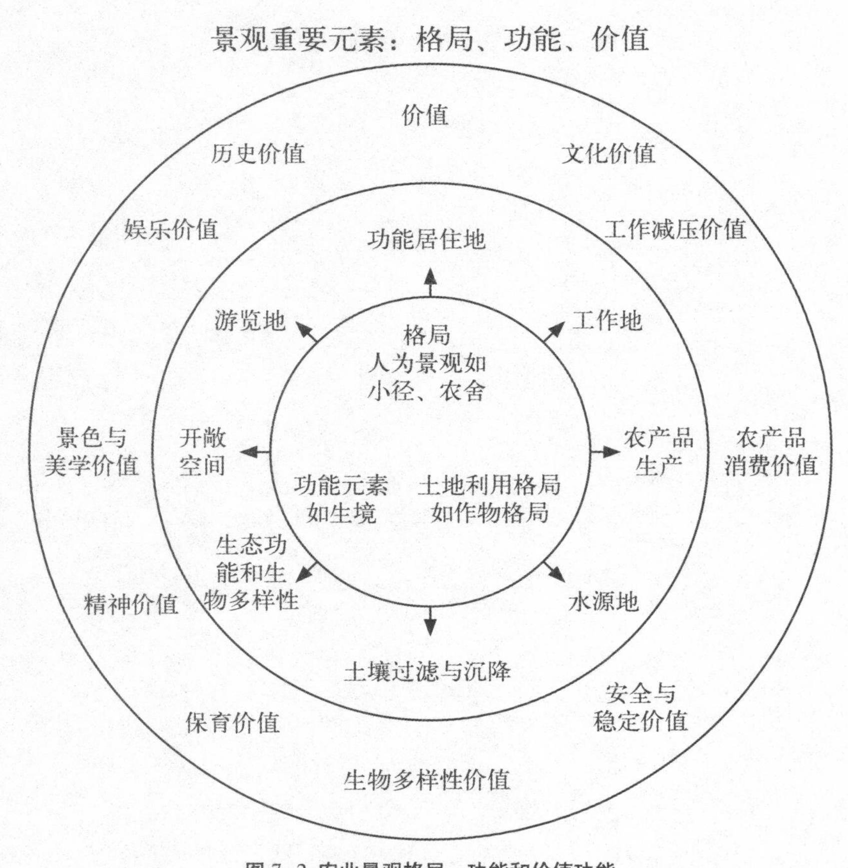

图 7-2 农业景观格局、功能和价值功能

7.4 新型城镇生态景观的分类

新型城镇生态景观的分类实际就是从功能着眼，从结构着手，对景观生态系统类型进行划分。通过分类系统的建立，全面反映一定区域景观的空间分异和组织关联，揭示其空间结构与生态功能特征，以此作为景观评价和规划管理的基础。新型城镇生态景观分类方法有分解式分类和聚集式分类。按照起源——土地分类和植被生态分类，新型城镇生态景观分类又可分为发生法、景观法和景观生态法。在实际分类中，还可以进一步分为以土地类型、土地利用类型、植被类型或生态类型为基础的分类体系。景观分类方法有图形叠加法、多变量法和直接法。目前应用最广泛的方法是基于新型城镇生态景观形成的等级要素和尺度特征，通过图形叠加法或多变量方法进行景观分类。新型城镇生态景观分类考虑的因素包括气候、地形、土地利用、土地覆盖、生境类型。随着高分辨率遥感和空间信息分析技术的发展和应用，新型城镇生态景观分类更重视微观尺度和定量化分类研究，以便为制定具体的生态景观建设措施提供依据。

7.5 新型城镇生态景观的规划设计原则

7.5.1 强调生态用地和生态保护、文化利用和保护

在各类规划中，生态规划、土地利用规划、景观规划与新型城镇规划设计最相关。土地利用规划更强调生产性土地利用规划和设计，生态规划重点是生态用地和生态保护的规划，而景观设计以及景观生态规划更强调生态用地和生态保护、文化利用和保护。

7.5.2 以景观生态学作为生态分析的依据

生态学和规划有很多相似之处，从历史和理论上说，两者相互促进、相互影响，景观规划、环境影响评价、生态系统管理、新型城镇规划以及景观生态规划框架的制定更是促进了它们的发展。不同类型规划的内容和方法既相互联系又有所区别。共同点是所有的生态规划提出者都以可持续为目标，直接或间接地将景观生态学作为生态分析的科学依据。

7.5.3 注重更大尺度的景观生态发展

传统的景观规划设计注重中小尺度的景观空间和建筑物的配置，主要考虑景观的风景、美学和文化功能。但随着工业化和城镇化的发展，环境与生态系统遭到破坏，景观设计开始吸收生态学及景观生态学的理论和方法，关注更大尺度的景观生态规划发展，并提出各种规划方法体系，以实现生态学理论与景观规划设计的整合。

7.5.4 关注景观空间的安全格局

随着景观生态理论和方法的发展，不少学者提出景观生态规划方法体系，逐渐开始关注景观格局与生态学过程之间的关系和生物多样性保护，并基于景观生态学原理提出集中分散、生态网络化景观空间安全格局规划思想和方法。

7.5.5 重视居民的参与

如何从居民那里获得可供新型城镇生态景观规划的依据，一直以来是学者们感兴趣的课题。过去在规划中往往只重视政府和专家的意见，居民只是作为服从者或者执行者，因而规划者在工作中往往不愿与居民群众展开交流。由政府和专家为居民提供规划方案，居民几乎总是处于被动状态，而对整个规划过程缺乏了解。参与是项目或事件的利益相关者对项目或事件的设计、分析、实施、监督、利益分享等方面的介入，它可以分为主动参与和被动参与。参与式规划有关的工具、方法和技巧有很多。在众多的工具中，景观现状调查、半结构访谈、现状和发展图的绘制、问题排序、参与式和可视化技术等已得到广泛应用，都是可以用来获取乡土知识和居民意愿的有效手段。

7.6 生态人居环境

7.6.1 建设生态住宅

（1）生态住宅

建设村庄生态住宅可从六个方面进行：使用绿色材料（图 7-3）、采用结合当地风俗习惯和气候条件的住宅单体造型(图 7-4)、利用可再生能源(图 7-5)、采用立体绿化美化（图 7-6）、利用与处理水的循环发展生态经济庭院（图 7-7）和发展生态庭院经济（图 7-8）。

图 7–3 推广使用的绿色建筑材料，可多采用木结构建筑形式

图 7–4 选用住宅单体造型时，在结合当地风俗习惯和气候条件的前提下，注意节约用地和降低造价

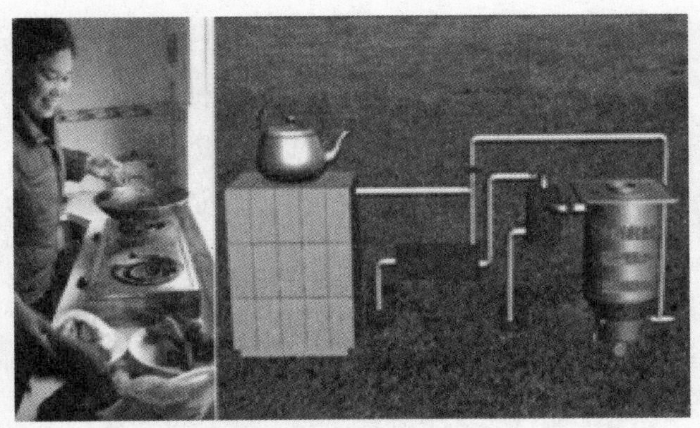

图 7–5 利用可再生能源，如风能、太阳能、沼气能、秸秆能

图 7–7 在庭院内设雨水收集池用于灌溉，或将集水直接排入村内水塘，用于养鱼、种莲、美化庭院环境。

图 7–6 立体美化绿化包括屋顶绿化、垂直绿化、墙面绿化、栅栏绿化、瓜果棚架绿化、花架绿化等形式

图 7–8 发展生态庭院经济，可种植果树、蔬菜大棚、食用菌、花卉或养殖家禽等

(a)

(b)

(c)

(d)

(e)

图 7–9 国家模范村村落环境建设掠影

(a) 乡村休闲处 (b) 花坛 (c) 农家别墅 (d) 文化墙 (e) 曲径通幽小道

（2）村落环境

村落环境可为居民提供休闲娱乐、公共活动与交流的场所。其空间布局、环境质量、文化氛围都影响到居民的生活质量和心理健康，在建设中强调合理布局、保持乡村风貌、提高绿化率、规范道路交通等方面（图 7-9）。

7.6.2 发展生态产业

发展生态产业主要从五方面进行：生态林业、生态农业、生态旅游、生态工业、生态服务。

（1）生态农业

对不同条件村庄发展生态农业可采用两种形式。

1）在农业资源丰富、现代化程度较高的地区，采用区域化、规模化、产业化的生态农业。即根据区位优势及资源优势，确定一个主导品种，进行标准化生产，采用多种形式与公司、科研单位等合作，进行产业化经营，变生态优势为产品优势，形成地方品牌参与竞争。

2）在交通不便、农业生产难于形成特色的地区，发展低级的村级生态农业形式。如以沼气为纽带的“猪—沼—果”等“三结合”的生态农业模式；还有结合“池三改”的生态模式。

（2）生态旅游

打造生态旅游村既要强调旅游资源的保护与管理——保持自然风光、营造农业风光、传承民俗文化，更要将村庄整治和旅游发展相结合，强调生态旅游的外延，把生活中的衣、食、住、行等其他服务产业生态化。

7.6.3 建设山水田林生态景观环境

（1）营建山一林一田景观

营建山—林—田景观四步走内容见图 7-10。

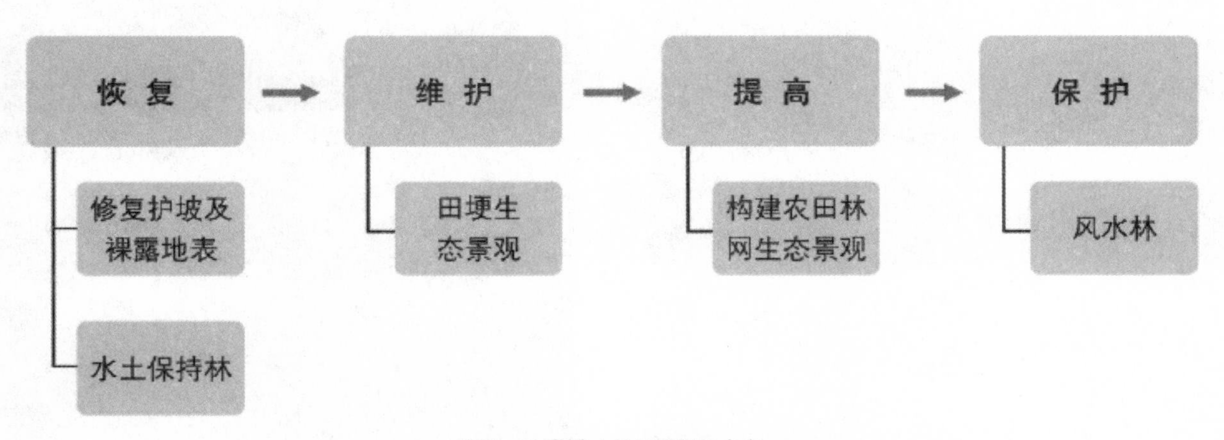

图 7-10 营建山林田景观四步走

1）恢复

对裸露地表及被人为破坏的土地进行人工修复，以形成农林生态系统。恢复过程中需结合周边环境，加大绿化力度，逐步改善（图 7-11、图 7-12）。

①恢复山坡地上除天然林和次生林外的生态涵养林（图 7-13）。

②山地林地的恢复需要依起伏不平的地形和自然特征形成疏松的林地边缘（图 7-14、图 7-15）。

图 7-11 对于田间地头的废弃地、沼泽地、荒坡地带，种植合适的乡土地被植物。可以考虑与生态、经济、景观效益相结合

图 7-12 对裸露的农田进行绿色覆盖，提高裸露农田绿化率；也可通过覆盖其他设施，结合项目区规划，如完善培育初期围栏及排水系统等辅助基础设施建设，确保修复过程的持续管理，并营造农田别样景观

图 7-13 清流县龙津镇大路口村生态涵养林

③山地河道林地的恢复需要沿着线形水体种植，应从水道的边缘起向外至少延伸 25m（图 7-16、图 7-17）。

图 7-14 在平原地区，将乔木、灌木、树篱配置在林地边缘，可以营造一个更为自然的外观

图 7-15 在一些山区丘陵地区，林地栽植可以利用现有的山坡边缘或河渠堤岸，作林地边界；林地栽植要与农田毗邻，利于作物保护

图 7-16 在河岸种植树冠不茂密的乔木，加固河岸的同时确保地表植被的茁壮成长，使林地结构多变，创建多样化的河道生境

图 7-17 在河道两侧防护林种植中，林地宽度应多变，以自然形状为主，形成一个半自然化的景观特征。注意林地与河道的距离应使水体能照射到阳光，以维持良好的淡水生境

2）维护

维护原有田块，用以分界并蓄水的线性景观，包含田埂、绿篱、毛渠、作物边界带等景观要素（图 7-18、图 7-19）。

①田埂应保持一定宽高度、比例、形状和连通性。丘陵山区地带，可采用等高布设和砌石及绿篱措施防止水土流失。修建梯田除因地坎特陡、特长或特短不适宜营建防护林而建设防护草外，应营造梯田田坎防护植物篱，以乡土耐旱深根植物为好（图 7-20）。

②结合田埂形状和种植作物，合理营造田埂植被景观。适当种植蚕豆、直立黄芪、波斯菊、油葵等植株相对低矮、直立生长的一二年生草本作物，也可以栽植一些根菜类植物和中草药等经济植物；较宽地段，可结合坡地起伏和路边、村边等地带，配置乡土植物和野生景观物种，营造起伏多变的田园景观（图 7-21、图 7-22）。

图 7-18 平原田埂注重连通性

图 7-19 丘陵山区田埂营建

图 7-20 应减少水泥硬化的田埂使用

图 7-21 营造田硬植被景观

图 7-22 草本作物

(a) 波斯菊 (b) 蚕豆 (c) 飞蓬 (d) 艾草 (e) 婆婆纳

3）提升

在突出农田防护主导功能的前提下，与发展农村经济和形成多样化的田园风光相结合，对山—林—田景观进行生态提升（图 7-23）。

在农田的迎风面种植树篱，形成呈长方形或方形的网格，主要依托主要道路、主要水系，沟渠、片林种植，营造许多纵横交织林网，起到全面的防护作用。建议使用林种为：马尾松、相思树、黑松、木麻黄、湿地松、杉木、桉树、红树等（图 7-24 ～图 7-27）。

（a）

（b）

图 7–23 生态景观的提升
（a）提升前 （b）提升后

图 7–24 种植结构多样化，对于果园和草地围栏、设施农业周围、菜田、道路两侧，可以种植观赏性植物篱，以增加景观多样性和视觉空间

图 7–25 村庄或乡镇周边区域，树种应选择与当地景观联系在一起，根系发达，抗风能力强的多土景观特点的树种，使景观趋于多样化

图 7–26 濒临道路防护林，要求乔木树种干形通直，树形宜观赏

图 7–27 在河道沟渠两侧，注意选择耐水性强的树种，不选择易入侵树种

4）着重保护生态林

生态林是指在村庄一定范围内，由当地村民为了保持良好生态而特意保留或自发种植的树林（有些为生态树，统一将其称为生态林），有村落宅基生态林、寺院生态林和坟园墓地生态林 3 种基本类型，体现村庄文化、民风习俗意识，是乡村人居林的一个重要组成部分（图 7-28 ～图 7-32）。

图 7-28 客家土楼围龙屋旁的生态林

图 7-29 对于村落周边生态林，可将其纳入美丽乡村建设行动中，作为村的风景林、迎宾林，以形成具有一定地方特色的森林村庄

图 7-30 绘制生态林分布图，并根据生态林的人文价值、景观价值、保育状况、古树名木数景等对其进行分级保护，统一编号，统一挂牌保护

图 7-31 重视生态林木的保护，消除人为破坏因素；对长势濒危的生态林木进行抢救，并监督实施；对生长衰弱的生态林，要加强水、肥管理；对生态林中的古树名木进行重点保护

快造林绿化推动富民强市 保护森林资源改善生态环

坚持生态立市战略 推进林业科学发展

图 7-32 通过标语、报纸杂志等形式对生态林进行宣传，摈弃其迷信的成分，将其作为地方风俗文化景观来进行宣传；倡导“保护生态林木，人人有责”，增强全民保护自觉性，并将生态林木管理保护工作列入城镇和林业文化发展规划

（2）构筑水体生态景观

构筑水体生态景观三步走内容见图 7-33.

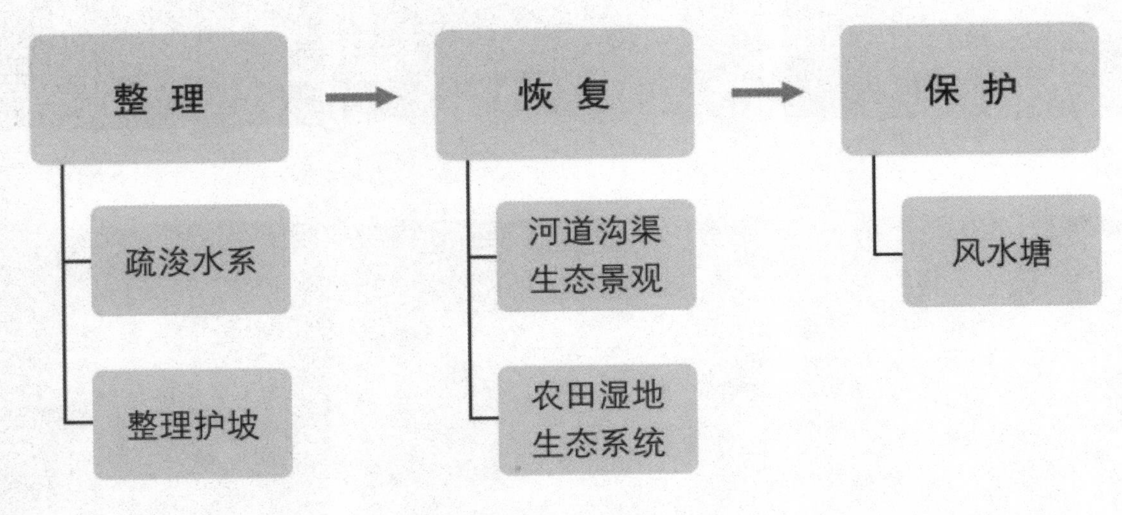

图 7-33 构筑水体生态景观三步走

1）整理

疏浚河道：在保障河道淘塘使用功能前提下，尽量减少对自然河道沟塘的开挖和围填，避免过多的人工化，以保持水系的自然特征和风貌。

整理护坡：提倡使用生态护坡，在满足河塘功能的稳定要求下，降低工程造价；根据水文资料和水位变化范围，选择不同区域和部位种植湿生植物；可设置多孔性构造，为生物提供安全的生长空间；尽量采用天然材料，避免二次环境污染；布置构筑物时应考虑村民的亲水要求。

2）恢复

①河道沟渠生态景观

河道绿化的横向应满足河道规划断面要求，兼顾防汛和亲水设施需要；不稳定的河床基础，以大石块和混凝土进行护底固槽，把砂石和石砾作为底下回填、铺敷在石块后面并碾压结实（图 7-34 ～图 7-36）。

图 7-34 有效服务农业生产，营建沟渠纵向和横向的网络，注意在特殊地段保留小池塘，保护生物栖息地和景观多样性

图 7–35 因势利导，紧随水道

图 7–37 减少大面积使用养护成本高的草坪

图 7–36 浮水、沉水、浮叶植物的种植床、槽或生物浮岛的使用

图 7–38 水位变动区域种植挺水植物形成水岸景观

应尽可能保留和利用基地内原有的天然河流地貌，以水源涵养林和防护林为主；护岸的坡度一般设为 1:1.5 以下。植物选择适应水陆坡度变化。可根据水体生态修复的需求开展。适当布置浮水、沉水、浮叶植物的种植床、槽或生物浮岛等，避免植物体自由扩散（图 7-37、图 7-38）。

边坡绿化选择不同耐淹能力的各类植物；水位变动区部分应选用挺水植物和湿生植物，以减缓水流对岸带的冲刷；水位变动区以上部分，应以养护成本低、固坡能力强的乡土植物为主（图 7-39、图 7-40）。

图 7–39 沿坡栽种柳树等根系发达的乡土植物

图 7-40 芦苇既能改善水质，同时又能够增加乡土氛围

考虑植物的生态习性，特别是不同水生植物种植对水深和光照的要求，水生植物的坡面应在 30°以下。

②农田湿地生态系统

水田是面积较大的人工湿地，它与水渠、水源地的山林等，共同构成了多样动植物的栖息场地。因此以农村水田为中心的湿地保护及生态修复也是十分重要的（图 7-41 ～图 7-43）。

图 7-41 减少农药和化肥的使用、大规模农田的平整和机械化；使用没有衬砌的或石砌的水渠，注重翻地、割草、挖泥等的管理

图 7-42 以水田为中心，打通水田和田洼、水田和田间小路、池塘和水渠与水田等的互相关联，形成连接水田、河流、池塘等水域和湿地的移动通道

图 7-43 湿地与背后的山影、水田、草地、住宅林、石墙等构成各种各样的农村景观

（3）重点保护生态塘

生态塘一般处于村中的中心地位，形状多为半月形的池塘，两侧有沟渠以形成活水，应采取有效的保护措施（图 7-44 ～图 7-46）。

图 7-44 将生态塘纳入美丽乡村建设行动中，作为具有一定地方特色的村塘水景。同时，将水塘作为地方风俗文化景观来进行宣传，增强全民保护自觉性，禁止乱排乱丢行为

图 7-45 恢复水塘功能，比如生活用水、洗涤、游泳，最重要的是安全防火的需要

图 7–46 扩展水塘外延功能，如养花、养鱼等

7.6.4 保护和延续自然生态风貌

（1）保护自然景观特色

自然景观特色的保护措施，在于自然形态和生态功能的保护。村庄自然环境要素有地形地貌、气候、土壤、水文、大气、水系、湿地、湖泊、古树等（图 7-47 ～图 7-49）。

图 7–47 地形地貌

图 7–48 水系

图 7–49 古树

（2）延续自然景观特色

自然景观特色的延续措施，在于生态过程和景观格局的延续。村庄自然景观特色类型有：平原景观类型、山地景观类型、滨水景观类型（图 7-50 ～图 7-52）。

图 7–50 平原农田景观

图 7–51 平原花卉景观

图 7–52 平原果园景观

平原景观类型包括平原阔叶林景观、平原果园景观、平原农田景观、平原河流景观、平原湖泊坑塘景观、平原沙洲滩涂景观、平原花卉景观等。

山地景观类型包括山地针叶林景观、山地竹林景观、山地阔叶林景观、山地灌草丛景观、山地茶园景观、山地农田景观、山地水库景观、山地花卉景观等（图 7-53 ～图 7-55）。

滨水景观类型：包括湖泊景观、沟渠景观、水乡景观、河流景观、农田湿地景观、滨海景观等（图 7-56 ～图 7-58）。

图 7–53 山地水库景观

图 7–54 山地茶园景观

图 7–55 山地农田景观

图 7–56 海滨景观

图 7–57 沟渠景观

图 7–58 农田湿地景观

8 新型城镇生态住区规划与建筑设计

8.1 新型城镇生态住区规划与设计

住区是城镇的有机组成部分，是道路或自然界限所围和具有一定规模的生活聚居地，为居民提供生活居住空间和各类服务设施，以满足居民日常物质和精神生活的需求。随着新型城镇建设进程的加快，目前我国新型城镇住区在标准、数量、规模、建设体制等方面，都取得了很大的成绩，但也存在着居住条件落后、小区功能不完善、公共服务设施配套水平低、基础设施残缺不全、居住质量和环境质量差等多方面的问题与不足。在我国，新型城镇建设的重要意义之一在于改善居民生活质量和居住条件，因此，住区规划与设计是新型城镇规划建设中的一项重要内容。

8.1.1 生态住区概述

（1）生态住区概念与内涵

1）生态住区概念

人类生态住区的概念是在联合国教科文组织发起的“人与生物圈(MAB)计划”的研究过程中提出的，这一崭新的概念和发展模式一经提出，就受到全球的广泛关注，其内涵也得到不断发展。

美国生态学家 R.Register 认为生态住区是紧凑、充满活力、节能并与自然和谐共存的聚居地。

沈清基教授认为：生态住区是以生态学及城市生态学的基本原理为指导，规划、建设、运营、管理人的城市人类居住地。它是人类社会发展到一定阶段的产物，也是现代文明在发达城市中的象征。生态住区是由城市人类与生存环境两大部分组成，其中生存环境由四方面组成：①大气、水、土地等自然环境；②除人类外的动物、植物、微生物组成的生物环境；③人类技术（建筑、道路等）所形成的物质环境；④人类经济和社会活动所形成的经济、社会、文化环境。

颜京松和王如松教授认为：任何住宅和居住小区都是自然和人结合的生态住宅和生态住区，只不过有些小区生态关系比较合理、人与自然关系比较和谐，有些生态关系不合理、不和谐，或人与自然关系恶化而已。他们从可持续发展的战略角度对生态住区的定义为：生态住区是人类经过历史选择之后所追求的一种住宅和住区模式。它是“按生态学原理规划、设计、建设和管理的具有较完整的生态代谢过程和生态服务功能，人与自然协调、互惠互利，可持续发展的人居环境”。

综上所述，生态住区是以可持续发展的理念为指导，尊重自然、社会、经济协调发展的客观规律，遵循生态经济学的基本原理，立足于环境保护和节约资源两大主题，依靠现代科学技术，应用生态环保、建筑、区域发展、信息、生物、资源利用等专业知识及系统工程方法，在一定的时间、空间尺度内建立起的社会、经济、自然可持续发展，物质、能量、信息高效利用和良性循环，人与自然和谐共处的人类聚居区。

2）生态住区的内涵

生态住区是在一定地域空间内人与自然和谐、持续发展的人类住区，是人类住区（城乡）发展的高级阶段和高级形式，是人类面临生态危机时提出的一种居住对策，是实现住区可持续发展的途径，也是生态文明时代的产物，是与生态文明时代相适应的人类社会生活新的空间组织形式。

从地理空间上看，生态住区强调了聚居是人类生活场所在本质上的同一性；从社会文化角度看，生态住区建立了以生态文明为特征的新的结构和运行机制，建立生态经济体系和生态文化体系，实现物质生产和社会生活的“生态化”，以及教育、科技、文化、道德、法律、制度的“生态化”，建立自觉的保护环境、促进人类自身发展的机制，倡导具有生命意义和人性的生活方式，创造公正、平等、安全的住区环境；从人—自然系统角度看，生态住区不仅促进人类自身的健康发展，成为人类的精神家园，同时也重视自然的发展，生态住区作为能“供养”人与自然的新的人居环境，在这里人与自然相互适应、协同进化，共生共存共荣，体现了人与自然不可分离的统一性，从而达到更高层次的人—自然系统的整体和谐。因此，建设生态住区不仅是出于保护环境、防治污染的目的，单纯追求自然环境的优美，还融合了社会、经济、技术和文化生态等方面的内容，强调在人—自然系统整体协调的基础上，考虑人类空间和经济活动的模式，发挥各种功能，以满足人们的物质和精神需求。

（2）生态住区的理论

1）基于中国传统建筑文化的生态住区理论

生态住区的思想最早产生于我国的传统建筑文化。传统建筑文化认为对人类影响最大的莫过于居住环境。良好的居住环境不仅有利于人类的身体健康，对人类的大脑智力发育也具有重大影响。传统建筑文化中蕴含着丰富、朴素的生态学内容，“大地为母、天人合一”的思想是其最基本的哲学内涵，关注人与环境的关系，提倡人的一切活动都要顺应自然的发展，是一种整体、有机循环的人地思想，其追求的目标是人类和自然环境的平衡与和谐，这也是中华民族崇尚自然的最高境界。

传统建筑文化是历代先民在几千年的择居实践中发展起来的关于居住环境选择的独特文化，主张“人之居处，宜以大地山河为主”，也就是说，人要以自然为本，人类只有选择合适的自然环境，才有利于自身的生存和发展。传统建筑文化把所有的自然条件，如山、水、土地、风向、气候等作为人类居住地系统的重要组成部分，将地形、地貌等地理形态和人工设置相结合，给聚居地一个限定的范围空间，这个空间内能量流动与物质循环自然而顺畅，这既是对天人合一思想的理解，也是对大自然的崇拜和敬畏，引导人们去探索理想人居环境的模式和技术。

2）基于生态学的生态住区理论

生态学最初是由德国生物学家赫克尔于1869年提出的，赫克尔把生态学定义为研究有机体及其环境之间相互关系的科学。他指出：“我们可以把生态学理解为关于有机体与周围外部世界的关系的一般科学，外部世界是广义的生存条件。”生态学认为，自然界的任何一部分区域都是一个有机的统一体，即生态系统。生态系统是“一定空间内生物和非生物成分通过物质的循环、能量的流动和信息的交换而互相作用、相互依存所构成的生态学功能单元”。

20世纪以来出现的生态学高潮极大地推动了人们环境意识的提高和生态研究的发展，人与自然的关系问题在工业化的背景下得到重新认识和反思。20世纪30年代美国建筑师高勒提出“少费而多用”，即对有限的物质资源进行最充分和最合理的设计和利用，以此来满足不断增长的人口的生存需要，符合生态学的循环利用原则。20 世纪 60 年代，美籍意大利建筑师保罗·索勒瑞把生态学和建筑学合并，提出了生态建筑学的新理念。1976 年，施耐德发起成立了建筑生物与生态学会，强调使用天然的建筑材料，利用自然通风、采光和取暖，倡导一种有利于人类健康和生态效益的建筑艺术。

1972 年斯德哥尔摩联合国人类环境会议成为生态住区（生态城市）理论发展的重要里程碑，会议发表了“人类环境宣言”，其中明确提出“人类的定居和城市化工作必须加以规划，以避免对环境的不良影响，并为大家取得社会、经济和环境三方面的最大利益。”这部宣言对生态住区的发展起到了巨大的推动作用。

3）基于可持续发展思想的生态住区理论

可持续发展思想是生态住区理论与实践蓬勃发展的思想基础。20 世纪 80 年代，J·乌洛克的《盖娅：地球生命的新视点》一书，将地球及其生命系统描述成古希腊的大地女神——盖娅，把地球和各种生命系统都视为具备生命特征的实体，人类只是其中的有机组成部分，还是自然的统治者，人类和所有生命都处于和谐之中。1992 年在里约热内卢召开的联合国环境与发展大会，把可持续发展思想写进了会议所有文件，也取得了世界各国政府、学术界的共识，一场生态革命随之而来。此后的一系列会议和著作列出了“可持续建筑设计细则”，提出了“设计成果来自环境、生态开支应为评价标准、公众参与应为自然增辉”等设计原则和方法。1996 年来自欧洲 11 个国家的 30 位建筑师，共同签署了《在建筑和城市规划中应用太阳能的欧洲宪章》，指明了建筑师在可持续发展社会中应承担的社会责任。1999 年第 20 届世界建筑师大会通过的《北京宪章》，全面阐述了与“21 世纪建筑”有关的社会、经济和环境协调发展的重大原则和关键问题，指出“可持续发展是以新的观念对待 21 世纪建筑学的发展，这将带来又一个新的建筑运动”，标志着 21 世纪人类将由“黑色文明”过渡到“绿色文明”。

（3）生态住区的基本类型与特征

1）生态住区的基本类型

生态住区是与特定的城市地域空间、社会文化联系在一起的。不同地域、不同社会历史背景下的生态住区具有不同的特色和个性，体现多样化的地域、历史文脉，因此生态住区不是单一的发展模式与类型，而是充分体现各地域自然、社会、经济、文化、历史特征的个性化空间。生态住区大致可以分为以下几种类型：

①生态艺术类。主要提倡以艺术为本源，最大限度地开发生态住区的艺术功能，将生态住区当成艺术品去创造和营建，使其无论从外部还是从内部看起来都是一件艺术品。

②生态智能类。主要是以突出各种生态智能为特征，最大限度地发挥住宅和住区的智能性，凡对人类居住能够提供智能服务的可能装置，都在适当的部分置入，使居住者可以凭想象和简单的操作就可以达到一种特殊的享受。

③生态宗教类。主要是以氏族图腾为精神与宗教结合的住宅类产物。

④部分生态类。是在受限制的条件下的一种局部或部分尝试，或是将房间的一部分装饰成具有生态要求的“部分生态住区”。

⑤生态荒庭类。是指生态住区实现人与自然的完美统一，一方面从形式上回归自然，进入一种原始自然状态中；另一方面又在利用现代科技文化的成果，使人们可以在居所里一边快乐地品尝咖啡的美味，一边用计算机进行广泛的网上交流，为人们造就一种别有趣味的天地。

2）生态住区的基本特征

生态住区区别于其他住区的特质主要表现在生态住区的功能目标上。生态住区的规划建设目标可以概括成“舒适、健康、高效、和谐”。舒适和健康指的是生态住区要满足人对舒适度和健康的要求，例如，适宜的温度、湿度以保证人体舒适，充足的日照、良好的通风以保证杀菌消毒并具有高品质的新鲜空气；高效指的是生态住区要尽可能最大限度地高效利用资源与能源，尤其是不可再生的资源与能源，达到节能、节水、节地的目的；和谐指的是要充分体现人与建筑、自然环境以及社会文化的融合与协调。换句话说，生态住区的规划建设就是要充分体现住区的“生态性”，从整体上看，住区的生态性主要表现在以下三个方面：

①整体性。生态住区是兼顾不同时间、空间的人类住区，合理配置资源，不是单单追求环境优美或自身的繁荣，而是兼顾社会、经济和环境三者的整体效益，协调发展，住区生态化也不是某一方面的生态化，而是小区整体上的生态化，实现整体上的生态文明。生态住区不仅重视经济发展与生态环境协调，更注重人类生活品质的提高，也不因眼前的利益而以“掠夺”其他地区的方式促进自身暂时的“繁荣”，保证发展的健康、持续、协调，使发展有更强的适应性，即强调人类与自然系统在一定时空整体协调的新秩序下寻求发展。

②多样性。多样性是生物圈特有的生态现象。生态住区的多样性不仅包括生物多样性，还包括文化多样性、景观多样性、功能多样性、空间多样性、建筑多样性，交通多样性、选择多样性等更广泛的内容，这些多样性同时也反映了生态住区生活民主化、多元化、丰富性的特点，不同信仰、不同种族、不同阶层的人能共同和谐地生活在一起。

③和谐性。生态住区的和谐性反映在人—自然统一的各种组合，如人与自然、人与其他物种、人与社会、社会各群体、人的精神等方面，其中自然与人类共生，人类回归自然、贴近自然，自然融于生态城市是最主要的方面。生态住区融入自然、文化、历史社会环境，兼容包蓄，营造出满足人类自身进化需求的环境，充满人情味，文化气息浓郁，生活多样化，人的天性得到充分表现与发挥，文化成为生态城市最重要的功能。生态住区不是一个用自然绿色“点缀”的人居环境，而是富有生机与活力，是关心人、陶冶人的“爱之器官”，自然与文化相互适应，共同实现文化与自然的协调，“诗意地栖息在大地上”的和谐性是生态住区的核心内容。

8.1.2 新型城镇生态住区规划

（1）新型城镇生态住区规划的总体原则

1）生态可持续原则

可持续发展是解决当前自然、社会、经济领域诸多矛盾和问题的根本方法与总体原则。当前人类住区的种种危机是人—自然的发展问题，因此只有从人—自然整体的角度，去研究产生这些问题的深层原因，才能真正地创造出适宜人居的居住环境。生态住区规划的本质在于通过对空间资源的配置，来调控人—自然系统价值（自然环境价值、社会价值、经济价值）的再分配，进而实现人—自然的可持续发展。生态可持续原则包括自然生态可持续原则、社会生态可持续原则、经济生态可持续原则、复合生态可持续原则。

①自然生态可持续原则。生态住区是在自然的基础上建造起来的，这一本质要求人类活动保持在自然环境所允许的承载能力之内，生态住区的建设必须遵循自然的基本规律，维护自然环境基本要素的再生能力、自净能力和结构稳定性、功能持续性，并且尽可能将原有价值的自然生态要素保留下来。所以，生态住区的规划设计要结合自然，适应与改造并重，并对开发建设可能引起的自然机制不能正常发挥作用，进行必要的同步恢复和补偿，使之趋向新的平衡，最大限度减缓开发建设活动对自然的压力，减少对自然环境的消极影响。

②社会生态可持续原则。生态住区规划不仅仅是工程建设问题，还应包括社会的整体利益，不仅应

立足于物质发展规划，着力改善和提高人们物质生活质量，还要着眼于社会发展规划，满足人对各种精神文化方面的需求；注重自然与历史遗迹、民间非物质文化遗产以及历史文脉的保护与继承。

③经济生态可持续原则。生态规划设计应促进经济发展，同时也应注重经济发展的质量和持续性，体现效率的原则。所以，在生态住区设计中应提倡提高资源利用效率以及再生和综合利用水平、减少废物的设计思想，促进生态型经济的形成，并提出相应的对策或工程、工艺措施。

④复合生态可持续原则。生态住区的社会、经济、自然和系统是相辅相成、共同构成的有机整体。生态住区规划设计必须将三者有机结合起来，统筹兼顾、综合考虑，不偏向任一方面，利用三方面的互补性，平衡协调相互之间的冲突和矛盾，使整体效益达到最高。因此，生态住区的规划既要利于自然，又要造福于人类，不能只考虑短期的经济效益，而忽视人的实际生活需要和可能对生存环境造成的胁迫与影响，社会、经济、生态目标要提到同等重要的地位来考虑，可以根据实际情况进行修改调整。协调发展是这一原则的核心。

2）因地制宜原则

中国地域辽阔，气候差异很大，地形、地貌和土质也不一样，建筑形式不尽相同。同时，各地居民长期以来形成的生活习惯和文化风俗也不一样。例如：西北干旱少雨，人们就采取穴居式窑洞居住，窑洞多朝南设计，施工简易，不占土地，节省材料，防火防寒，冬暖夏凉。西南潮湿多雨，虫兽很多，人们就采取干栏式竹楼居住，竹楼空气流通，凉爽防潮，大多修建在依山傍水之处。此外，草原的牧民采用蒙古包为住宅，便于随水草而迁徙。贵州山区和大理人民用山石砌房，这些建筑形式都是根据当时当地的具体条件而创立的。因此，新型城镇生态住区的规划建设必须坚持“因地制宜”原则，即根据环境的客观性，充分考虑当地的自然环境和居民的生活习惯。

3）以人为本原则

生态住区的规划设计是为居民营造良好的居住环境，必须注重和树立人与自然和谐及可持续发展的理念。由于社会需求的多元化和人民经济收入水平的差异，以及文化程度、职业等的不同，对住房与环境的选择也有所不同。特别是随着社会的发展，人们收入增加，对住房与环境的要求也提高。因此，生态住区的规划与设计必须坚持“以人为本”的原则，充分满足不同层次居民的需求。

4）社区共享、公众参与原则

生态住区规划设计应充分考虑全体居民对住区的财富的公平共享，包括共享设施、共享服务、共享景象、公众参与。共享要求生态住区规划设计在设施的选择上应注意类型、项目、标准与消费费用的大众化，设施的布局应注意均衡性与选择性，在服务方式上应注意整体性与到位程度，以直接面向住区的服务对象。公众参与是住区全体居民共同参与社区事务的保证机制和重要过程，包括住区公民参与社区管理与决策、住区后续发展与信息交流。生态住区的规划布局应充分满足公众参与的要求。

（2）新型城镇生态住区的设计观念

生态住区无论从结构或者是功能及其他诸多方面与传统住区均有质的不同，其要求从设计、建设一直到使用、废弃的整个生命周期内对环境都是无害的。这就离不开创造性的规划设计，也是一项复杂的需要多学科共同参与的系统工程。因而必须转变住区规划设计观念与方法，在新的生态价值观指导下，创立着眼于生态的规划设计理论与方法体系。与传统设计观相比，生态设计观以人与自然和谐为价值取向的，目的是创造和谐发展的人居环境，以达到人工环境与自然环境的协调与平衡。同时生态整体规划设计对新的人居环境的创造不仅表现在物质形体上，更重要的是体现在社会文化环境的形成与创造上。传统设计观与生态设计观的比较如表 8-1 所示：

表 8–1 传统设计观与生态设计观的比较

比较因素	传统设计观	生态设计观
对自然生态秩序的态度	以狭义的人为中心，意欲以人定胜天的思想征服或破坏自然，人成为凌驾于自然之上的万能统治者	把人当做宇宙的一份子，与地球上的任何一种生物一样，把自己融入大自然中
对资源的态度	没有或很少考虑到有效地资源再生利用及对生态环境的影响	要求设计人员在构思及设计阶段必须考虑降低能耗、资源重复利用和保护生态环境
设计依据	依据建筑的功能、性能及成本要求来设计	依据环境效益和生态效益指标与建筑空间功能、性能及成本要求来设计
设计目的	以人的需求为主要目的，达到建筑本身的舒适与愉悦	为人的需求和环境而设计，其终极目的是改善人类居住与生活环境，创造环境、经济、社会的综合效益，满足可持续发展的要求
施工技术或工艺	在施工和使用的过程中很少考虑材料的回收利用	在施工和使用的过程中采用可拆卸、易回收，不产生毒副作用的材料并保证产生最少废弃物

生态住区规划设计的观念不是全盘否定或者抛弃现代住区规划与设计观念，而是批判地继承，并引入新的思想和手段，注入新的观点和内容。这种生态规划观念是在对传统住区建设与规划观念反思与总结的基础上，以生态价值观为出发点，体现一种“平衡”或者“协调”的规划思想。它把人与自然建筑看作一个整体，协调经济发展、社会进步、环境保护之间的关系，促进人类生存空间向更有序稳定的方向发展，实现人自然社会和谐共生。

生态规划设计既不是以减少人类利益来保护自然消极被动地限制人类行为，也不是以人类利益为根本前提的狭隘人类中心主义，而是一种主动创造新生活，实现人与自然公平协调发展，促进代际公平与可持续发展的思路，是生态住区规划设计的最高目标。

（3）新型城镇生态住区规划与设计的内容

生态住区与传统住区相比，在满足居民基本活动需求的同时，不仅追求住区环境与周边自然环境的融合，更加注重“人”的生活质量和素质的提高，强调住区综合功能的开发与协调。新型城镇生态住区的规划与设计必须遵循社会、经济、资源、环境可持续发展的原则，以城镇总体规划和生态功能区划为框架，结合当地历史文化因素，充分考虑当地居民的生活习惯和方式，着重对生态住区的区位选址、环境要素（水、气、声、光、能、景观）、生态文化体系等来进行规划与设计。

1）选址规划

①新型城镇生态住区选址影响因素

新型城镇生态住区的选址比较复杂，要充分考虑整体的环境因素，不仅要考虑住区范围内的环境，也要考虑周围的环境状况；不仅要避免外界环境的不良影响，同时也要不对外界环境造成破坏；不仅要在整个住区内达到生态平衡和生态自然循环的效果，而且可以通过住区内可持续的生态系统和生态循环对周围环境起到积极的影响，从而将生态区域的范围扩大，使住区内的生态系统得到进一步优化与发展。

新型城镇生态住区选址的环境影响因素主要包括以下几个方面：

a. 良好的自然环境。良好的自然环境是建设生态住区的基础。自古以来，人们就在不断寻找和改善自身周边的居住环境，不仅是为了满足生活的需要，还为了陶冶情操，满足精神文化发展的需要。良好的植被、清新的空气、洁净的水源、安静的环境都是生态住区追求的基本要求。

b. 地形与地质。地形与地质不仅对住区的安全具有重要影响，与人类的身体健康也有着密切的关系。新型城镇生态住区要选择适于各项工程建设所需的地形和地质条件的用地，避免不良条件的危害，如在丘陵地区易于发生的山洪、滑坡、泥石流等灾害。同时，所选地址应有良好的日照及通风条件，并且合理设置朝向。例如，冬冷夏热地区，住宅居室应避免朝西，除争取冬季日照外，还要着重防止夏季西晒并有利于通风；而北方寒冷地区，住宅居室应避免朝北，保证冬季获得必要的日照。

c. 城镇的生态功能区划。生态功能分区是根据不同地区的自然条件，主要的生态系统类型，按相应的指标体系进行城镇生态系统的不同服务功能分区及敏感性分区，将区域划分为不同的功能系统或功能区，如生物多样性保护区、水源涵养区、工业生产区、农业生产区、城镇建设区等。不同的功能区环境敏感性不同，对生态环境的要求也不一样。生态住区选址应符合城镇的生态功能区划，避免周围环境对住区的负面影响，以及住区对周边环境的影响。例如，生态住区不宜建设在城镇的下风位，避免工业废气、废水污染；和城镇中心商务区保持合适的距离，避免噪声等污染；不占用农田耕地、不侵占生态多样性保护区、水源涵养区及林地等。

d. 用地规模与形态。生态住区建设用地面积的大小必须符合规划用地要求，并且为规划期内及之后的发展留有空地；用地形态宜集中紧凑布置，适宜的用地形状有利于生态住区的空间与功能布局。同时，用地选择应注意保护文物和古迹，尤其在历史文化名城，用地的规模与形态应符合文物古迹的保护要求。

e. 周边的城镇基础设施。良好、便利的周边城镇基础设施是生态住区的基本要求。生态住区规划用地应考虑与现有城区的功能结构关系，尽量利用现有的城镇基础设施，以节约新建设施的投资，缩短开发周期，避免因此带来的不经济性。例如：是否有便捷的交通网络、是否有满足生态住区居民要求的给排水和电力设施、是否有完善的公众服务实施等。

②传统建筑文化在新型城镇生态住区选址中的应用

我国传统建筑文化对人类居住、生存环境地选址和处理具有一套独特的理论体系，其关于村落、城镇、住宅的选址模式有着明显的共性，都是背有靠山、前有流水、左右有砂山护卫，构成一种相对围合空间单元。传统建筑文化对于住区的选址原则包括 5 项：

a. 立足整体、适中合宜。传统建筑文化认为环境是一个整体系统，以人为中心，包括天地万物。环境中的每一个子系统都是相互联系、相互制约、相互依存、相互独立、相互转化的要素。立足整体的原则即要宏观把握协调各子系统之间的关系，优化系统结构，寻求最佳组合。适中合宜原则即恰到好处，不偏不倚，不大不小，不高不低，尽可能优化，接近至善至美。此外，适中合宜的原则还要突出中心，强调布局整齐，附加设施要紧紧围绕轴心布置。

b. 观形察势、顺乘生气。清代的《阳宅十书》中指出：“人之居处宜以大山河为主，其来脉气最大，关系人祸最为切要。”传统建筑文化注重山形地势，强调把小环境放入大环境中考察。从大环境观察小环境，即可发现小环境所受到的外界制约和影响，例如水源、气候、物产、地质等。只有大环境完美，住区所处的小环境才能完美。

c. 因地制宜、调谐自然。因地制宜原则即根据环境的客观性，采取切实有效的方法，使人与建筑适宜于自然，回归自然，返璞归真，天人合一，这也是传统建筑文化的真谛所在。调谐自然原则即通过对环境的合理改造，使住区布局更合理，更有益于居民的身心健康和经济的发展，创造出优化的生存条件。

d. 依山傍水、负阴抱阳。传统建筑文化认为，山体是大地的骨架，水域是万物生机之源泉，没有水，人就不能生存。依山的形势包括两种类型，一种是“土包屋”，即三面群山环绕，奥中有旷，南面敞开，房屋隐于万树丛中；另一种是“屋包山”，即成片的房屋覆盖着山坡，从山脚一直到山腰，背枕山坡，拾级而上，气宇轩昂。由于我国的地理位置和气候类型，负阴抱阳在我国而言，即坐北朝南。依据这一选址原则建设的住区，得山川之灵气，受日月之光华。

e. 地质检验、水质分析。传统建筑文化认为，地质决定人的体质。现代科学也证实了这一点，土壤中所含的微量元素、潮湿或腐烂的地质、地球的磁场、有害的长振波以及辐射线等均会对人体产生影响。不同地域的水分中也含有不同的微量元素及化合物质，有的有利，有的有害。因此，在住区的选址过程中，对于地质和水质的检验和分析不可或缺，注意趋利避害。

城镇相对于密集的城市来说，周边自然环境具有更大的开放性。因此，在城镇生态住区的选址规划中，应结合我国传统建筑文化，发挥其在选择良好居住环境的作用。

2）环境要素规划与设计

生态住区环境要素的规划主要包括水、气、声、光、能源和景观环境等。

①水环境系统

生态住区的水环境系统，是指在保障住区内居民日常生活用水的前提下，采用各种适用技术、先进技术与集成技术，达到节水目标，改善住区水环境，使住区水系统经济稳定运行且高度集成的水环境系统。包括用水、给排水、污水处理与回收、雨水利用、绿化景观用水、节水设施与器具等。

a. 用水规划：结合城镇的总体水资源和水环境规划，合理规划住区水环境，有效利用水资源，改善住区水环境和生态环境。

b. 给排水系统：保证以足够的水量和水压向所有的用户不间断地供应符合卫生条件的饮用水、消防用水和其他生活用水；及时将住区的污水和雨水排放收集到指定的场所。

c. 污水处理与回收利用：保护住区周围的水环境，实现污水处理的资源化和无害化，改善住区生态环境。

d. 雨水利用：收集雨水用以在一定范围内补充住区用水，完善住区屋顶和地表径流规划，避免雨水淹渍、冲刷给环境带来的破坏。

e. 绿化、景观用水：保障住区绿化、景观用水，改善住区用水分配，提高景观用水水质和效率。

f. 节水器具与设施：执行节水措施，使用节水器具和设施节约用水。

②大气环境系统

生态住区的大气环境系统是指住区内居民所处的大气环境，它由室内空气环境系统和室外空气环境系统组成。

室内空气环境系统主要依靠住宅的生态化设计来实现。重点考虑良好的通风系统，一个良好的通风系统能够很快地排出使用设备所产生的室内空气污染物，同时补充一定的室外空气，并能尽量均匀地输送到各个房间，给住户带来舒适感。在设计过程中应多考虑自动通风系统，注意平面布局和门窗洞口的布置，依靠室外自然风和室内简易设施，尽量利用风压进行自然通风排湿。自然通风最大的优点在于有利于改善建筑内部的空气质量，除在室外污染非常严重以至于空气质量不能达到健康要求的时候，应该尽可能地使用自然通风来给室内提供新鲜空气；自然通风的另一个优点在于能够降低对空调系统的依赖，从而节约空调能耗。当代建筑中最常见的设计模式是充分利用自然通风系统，同时配置机械通风和空调系统。

室外空气环境主要依靠合理选择住区区位和地形，合理布局住区内建筑设施和绿化来实现。区位和地形的选择应避免周边大气污染源对住区的影响；合理安排建筑布局、建筑形体和洞口设置，可以改善通风效果；住区绿化具有良好的调节气温和增加空气湿度的效果，同时防尘滞尘，吸收部分大气污染物，改善大气环境质量。

③声环境系统

随着社会的发展，住区声环境已经成为现代人追求的人居环境品质的重要内容之一。一方面，噪声源数量日益增加，噪声源分布范围和时间更广泛，例如，车辆噪声，尤其是干道两侧的噪声，对居民产生严重影响；另一方面，随着经济收入文化水平的提高，人们对声环境品质要求更高。

新型城镇生态住区开发前期在项目选址及场地设计中，应对周边噪声源进行测试分析，尽量使住区远离噪声源。当住区规划设计不能满足声环境要求时，应采用人工措施减少外部噪声对居民的影响；当住区受到功能分区不合理、道路噪声等干扰时，应通过合理设计住区建筑布局和采用减噪降噪措施相结合的方式，营造一个安静的声环境。如：将卧室尽量设在背离噪声源的一侧，将卫生间、厨房、阳台等靠近声源，采用合理的建筑布局形式减弱噪声传播等。

④光环境系统

生态住区的光环境系统是指住区内天然采光系统与人工照明系统。

在天然采光系统设计方面，应通过合理设置建筑朝向以及建筑群落布局，保障居民享有尽可能充分的日照和采光，以满足卫生健康需求。同时，充分利用天然光源合理进行住宅内的人工照明设计，节约能源，提高住宅光环境质量，为居住者提供一个满足生理心理卫生健康要求的居住环境。在采光系统的设计中，还应注重室外景观的可观赏性，在保证住宅一定比例的房间应能够自然采光的同时，不应使住宅格局阻碍对室外景观的观赏视线。

太阳光是一种巨大的、安全的、清洁的天然光源，把天然光引入室内照明可以起到节约能源和保护环境的作用，同时还可以创造出舒适的光照环境有益于身心健康。在利用太阳光进行采光的同时，还要避免产生光污染。

在照明方面设计方面，应重点考虑绿色照明技术的应用。绿色照明技术主要包含3个方面的内容：照明器材的清洁生产、绿色照明、照明器材废弃物的污染防治。住区的公共照明系统应使用高效节能灯器具，如LED灯等，并向住区居民推广和使用。

⑤能源系统

生态住区的能源系统是用于保障住区内居民日常生活所需的各种能源结构的总称。主要包括常规能源系统（如电能、天然气、煤气等）和绿色能源系统（如太阳能、风能、地热能等）。生态住区的能源系统规划重点应放在建筑节能、常规能源系统优化与绿色能源和开发利用等三个方面。

建筑节能是通过科学合理的建筑热工设计，运用建筑技术手段来改善住房的居住环境，使建筑冬暖夏凉，减少对机械设备的使用，从而达到节能降耗减少环境污染的目的。

在生态住区中，应逐步降低常规能源的使用比例，结合当地特点和优势，不断开发诸如太阳能、生物能、地热能等绿色能源的使用，优化能源结构，提高各种能源的使用效率，避免造成能源浪费。

⑥景观环境

生态住区的景观环境包括：原有住区范围内以及周围的自然景观；当地已建成区可能给予陪衬与烘托的人文景观；通过住区的绿地、植物等软质景物和建筑小品、运动场地、水池、灯饰、道路以及住宅建筑等硬质景物构成的群体景观。

景观环境应与周围环境相协调，体现自然与人工环境的融合。景观环境规划应在满足生态住区使用要求情况下，尽量保留原有的生态环境，并对不良环境进行治理和改善。如对生态住区规划所在地的山、水（河流、池塘）、植被等进行充分保留和恢复，保持其生态功能的完整性和原真性生活状态。

景观环境规划与设计应坚持实用与开放的原则，所有的环境设施和景观应在认真研究居民日常生活要求的基础上设计建设，力求使用方便，并向居民免费开放，提高景观环境设施的利用率。如绿地建设，草坪应选择耐践踏品种，人们适度地在草地上行走、躺卧和嬉戏并不会造成草地的死亡。

3）新型城镇生态住区生态文化体系规划与建设

城镇生态住区生态文化体系包括文化设施建设和传统文化与历史文脉的继承与保护。

①文化设施建设

文化设施建设应注重对现有城镇设施的规划和利用，新建和修缮原本缺少或功能不完善的设施。在住区规划选址时，应充分考虑所选区域的城镇文化设施的完备性与可利用性。近年来，欧美国家在谈论生态住区时，经常提出“完备社区”的概念。所谓“完备社区”，即指尽可能将工作、居住和购物娱乐结合成一体的社区。这样可以极大的方便居住者，并且有利于减少居民出行，缓解城市（镇）交通压力，从而大大降低居民的能源消耗，节约资源，有利于城市（镇）的可持续发展。文化设施主要包括：

a. 管理服务中心：市政管理、环保控制中心、物业管理公司、就业指导站、人才交流中心、公共咨询服务站等。

b. 社区科技文化服务中心：教育培训设施、社区阅览室、文化宣教中心、体育健身中心、老年活动中心、书店等。

c. 医疗保健中心：社区医院、卫生防疫站、急救中心、敬老院等。

d. 综合服务中心：银行、百货公司、集贸市场、社区超市、旅馆、酒店、中西药房等。

e. 市政交通公用服务：住区道路、停车场库、出租车站、公交换乘站等。

②传统文化和历史文脉的继承与保护

我国地域辽阔，历史悠久，各地居民长期养成的生活习惯不尽相同，历史积淀下来的传统文化和历史文脉也都体现了鲜明的地方特色。随着我国城镇化建设加快，城镇用地规模不断扩大，社会经济不断发展，再加上外来思潮的不断冲击，城镇建设往往采取简单、盲目照抄、千篇一律的建设模式，对各地传统文化和历史文脉的继承和保护提出了严峻的挑战。生态住区内涵体现的不仅仅是人与自然的融合，还包括当代文明与历史文化的融合。因此，加强生态住区周边的自然与人文遗迹、历史文脉和非物质文化遗产的继承与保护是新型城镇生态住区规划与建设必不可少的一项工作。在规划设计前期，应对所选区域的历史文化、风俗习惯、人文脉络、民间手工（艺术）或非物质文化遗产等进行充分调研，重视其历史文化价值，明确保护原则和措施。从社会经济角度来说，历史文化本身具有很好的社会经济价值，如果被很好地保护和利用，将能产生巨大的经济利益和社会利益，随着社会的发展，其价值将不断增长。这对于提升城镇的形象与品位，塑造城镇浓郁的地方特色具有重要意义。

8.2 新型城镇生态住区的建筑设计

8.2.1 绿色、生态、低碳建筑概述

21 世纪人类共同的主题是可持续发展，对于建筑来说亦必须由传统的高消耗型发展模式转向高效生态型发展模式。生态住区是由多个生态住宅集合而成的人居环境的总和。在新型城镇生态住区建设过程中，采用高效生态型的住宅建筑类型是新型城镇实现可持续发展的重要内容之一。对于高效生态型住宅建筑，目前学术界有许多不同的称谓，如绿色建筑、生态建筑、低碳建筑等。

（1）绿色建筑

国际上对绿色建筑的探索和研究始于 20 世纪 60 年代，随着可持续发展思想在国际社会的推广，绿色建筑理念逐渐得到行业人员的重视和积极支持。到 80 年代，伴随着建筑节能问题的提出，绿色建筑概念开始进入我国，在 2000 年前后成为社会各界人士讨论的热点。由于世界各国经济发展水平、地理位置和人均资源等条件的不同，对绿色建筑的研究与理解也存在差异。

住房和城乡建设部（原建设部）于 2006 年 3 月发布了《绿色建筑评价标准》（GB/T 50378—2006），该标准将绿色建筑定义为：在建筑的全寿命周期内，最大限度地节约资源（节能、节地、节水、节材）、保护环境和减少污染，为人们提供健康、适用和高效的使用空间，与自然和谐共生的建筑。

《绿色建筑评价标准》用于评价住宅建筑和公共建筑中的办公建筑、商场建筑和旅馆建筑。在该标准中，绿色建筑评价指标体系由节地与室外环境、

节能与能源利用、节水与水资源利用、节材与材料资源利用、室内环境质量和运营管理六类指标组成。

绿色建筑的设计理念主要包括以下几个方面：

1）重视整体设计

整体设计的优劣直接影响绿色建筑的性能及成本。建筑设计必须结合气候、文化、经济等诸多因素进行综合分析、整体设计，切勿盲目照搬所谓的先进绿色技术，也不能仅仅着眼于局部而不顾整体。如热带地区使用保温材料和蓄热墙体就毫无意义，而对于寒冷地区，如果窗户的热性能很差，使用再昂贵的墙体保温材料也不会达到节能的效果，因为热量会通过窗户迅速散失。在少花钱的前提下，将有限的保温材料安置在关键部位，而不是均匀分布，会起到事半功倍的效果。

2）因地制宜

绿色建筑强调因地制宜原则，不能照搬盲从。气候的差异使不同地区的绿色设计策略大相径庭。建筑设计应充分结合当地的气候特点及其地域条件，最大限度地利用自然采光、自然通风、被动式集热和制冷，从而减少因采光、通风、供暖、空调所导致的能耗和污染。在日照充足的西北地区，太阳能的利用就显得高效、重要。而对于终日阴云密布或阴雨绵绵的地区，则效果不明显。北方寒冷地区的建筑应该在建筑保温材料上多花钱、多投入，而南方炎热地区则更多的是要考虑遮阳板的方位和角度，即防止太阳辐射，避免产生眩光。

3）尊重基地环境

在保证建筑安全性、便利性、舒适性、经济性的基础上，在建筑规划、设计的各个环节引入环境概念，是一个涉及多学科的复杂的系统工程。规划、设计时须结合当地生态、地理、人文环境特性，收集有关气候、水资源、土地使用、交通、基础设施、能源系统、人文环境等方面的资料，力求做到建筑与周围的生态、人文环境的有机结合，增加人类的舒适和健康，最大限度提高能源和材料的使用效率。

4）创造健康舒适的室内环境

健康、舒适的生活环境包括使用对人体健康无害的材料，抑制危害人体健康的有害辐射、电波、气体等，采用符合人体工程学的设计。

5）节能设计

包括6方面内容：①建筑形态、建筑定位、空间设计、建筑材料、建筑外表面的材料肌理、材料颜色和开敞空间的设计（街道、庭院、花园和广场等）；②可减轻环境负荷的建筑节能新技术，如根据日照强度自动调节室内照明系统、局域空调、局域换气系统、节水系统；③能源的循环使用，包括对二次能源的利用、蓄热系统、排热回收等；④使用耐久性强的建筑材料；⑤采用便于对建筑保养、修缮、更新的设计；⑥设备竖井、机房、面积、层高、荷载等设计留有发展余地等。

6）使建筑融入历史与地域的人文环境

包括4方面内容：①对古建筑的妥善保存，对传统街区景观的继承和发展；②继承地方传统的施工技术和生产技术；③继承保护城市与地域的景观特色，并创造积极的城市新景观；④保持居民原有的生活方式，并使居民参与建筑设计与街区更新。

（2）生态建筑

20世纪60年代，美籍意大利建筑师保罗·索勒瑞把生态学（Ecology）和建筑学（Architecture）两词合并为“Arology”，意为“生态建筑学”，并在《生态建筑学：人类理想中的城市》一书中提出了生态建筑学理论。

20世纪70年代，在能源危机的背景下，欧美国家就有一些建筑师应用生态学思想设计了不少被称之为“生态建筑”的住宅。这些建筑在设计上一般基于这样的思路：利用覆土、温室及自然通风技术提供稳定、舒适的室内气候；风车及太阳能装置提供建筑基本能源；粪便、废弃食物等生活垃圾用作沼气燃料及肥料；温室种植的花卉、蔬菜等植物提供富氧环境；收集雨水以获得生活用水；污水经处理后用于养鱼及植物灌溉等。因此，在这类建筑中，草皮屋顶、覆土保温、温室及植被、蓄热体、风车及太阳能装置等成为其基本构造特征，如位于美国明尼苏达州的欧勒布勒斯住宅就是一个典型案例。

国内一些有关生态建筑的研究与实践中亦可发现与此类似的设计思路。因此所谓“生态建筑”，即将建筑看成一个生态系统，通过组织（设计）建筑内外空间中的各种物态因素，使物质、能源在建筑生态系统内部有秩序地循环转换，获得一种高效、低耗、无废、无污、生态平衡的建筑环境。

生态建筑的设计理念主要包括以下几个方面：

①注意与自然环境的结合与协作，使人的行为与自然环境的发展取得同等地位，这是生态建筑设计的最基本内涵。必须了解到人是自然环境的一分子，人的活动必须与环境建立起一种新的结合与协作关系。对自然环境的关心是生态建筑存在的根本，是一种环境共生意识的体现。

②要善于因地制宜地利用一切可以利用的因素和高效地利用自然资源。根据生态学的进化论，生态建筑设计包含着资源的经济利用问题，其中首要的是土地的利用问题，今后建筑业的发展，势必在有限的土地资源内展开。为了节省有限的土地，必须建立高效的空间体系；其次是建筑节能和生态平衡，也就是减少各种资源和材料的消耗，如太阳能的利用和建筑保温材料的应用等。

③注意自然环境设计。重视自然生态环境的特点和规律，确定“整体优先”和“生态优先”的原则。加强对自然环境的利用，使人工环境和自然环境有机交融。

④注重生态建筑的区域性。任何一个区域规划、城市建设或者单体建筑项目，都必须建立在对特定区域条件的分析和评价基础之上，包括地域气候特征、地理因素、地方文化与风俗、建筑肌理特征等。

（3）低碳建筑

目前学术界并没有明确的低碳建筑的定义，碳排放量降低到什么程度可以称之为低碳建筑，也没有具体的数值。定义低碳建筑可以参照低碳经济等相关概念。

低碳经济是以减少温室气体排放为目标，以低能耗、低污染、低排放为基础的经济模式，其实质是能源高效利用、清洁能源开发、追求绿色 GDP，核心是能源技术和减排技术创新、产业结构和制度创新以及人类生存发展观念的根本性转变。

依据低碳经济的概念，可将低碳建筑定义为：低碳建筑是实现尽可能减少温室气体排放的建筑，在建筑的全生命周期内，以低能耗、低污染、低排放为基础，最大限度地减少温室气体排放，为人们提供具有合理舒适度的使用空间的建筑模式。

低碳建筑的设计理念包括既有能源的优化、节约资源及材料、使用天然材料和本地建材、减少在生产和运输过程中对能源造成的浪费等方面。

①能源组合优化。增加清洁能源的使用量，引入天然气、轻烃或生物质固体燃料，使用风能、太阳能等可再生能源；充分利用工业余热；对燃煤锅炉进行改造等，减少碳排放，控制大气污染。

②节能。采用节能的建筑围护结构，减少采暖和空调的使用；根据自然通风的原理设置空调系统，使建筑能够有效地利用夏季的主导风向；最大限度地利用自然的采光通风；使用各种自动遮阳、双层幕墙、可调节建筑外立面的设计等。总的来说，即通过各种手段，既保证有非常现代化的建筑形象，又能够达到比较节能和舒适的目的。

③节约资源。在建筑设计和建筑材料的选择中，

均考虑资源的合理使用和处置。尽可能地优化建筑结构，减少资源浪费，提高再生水利用率，力求使资源可再生利用。

④采用天然材料。建筑内部不使用对人体有害的建筑材料和装修材料，尽量采用天然材料，所采用的木材、石块、石灰、油漆等要经过检验处理，确保对人体无害。

⑤舒适和健康的环境。保证建筑内空气清新，温、湿度适当，光线充足，给人健康舒适的生活工作环境。

8.2.2 住宅形式的选择

新型城镇生态住宅的设计应遵从自然优先的生态学原则，最大限度地实现能量流和物质流的平衡，建筑形式便于能源的优化利用，使设计、施工、使用、维护各个环节的总能耗达到最少。

（1）建筑形式

生态住宅设计是新型城镇建设中一个十分重要的课题。新型城镇住宅量多面广且接近自然，在生态化建设上有着得天独厚的优势，新型城镇住宅生态化对改善全球生态环境具有不可估量的价值和意义。

生态住宅建设要合理确定居民数量、住宅布局范围和用地规模，尽可能使用原有宅基地，正确处理好新建和拆旧的关系，确保新型城镇社会稳定。建筑平面功能要科学合理，注重适应居民的家庭结构、生活方式和生活习惯；立面造型要有地方传统特色又具现代风格；建筑户型要节约利用土地，符合新型城镇用地标准；能够服务新型城镇居民，为群众提供适用、经济、合理的住宅设计方案，造价经济合理。

1）平面形状的选择

根据住宅中各种平面形状节能效果的量化研究：采用紧凑整齐的建筑外形每年可节约 8 ～ 15kW·h/m^2 的能耗。当建筑体积（V）相同时，平面设计应注意使维护结构表面积(A)与建筑体积(V)之比尽可能小，以减少建筑物表面的散热量。

建筑平面形状与能耗关系如下表 8-2 所示。根据表 8-2 可以看出，新型城镇生态住宅平面形状宜选择规整的矩形。

表 8–2 建筑平面形状与能耗关系

平面形状	正方形	矩形	细长方形	L 型	回字形	U 型
A/V	0.16	0.17	0.18	0.195	0.21	0.25
热损耗（%）	100	106	114	124	136	163

2）住宅类型的选择

新型城镇生态住宅建设应本着节约用地的原则，积极引导农民建设富有特色的联排式住宅（图 8-1）和双拼式住宅（图 8-2），有条件的地方可建设多层公寓式住宅，尽量不采用独立式住宅，控制宅基地面积，从而提高用地的容积率、节约有限的土地资源。

图 8–1 联排式住宅效果图

图 8–2 双拼式住宅效果图

3）朝向的选择

影响住宅朝向的因素很多，如地理纬度、地段环境、局部气候特征及建筑用地条件等。因此，“良好朝向”或“最佳朝向”的概念是一个具有区域条件限制的提法，是在考虑地理和气候条件下对朝向的研究结论，在实际应用中则需根据区域环境的具体条件加以修正。

影响朝向的两个主要因素是日照和通风，“最佳朝向”及“最佳朝向范围”的概念是对这两个主要影响因素观察、实测后整理出的成果。

①朝向与日照

无论是温带还是寒带，必要的日照条件是住宅里所不可缺少的，但是对不同地理环境和气候条件下的住宅，在日照时数和阳光照入室内深度上是不尽相同的。由于冬季和夏季太阳方位角的变化幅度较大，各个朝向墙面所获得的日照时间相差很大。因此，应对不同朝向墙面在不同季节的日照时数进行统计，求出日照时数日平均值，作为综合分析朝向时的依据。另外，还需对最冷月和最热月的日出、日落时间做出记录。在炎热地区，住宅的多数居室应避开最不利的日照方位。住宅室内的日照情况同墙面上的日照情况大体相似。对不同朝向和不同季节（例如冬至日和夏至日）的室内日照面积及日照时数进行统计和比较，选择最冷月有较长日照时间、较多日照面积，最热月有较少日照时间、最少日照面积的朝向。

在一天的时间里，太阳光线中的成分是随着太阳高度角的变化而变化的，其中紫外线量与太阳高度角成正比，如表 8-3。选择朝向对居室所获得的紫外线量应予以重视，它是评价一个居室卫生条件的必要因素。

表 8–3 不同高度角时太阳光线的成分

太阳高度角	紫外线	可视线	红外线
90°	4%	46%	50%
30°	3%	44%	53%
0.5°	0%	28%	72%

②朝向与风向

主导风向直接影响冬季住宅室内的热损耗及夏季居室内的自然通风。因此，从冬季保暖和夏季降温的角度考虑，在选择住宅朝向时，当地的主导风向因素不容忽视。另外，从住宅群的气流流场可知，住宅长轴垂直主导风向时，由于各幢住宅之间产生涡流，会影响自然通风效果。因此，应避免住宅长轴垂直于夏季主导风向（即风向入射角为零度），以减少前排房屋对后排房屋通风的不利影响。

在实际运用中，应当根据日照和太阳辐射将住宅的基本朝向范围确定后，再进一步核对季节主导风向。这时会出现主导风向与日照朝向形成夹角的情况。从单幢住宅的通风条件来看，房屋与主导风向垂直效果最好。但是，从整个住宅群来看，这种情况并不完全有利，而形成一个角度，往往可以使各排房屋都能获得比较满意的通风条件。

根据上述应该考虑的 2 个方面，不同地区住宅的最佳朝向和适宜朝向可参考表 8-4。

表 8–4 全国部分地区建议建筑朝向表

地区	最佳朝向	适宜朝向	不宜朝向
北京地区	南偏东 30° 以内 南偏西 30° 以内	南偏东 45° 范围以内 南偏西 45° 范围以内	北偏西 30° ～ 60°
上海地区	南至南偏东 15°	南偏东 30° 南偏西 15°	北，西北
哈尔滨地区	南偏东 15 ～ 20°	南至南偏东 20° 南至南偏西 15°	西北，北
南京地区	南偏东 15°	南偏东 25° 南偏西 10°	西，北
杭州地区	南偏东 10 ～ 15°	南，南偏东 30°	北，西
武汉地区	南偏西 15°	南偏东 15°	西，西北
广州地区	南偏东 15° 南偏西 5°	南偏东 22° 南偏西 5° 至西	
西安地区	南偏东 10°	南，南偏西	西，西北

4）层高和面积的选择

要正确对待住宅层高的概念：层高过低，会减少室内的采光面积，阻挡室内通风，造成室内空气混浊和空间的压抑感；层高过高，会浪费建造成本和日常使用的能源；一般以 2.8m 为宜，不宜超过 3m。底层层高可酌情提高，但不应超过 3.6m。

住宅面积和层数的选择，应与当地的经济发展水平和能源基础条件相适应。超越当地的经济社会条件，过分追求大面积的住宅，邻里之间互相攀比，均不应提倡。应提倡节约型住宅，合理的使用面积，是当前最有效的节能措施。可以节约建材，节约劳动力一级建造、使用、维护过程中的大量能源。

建筑面积和层数控制可以分为经济型和小康型两类。经济型建筑面积 100 ～ 180m^2，以 1 ～ 2 层为宜；小康型建筑面积 120 ～ 250m^2，以 2 ～ 3 层为宜。

5）地域建筑风貌

通过规划设计创新活动，把本土建筑与传统民居的建筑元素和文化元素相融合，丰富建筑户型，创造出具有地方特色的生态建筑。

结合地域的差异性，融入更多的地方特色。根据新型城镇不同的地理区位，如山区、丘陵、平原、城郊、水乡、海岛的地形地貌特点，选择适宜的建筑形式和布局方式，注意节地、节能、节材、环保、安全、节省造价。

6）建筑材料与技术的选用

根据当地的环境和气候特点，积极采用新型环保、节能材料；在经济效能和实用性上应努力降低建造费用。

（2）结构形式

住宅的结构是指住宅的承重骨架（如房屋的梁柱、承重墙等）。住宅的建筑样式多种多样，相应的结构形式也有所不同。新型城镇生态住宅由于其建筑层数以中、低层为主，故其采用的结构形式主要以砖混结构、钢筋混凝土结构和轻钢结构三种形式为主。

1）砖混结构住宅

砖混结构是指建筑物中竖向承重结构的墙、柱等采用砖或者砌块砌筑，横向承重的梁、楼板、屋面板等采用钢筋混凝土结构。即砖混结构是以小部分钢筋混凝土及大部分砖墙承重的结构。砖混结构是最具有中国特色的结构形式，量大面广，其优点是就地取材、造价低廉；其缺点是破坏环境资源，抗震性能差。

新型城镇的生态住宅建设应本着因地制宜、就地取材的原则，并符合国家建筑节能与墙体改革政策。国家正在逐步禁止生产及使用粘土砖。目前能较好地替代粘土实心砖的主导墙体材料有：混凝土小型空心砌块、烧结多孔砖、蒸压灰砂砖。

利用工业废料、矿渣等材料生产各种砖和砌块，是符合新型城镇建设因地制宜、就地取材原则的。我国是最大的煤炭生产国和消费国，每年排放粉煤灰、煤矸石、炉渣等 2 亿多吨，历年堆积的工业废渣达 70 多亿吨，占地 100 多万亩。据专家计算，如果把这些工业废渣全部利用，可生产废渣空心砖 52000 亿块。考虑到 10% ～ 15% 废渣用料的性能不适合制砖要求，实际利用废渣可生产 44200 亿～ 46800 亿块空心砖，可满足全国 6 ～ 7 年建设用砖，还可以退耕还田百万亩。每年 2 亿多吨废渣全部利用后可生产 1500 亿块空心砖，可以满足我国市场需求量的 1/4 ～ 1/5，每年少占地约 4 万亩，节能和环保效果相当显著。

2）钢筋混凝土结构住宅

钢筋混凝土结构是指用配有钢筋增强的混凝土制成的结构。承重的主要构件是用钢筋混凝土建造的。钢筋承受拉力，混凝土承受压力，具有坚固、耐久、防火性能好、比钢结构节省钢材和成本低等优点。

钢筋混凝土结构在我国新型城镇住宅中所占比例很小，其具有平面布局灵活、抗震性能好、经久耐用等优点，其最大的缺点是造价高。

3）轻钢结构住宅

钢结构是一种高强度、高性能、可循环使用的绿色环保材料。轻钢结构住宅的优点是有利于生产的工业化、标准化，施工速度快、施工噪音和环境污染少。目前，与钢结构住宅配套的装配式墙板主要有两大体系：一类为单一材料制成的板材，另一类为复合材料制成的板材。

8.2.3 建材的选择

在新型城镇生态住区建设中，应尽量选择绿色建材。与传统建材相比，绿色建材具有净化环境的功能，而且具有低消耗（所用生产原料大量使用尾矿、废渣、垃圾等废弃物，少用天然资源）、低能耗（制造工艺低能耗）、无污染（产品生产中不使用有毒化合物和添加剂）、多功能（产品应具有抗菌、防霉、防臭、隔热、阻燃、防火、调温、调湿、消磁、防射线、抗静电等多功能）、可循环再生利用（产品可循环或回收再利用）等5个基本特征。

住房与城乡建设部（原建设部）于2001年发布的《绿色生态住宅小区建设要点与技术导则》中对绿色建筑材料的要求摘录如下：

10 绿色建筑材料系统

10.1 一般要求

10.1.1 小区建设采用的建筑材料中，3R材料的使用量宜占所用材料的30%。

10.1.2 建筑物拆除时，材料的总回收率达40%。

10.1.3 小区建设中不得使用对人体健康有害的建筑材料或产品。

10.2 绿色建筑材料选择要点

10.2.1 应选用生产能耗低、技术含量高、可集约化生产的建筑材料或产品。

10.2.2 应选用可循环使用的建筑材料和产品。

10.2.3 应根据实际情况尽量选用可再生的建筑材料和产品。

10.2.4 应选用可重复使用的建筑材料和产品。

10.2.5 应选用无毒、无害、无放射性、无挥发性有机物、对环境污染小、有益于人体 健康的建筑材料和产品。

10.2.6 应采用已取得国家环境标志认可委员会批准，并被授予环境标志的建筑材料和产品。

10.3 部分绿色建筑材料参考指标

10.3.1 天然石材产品放射性指标应符合下列要求：

室外镭当量浓度≤1000Bq/kg

室内镭当量浓度≤200Bq/kg

10.3.2 水性涂料应符合下列要求：

1. 产品中挥发有机物（VOC）含量应小于250g/L;

2. 产品生产过程中不得人为添加含有重金属的化合物，总含量应小于500mg/kg（以铅计）；

3. 产品生产过程中不得人为添加甲醛及其甲醛的桑合物，含量应小于500mg/kg。

10.3.3 低铅陶瓷制品铅溶出量极限值应符合下列要求：

扁平制品0.3mg/L

小空心制品2.0mg/L

大空心制品1.0mg/L

杯和大杯0.5mg/L

10.3.4 产品中不得含有石棉纤维。

10.3.5 粘合剂应符合下列要求：

1. 复膜胶的生产过程中不得添加苯系物、卤代烃等有机溶剂；

2. 采用的建筑用粘合剂，产品生产过程中不得添加甲醇、卤代烃或苯系物；产品中不得添加汞、铅、镉、铬的化合物；

3. 采用的磷石膏建材，产品生产过程中使用的石膏原料应全部为磷石膏，产品浸出液各氟离子的浓度应≤0.5mg/L。

10.3.6 人造木质板材中，甲醛释放量应小于0.20mg/m^3；木地板中，甲醛释放量应小于0.12mg/m^3；木地板所用涂料应是紫外光固化涂料。

根据以上要求，新型城镇生态住区的绿色建材系统可从外部建造和内部装修两方面来构建。

（1）外部建造所用绿色建材

1）地基建材

建筑物的建造必须先打地基，新型城镇住宅地基用材主要是砖石、钢筋和水泥。为体现资源再循环利用原则，钢筋尽可能采用断头焊接后达标的制品或建筑物拆除挑出的回炉钢筋；水泥尽可能采用节能环保型的高贝利特水泥，该产品的烧成温度为1200 ~ 1250℃，比普通水泥低200 ~ 250℃，既节约能源又大大减少 CO_2、SO_2 等有害气体的排放量。

2）砌筑建材

传统的墙体砌筑用材是实心粘土砖，不仅烧制过程耗能，有害气体排放量大，还大量毁坏耕地。为了提高资源利用率、改善环境，减少粘土砖的生产和使用以及生产粘土砖造成的资源浪费和环境污染，国家环境保护部（原国家环保总局）于2005年发布了《环境标志产品技术要求建筑砌块》（HJ/T 207—2005）标准。提倡企业以工业废弃物如稻草、甘蔗渣、粉煤灰、煤矸石、硫石膏等生产建筑砌块（包括轻集料混凝土小型空心砌块、蒸压加气混凝土砌块、粉煤灰砌块、石膏砌块、烧结空心砌块），以达到节约资源的目的（表8-5）。

尽管新型墙体材料比实心粘土砖造价贵，但新型墙材重量轻，可以降低基础造价，扩大使用面积，节约工时，节省材料，还能享受国家墙改基金返退等政策，综合成本要比使用实心粘土砖便宜，见表8-6。

我国气候复杂多变，温差变化较大，北方地区空气干燥，冬寒、风大、少雨，对房屋主要的要求是保温效果。而南方地区空气温度高、多雾、多雨、寒冷天气较少、湿热天气较多，建筑保温应是以阻隔热空气为主要目的。因此，南、北方在住宅形式、材料的选用以及保温措施上要有所差异，见表8-7。

表8-5 混凝土空心砌块与实心粘土砖性能对比

材料名称	产品规格		物理性能			
	模量 / mm	容重 / kg/m^3	隔音性能 / dB	导热系数 /w/mk	吸水率 / %	抗压强度 / MPa
实心粘土砖	53 × 115 × 240	2200	＜ 20	0.8	18-20	15-30
混凝土空心砌块	390 × 190 × 190-140	800-1000	48-68	0.3	＜ 15	3.5-20

表8-6 $100m^3$ 混凝土空心隔条板住宅经济成本对比

项目	所需人数 / 人	所需工期 / 天	施工费用节约	新型墙体材料房比实心粘土砖房节省材料					增加使用面积
实心粘土砖建房	10	30	新型墙材节约50%	土方	水泥	钢筋	砂石	煤	新型墙材增加15%
新型墙体材料建房	5	15		$140m^3$	6.25t	0.375t	18.75 m^3	1.875t	

表8-7 南北方主要墙体材料及保温措施比较

	墙体形式	墙体材料	保温材料
北方	三合土筑墙、土坯墙和砖实墙	非粘土多孔砖、普通混凝土空心砌块、非粘土空心砖、加气混凝土空心砌块、轻质复合墙板等	有机类保温材料[发泡聚苯板（EPS）、挤塑聚苯板（XPS）、喷涂聚氨酯（SPU）等]或高效复合型保温材料
南方	砖砌空斗墙、木板围墙	普通混凝土空心砌块、加气混凝土砌块、轻骨料混凝土砌块、混凝土多孔砖等	无机材料（中空玻化微珠、膨胀珍珠岩、闭孔珍珠岩、岩棉等）或高效复合型保温材料

新型城镇生态住宅建设过程中，应结合当地具体用材情况，因地制宜地选择合适的建筑砌块。

3）建筑板材

利用稻草、甘蔗清、粉煤灰、煤矸石等废弃物，制作出氯氧镁轻质墙板、加气混凝土板材和复合墙板，以及植物秸秆人造建材和石膏建材产品。其优越性如同砌筑建材，是新型的实用墙体材料。

《环境标志产品技术要求轻质墙体板材》（HJ/T 223—2005）中规定了轻质墙体板材类环境标志产品的基本要求、技术内容和检验方法。该标准中指定的板材有：石膏板、纤维增强水泥板、加气混凝土板、轻集料混凝土条板、混凝土空心条板、纤维增强硅酸钙板及复合板等轻质墙体板材。

4）屋顶建材

屋顶结构选材和结构设计要满足防水和保温隔热的要求。屋面结构提倡采用大坡屋面，宜使用轻质材料。防水材料宜选用新型防水材料（表 8-8、表 8-9）。

表 8-8 几种防水材料性能对比

类型	品种	耐热度 / ℃	低温柔度 / ℃	不透水性	
				压力 / MPa	保持时间 / min
传统防水材料	沥青油毡防水卷材	85	-5	≥ 0.1 ~ 0.15	≥ 30
新型防水材料	SBS 改性沥青卷材	90 ~ 105	-25 ~ -18	≥ 0.2 ~ 0.3	≥ 30
	APP 改性沥青卷材	130	-15 ~ -15	≥ 0.2 ~ 0.3	≥ 30

表 8-9 南北方主要屋面材料及保温措施比较

	屋面形式	屋面材料	保温材料
北方	平顶或稍平的坡屋顶	三合土、瓦 弹性体（SBS）改性沥青防水卷材	有机类保温材料［发泡聚苯板（EPS）、挤塑聚苯板（XPS）、喷涂聚氨酯（SPU）等］或高效复合型保温材料
南方	屋顶 高而尖	小青瓦 塑性体（APP）改性沥青防水卷材	无机材料（中空玻化微珠、膨胀珍珠岩、闭孔珍珠岩、岩棉等）或高效复合型保温材料

5）门窗建材

传统的门窗用材往往采用木制品或钢制品。木材虽属可再生资源，但由于生长期缓慢，且森林本身对保护生态环境具有重大作用，不宜大量开发使用。我国现推出塑料门窗，生产时能耗大大低于钢门窗，使用中又可节能 30% ~ 50%，因此被视为典型的节能产品和绿色建材。

《环境标志产品技术要求塑料门窗》（HJ/T 237—2006）中规定了塑料门窗环境标志产品的术语和定义、基本要求、技术内容及检验方法。

表 8-10 木、塑钢、铝合金三种门窗主要性能指标对比

主要性能指标	木门窗		塑钢门窗		铝合金		星越多表明：
	指标	星级	指标	星级	指标	星级	
抗风压性能（KPa）	5.8	☆	7.2	☆☆☆	6.0	☆☆	抗风能力强
空气渗透性能（m^3/m·h）	0.23	☆	0.24	☆☆	0.3	☆☆☆	透气性好
雨水渗透性能（Pa）	450	☆	367	☆☆☆	433	☆☆	防水性好
空气隔音性能（dB）	35	☆☆☆	34	☆☆☆	24	☆	隔间效果好
保温性能（W/m^2·k）	2.5	☆☆	2.7	☆☆☆	1.5	☆	保温性好
价格	☆		☆☆☆		☆☆		价格贵
防火性能	☆		☆☆		☆☆☆		防火性好
使用寿命	☆		☆☆☆		☆☆		使用寿命长
产品性能 / 价格比	☆		☆☆☆		☆☆		性价比最优

通过以上对比（表 8-10），可以看出在新型城镇生态住宅建设中，宜选用塑钢门窗或铝合金门窗，其中塑钢门窗性价比较高，也是国家产业政策重点推荐的产品。

双玻门窗和单玻门窗相比（表 8-11），双玻门窗保温隔音功能都好于单玻门窗，但价格稍贵。在经济条件允许的情况下，建议选用双玻门窗。

表 8-11 5mm 厚单玻、双玻塑钢窗性能对比

	热传导系数 / W/m^2·k	隔音量 / dB
单玻	2.0	21 ~ 24
双玻	2.5	24 ~ 49

6）管道建材

在建筑中，往往需要管道铺设或预留管道孔洞。同传统的铸铁管和镀锌钢管相比，塑料管材和塑料与金属复合管材在生产能耗和使用能耗上节约效益明显。主要包括室内外的给排水管、电线套管、燃气埋地管等及其配件。

《环境标志产品技术要求建筑用塑料管材》（HJ/T 226—2005）中规定了建筑用塑料管材类环境标志产品的基本要求、技术内容及检测方法。该标准适用于所有替代铸铁管及镀锌钢管的建筑用塑料管、塑料—金属复合管等管材（含管件），包括室内外给排水管、电线套管、燃气埋地管、通信埋地管等及其配件产品。

7）建筑制品

建筑材料中还有一些是建筑制品，用于瓦、管、板及保温材料等。传统用的是石棉制品，在其生产、运输、应用和报废过程中会散发大量的石棉粉尘，被人吸入后，轻者引起难以治愈的石棉肺病，重者会引起癌症（国际癌症中心已将石棉认定为致癌物）。目前，我国以各种其他纤维替代石棉制品，称之“无石棉建筑制品”。

《环境标志产品技术要求无石棉建筑制品》（HJ/T 206—2005）中规定了无石棉建筑制品环境标志产品的基本要求、技术内容和检验方法。该标准适用于各种用以其他纤维替代石棉纤维的建筑制品（包括瓦、管及保温材料等，但不包括板材和砌块）。

（2）内部装修所用绿色建材

建筑物外部建造完毕后将进入内部装修。不同档次的建材日益增多，品种规格也愈发齐全，从而不同程度地满足了人们对家居环境美观性的追求。但由于装修建材的引入，使室内环境质量日渐恶化，人们的健康正在受到威胁。近年因建筑装修与家具造成的室内空气污染案件日益增多。

在建房装修中应严格选用无污染或者少污染的绿色产品，如选用不含甲醛的胶粘剂，不含苯的材料，以提高室内空气质量。此外，装修应以实用为主，不可追求繁丽复杂。因为很多污染物，如：霉菌、尘螨、军团菌、动物皮屑及可吸入颗粒物等很容易在过分繁丽复杂的室内生存，影响人体健康。

1）板材制品

胶合板、纤维板、刨花板、细木工板、饰面板、竹质人造板等各类板材是室内装修必不可少的材料。由于这些人造板材主要使用的液态脲醛树脂胶中含有甲醛，而甲醛对于人体危害极大，所以国家在《环境标志产品技术要求人造板及其制品》（HJ 571—2010）中，对人造板及其制品所用原材料、木材处理时的禁用物质、胶黏剂、涂料、总挥发性有机化合物（TVOC）释放率、甲醛释放量提出了要求。

对于地板材料，现代装饰中正竭力对传统木地板加以创新，努力克服其不足，在木质表面选用进口的 UV 漆处理，既适合写字楼、电脑房、舞厅之用，更适合家庭居室。其最大特性是防蛀、防霉、防腐、不变形、阻燃和无毒，可随意拆装，使用方便，被称为绿色地板建材。

2）粘合制剂

粘合剂是板材制品和木材加工在装修中不可缺少的配料，因其含有大量的苯、甲苯、二甲苯、卤代烃等有毒有机化合物，制造和使用时均存在很大污染，严重危害人类的身体健康。

国家在《环境标志产品技术要求胶粘剂》（HJ/T 220—2005）中，规定了胶粘剂类环境标志产品的基本要求、技术内容及检测方法。

3）陶瓷制品

在住宅室内装修中，建筑的墙面、地面及台面等广泛采用的大理石和陶瓷釉面砖（包括厨房、卫生间用的卫生洁具），因其强度高、耐久性好、易清洁以及特有的色泽、花纹、多彩图案等装饰特点而受到人们青睐。但少数天然石材和陶瓷材料中含有对人体有放射性危害的元素如：钴、铀、氡气等。氡对脂肪有很高的亲和力，影响人的神经系统，体内辐射还会诱发肺癌，体外辐射甚至会对造血器官、神经系统、生殖系统和消化系统造成损伤。

国家在《环境标志产品技术要求卫生陶瓷》（HJ/T 296—2006）中规定了卫生陶瓷中可溶性铅和镉的含量限值，根据我国卫生陶瓷原料使用情况制定了卫生陶瓷放射性比活度指标，按照我国节水的原则规定了便器的最大用水量，同时规定了对卫生陶瓷在生产过程中所产生工业废渣的回收利用率。

4）磷石膏制品

磷石膏建材制品往往具有两面性：一方面可以代替粘土砖而减少天然石膏的开采量，减少对农田的破坏；另一方面磷石膏在堆存中，其中的水溶性五氧化二磷和氟会随雨水浸出，产生酸性废水造成严重的环境污染。

国家在《环境标志产品技术要求化学石膏制品》（HJ/T 211—2005）中规定了化学石膏制品类环境标志产品的术语、基本要求、技术内容和检验方法。该标准适用于以工业生产中的废料石膏——磷石膏和脱硫石膏为主要原料生产的各类石膏产品，但不包括石膏砌块和石膏板。

5）壁纸装饰

壁纸在建筑物的室内装饰中应用已十分普遍，但其中的有害物也会对人体健康产生不利影响。

国家在《环境标志产品技术要求壁纸》（HJ 2502—2010）中对壁纸及其原材料和生产过程中的有害物质提出了限量或禁用要求，并对产品说明书中施工所使用材料提出明示要求。该标准适用于以纸或布为基材的各类壁纸，不适用于墙毡及其他类似的墙挂。

6）水性涂料

水性涂料是以水稀释的有机涂料。可分为水乳型（如乳胶漆）、复合型（如水/油或水性多彩涂料）和水溶型（如电泳漆及水性氨基烘漆）三大类，其中水乳型所占比例约为涂料总量的50%。由于传统涂料含有大量有机溶剂和有一定毒性的各种助剂、防腐剂及含重金属的颜料，在生产与使用中产生“三废”，影响人类健康，已成为继交通污染后的第二大环境污染源。

为此，国家在《环境标志产品技术要求水性涂料》（HJ/T 201—2005）中，对水性涂料中挥发性有机化合物（简称VOC）、甲醛、苯、甲苯、二甲苯、卤代烃、重金属以及其他有害物，提出了限量要求，并规定了水性涂料类环境标志产品的定义、基本要求、技术内容和检验方法。该标准适用于各类以水为溶剂或以水为分散介质的涂料及其相关产品。

8.3 新型城镇生态住区运营管理

要使新型城镇生态住区能够始终保持生态性，需要在整个使用时期内对生态住区进行管理与维护，确保生态规划与建设目标的顺利实现。由于住宅用地的土地使用权出让年限高达70年，因此在这70年的时间里，如何始终保持住区的生态良好，是一个值得深入研究的问题。

8.3.1 生态管理

一个规范的生态住区，生态规划设计、建设固然重要，但只有这些还不完整。要使其发挥应有的效益，还必须加强管理，实施可持续的科学管理，即生态管理。

传统的管理观念建立在以人为中心的基础上，认为管理的目的是为了人们获得更多的利益和更高的价值。这种管理方式强调社会经济系统而忽视了自然系统，无法达到人与自然的和谐。

生态管理则把人放到整个人与自然的系统中去，以人与自然和谐为目标，人的利益不再是被唯一强调的内容。生态管理强调整体综合管理，融合生态学、经济学、社会学和管理学原理，合理经营与管理住区，以确保其功能与价值的持续性。

生态管理的要素包括：确定明确的、可操作的目标；确定管理对象；提出合理的生态管理模式；监测并识别住区生态系统内部的动态特征，确定影响限制因子；确定影响管理活动的政策、法律和法规；选择、分析和整合生态、经济、社会信息，并强调与管理部门和居民间的合作；仔细选择和利用生态系统管理的工具和技术。

8.3.2 全寿命周期管理

新型城镇生态住区的开发与管理都是从可持续发展的角度进行的，对生态住区管理的理解应从纵横两个维度进行。从横向看，生态管理的对象是生态住区内的生态因子，强调的是生态住区的生态特性；从纵向看，在生态住区开发与使用的整个生命周期中，采用的应是有利于可持续发展的生态管理，这里强调的是管理手段的系统性和可持续性。

全寿命周期管理即是纵向的管理方式，从产品使用年限的角度出发，用系统论的方法进行开发、管理和评价，达到社会、经济和环境效益最优化，涵盖了从前期策划、规划设计、施工直到物业管理的整个开发运营过程。

8.3.3 物业管理

生态住区的物业管理应更强调使用过程的生态性和可持续性，在使用过程中使功能更加完善，并体现绿色生态理念的特殊要求。例如：加强对生态环境的管理，在垃圾处理、水的循环利用、社会环境的营造上，通过区别于一般住区或住宅小区的运行方式，显示出生态设计的巨大效益，体现生态住区的生态特色和使用过程中的经济性。

（1）水系统的管理

对于生态住区而言，生活、绿化和景观水均需消耗大量水资源，因此持续的供水保障是物业管理的重要内容之一。

从生态管理的角度出发，在全寿命周期内对水系统的管理目标就是减少对市政供水系统的依赖，尽量在住区内循环用水。这种循环主要依靠再生水循环系统和雨水收集与处理系统来完成。

再生水是指生活、生产产生的废污水经过处理（主要是自然处理）后的水资源。生活污水中的清洁用水（如洗涤用水）以及一定量的雨水通过再生水管道汇入地下、半地下甚至地面的处理池，利用水生植物、经选择的细菌、湿地等自然处理方式，使水得到净化，经过必要的沉淀、过滤、消毒后，产生的再生水用于冲洗厕所、浇灌植物等。另一方面，来自建筑物的下水就在使用场所内处理，处理后的水可在原场所内再利用，成为生态住区较稳定的水源。在生态住区内建立统一的再生水道系统，可以减少下水道的负担和污水处理费用，保护水环境，节约水资源，促进水系生态的正常循环。

生态住区内可以采用蓄积雨水而不是尽快将雨水排出去的方式来利用雨水。建筑屋顶的降雨可以通过雨水管及集水槽输入到蓄水池，雨量较大时多余的雨水可通过溢流槽流入渗水井并向地下渗透，补充地下水。池内贮存的雨水用于冲洗厕所和绿化浇灌用水等，也可输入再生水系统，经沉淀消毒后用于消防或其他用水。雨水收集与利用系统可以在建筑群范围内进行统一建设；除了人工蓄积雨水之处，还可采用透水路面来进行自然土壤蓄水，以补充地下水；或采用修建渗水沟或渗水井的方式来收集雨水。

（2）垃圾处理系统的管理

生态住区内每天会产生大量的生活垃圾。这些垃圾中，既包括可以循环使用的材料，也包括有机垃圾。对垃圾处理系统的最终管理目标就是要达到垃圾的减量化、资源化和无害化，这就需要对生活垃圾实行分类和回收，充分利用资源。在几十年的使用过程中，对生活垃圾的分类主要依靠居民的自觉，这也给生态住区的思想管理水平提出了更高的要求。

（3）社会环境管理

人是社会的人，人离不开社会。生态住区运营管理应多考虑人的社会属性，把个人需求与社会存在紧密地联系起来，加强生态住区的社会功能，注重人文精神的建设，在为居民提供物质帮助的同时，也提供精神上的帮助及情感上的交流，创造一个和谐的社会环境。

附录：城镇生态建设实例

1 古村落生态文化保护的规划设计

2 上海朱家角临水休闲小镇

3 中新天津生态城文化与城市意象

4 占石红色生态乡村公园概念性总体规划

5 辛口镇环境优美小城镇建设规划

6 永春县东平镇太山美丽乡村生态建设规划设计

7 洋畲村生态保护建设得以持续发展的启示与思考

（提取码：t7qi）

参考文献

[1] 包景岭，骆中钊，李小宁，等 . 小城镇生态建设与环境保护设计 [M]. 北京：化学工业出版社，2005.

[2] 温娟， 骆中钊， 李燃，等 . 小城镇生态环境设计 [M]. 北京：化学工业出版社，2012.

[3] 谢扬 . 中国城镇化战略发展研究——《中国城镇化战略发展研究》总报告摘要 [J]. 城市规划，2003 (2):35-41.

[4] 中国科学院可持续发展研究组 .2004 年中国可持续发展战略报告 [R]. 北京：科学出版社，2004.

[5] 朱丕荣 . 世界城市化发展与我国城镇化建设 [J]. 世界经济与政治论坛，2003 (3):29-31.

[6] 官卫华，姚士谋 . 世界城市未来展望与思考 [J]. 地理学与国土研究，2000 (3):6-11.

[7] Brennan, E.Population, urbanization, environment, and security: a summary of the issues. The Woodrow Wilson Centre Environmental Change and Security Project Report, 1999 (5):4-14.

[8] Pirages, D.Demographic change and ecological security. Woodrow Centre Environmental Change and Security Project Report, 1997 (3):37-46.

[9] Griffiths, F.Environment in the US security debate. The Woodrow Wilson Centre Environmental Change and Security Project Report, 1997 (3):15-28.

[10] Lonergan, S.Global environmental change and human security-Science Plan. IHDP Report 11. Bonn, Germany: International Human Dimension Programme on Global Environmental Change, 1999.

[11] Ullman, R.Redefining security. International Security, 1983, 8(1):129-153.

[12] Myers, N.The environmental dimension to security issues. The Environmentalist, 1986, 6(4):252-257.

[13] Matthews, J.Redefining security. Foreign Affairs Spring, 1989:163-177.

[14] Westing, A.The environmental component of comprehensive security. Bulletin of Peace Proposals, 1989, 20(2):129-134.

[15] 朱宇 . 51.27% 的城镇化率是否高估了中国城镇化水平：国际背景下的思考 [J]. 人口研究，2012 (02):31-36.

[16] 郭新天 . 小城镇生态环境建设刍议 [J]. 小城镇建设，2003 (6):13-15.

[17] 荣宏庆 . 我国新型城镇化建设与生态环境保护探析 [J]. 改革与战略，2013, 29(241):78-82.

[18] 王丹，路日亮 . 中国城镇化进程中的生态问题探析 [J]. 求实，2014 (05):58-62.

[19] 康勇 . 我国城镇生态环境问题的原因分析及对策建议 [J]. 华商，2008 (12):39-40.

[20] 张昆玲，许爱青 . 小城镇建设中的生态环境问题探析 [J]. 延边党校学报，2010 (03):98-99.

[21] 段丽娟，龚束芳 . 小城镇生态环境建设的思考 [J]. 黑龙江生态工程职业学院学报，2012 (02):6-7.

[22] 马凯 . 转变城镇化发展方式，提高城镇化质量，走出一条中国特色城镇化道路 [J]. 国家行政学院学报，2012 (5):4-12.

[23] 陈歆夏 . 现代农村水污染的特征与防治对策 [J]. 现代农业科技，2008 (5):221-222.

[24] 付彬 . 可再生能源在小城镇中的应用 [D]. 天津：天津大学，2005.

[25] 陈宗兴，张其凯，尹怀庭 . 中国乡镇企业发展与小城镇建设 [M]. 西安：西北大学出版社，1995.

[26] 李树琮 . 中国城市化与小城镇发展 [M]. 北京：中国财政经济出版社，2002.

[27] 裴元森，郑吉恩 . 如何建设可持续发展的现代化生态城市 [J]. 苏南科技开发，2007 (3):13-14.

[28] 黄光宇，陈勇 . 生态城市理论与规划设计方法 [M]. 科学出版社，2003.

[29] 李文华 . 生态学与城市建设 [J]. 林业科技管理，2002 (4):12-15.

[30] 蒋永清 . 落实科学发展观 发展生态小城镇 [N]. 光明日报，2004-8-6.

[31] 杨持 . 生态学 [M]. 北京：高等教育出版社，2008.
[32] 沈满洪 . 生态经济学 [M]. 北京：中国环境科学出版社，2008.
[33] 黄玉源，钟晓青 . 生态经济学 [M]. 中国水利水电出版社，2009.
[34] 聂华林，高新才，杨建国 . 发展生态经济学导论 [M]. 北京：中国社会科学出版社，2006.
[35] 梁山，赵金龙，葛文光 . 生态经济学 [M]. 北京：中国物价出版社，2002.
[36] 王松霈 . 生态经济学 [M]. 西安：陕西人民教育出版社，2000.
[37] 余谋昌 . 生态文化论 [M]. 河北教育出版社，2001.
[38] 何强，井文涌，王翊亭 . 环境学导论 [M]. 北京：清华大学出版社，2004.
[39] 王敬华 . 小城镇生态规划理论研究 [D]. 河北：河北农业大学，2001.
[40] 刘培桐 . 环境学概论 [M]. 北京：高等教育出版社，1985.
[41] 王寿兵，吴峰，刘晶茹 . 产业生态学 [M]. 北京：化学工业出版社，2006.
[42] 格雷德尔 (T.E.Graedel)，艾伦比 (B.R.Allenby)，施涵 (译). 产业生态学 (第 2 版) (Industrial Ecology)[M]. 北京：清华大学出版社，2004.
[43] 袁增伟，毕军 . 产业生态学最新研究进展及趋势展望 [J]. 生态学报 . 2006 (8):2709–2715.
[44] 劳爱乐 [美]，耿勇 . 工业生态学和生态工业园 [M]. 北京：化学工业出版社，2003.
[45] 金涌，李有润，冯久田 . 生态工业：原理与应用 [M]. 北京：清华大学出版社，2003.
[46] 邬建国 . 景观生态学——格局、过程、尺度与等级 [M]. 北京：高等教育出版社，2002.
[47] 冯年华 . 区域可持续发展理论与实证研究 [D]. 江苏：南京农业大学，2003.
[48] 张邦花，李刚 . 区域发展理论与区域可持续发展 [J]. 临沂师范学院学报，2008, 26(4):59–61.
[49] 毛汉英 . 人地系统与区域持续发展研究 [M]. 北京：中国科学技术出版社，1995, 1–2.
[50] 宋来敏，周国清 . 区域可持续发展系统辨识模型研究 [J]. 生产力研究，2004 (5): 90–91, 114.
[51] UK Energy White Paper. Our Energy Future––Creating a Low Carbon Economy[R]. 2003.
[52] 罗宏，孟伟，冉圣宏 . 生态工业园区——理论与实证 [M]. 北京：化学工业出版社，2004.
[53] 国家环境保护总局科技标准司，循环经济和生态工业规划汇编 [M]. 北京：化学工业出版社，2004.
[54] 王金南，余德辉 . 发展循环经济是 21 世纪环境保护的战略选择 [J]. 经济研究参考，2002 (6):13–17, 22.
[55] 冯之浚，金涌，牛文元，等 . 关于推行低碳经济促进科学发展的若干思考 [N]. 光明日报，2009–04–21.
[56] 周宏春 . 中国低碳经济的发展重心 [J]. 绿叶，2009 (1):65–68.
[57] 付允，马永欢，刘怡君，等 . 低碳经济的发展模式研究 [J]. 中国人口资源与环境， 2008, 18(3):14–19.
[58] 杜祥琬 . 低碳能源战略—中国能源的可持续发展战略之路 [J]. 中国科技财富，2010 (01):24–27.
[59] 国家环境保护总局科技标准司 . 循环经济和生态工业规划汇编 [M]. 北京：化学工业出版社，2004.
[60] 杜祥琬 . 环境能源学与低碳能源战略 [C]. 第四届绿色财富 (中国) 论坛 .
[61] 吴晓江 . 转向低碳经济的生活方式 [J]. 社会观察， 2008，6：19–22.
[62] 吴晓江 . 戒除嗜好 [N]. 文汇报，2008–06–05.
[63] 原中华人民共和国环境保护总局，建设部 . 小城镇环境规划编制导则 [S]. 2002.
[64] 国家环保局计划司《环境规划指南》编写组 . 环境规划指南 [M]. 北京：清华大学出版社，1994.
[65] 天津市环境保护局天津市生态小城镇建设技术指标体系及实施方案研究课题组 安淑芳等 . 天津市城市建设生态学评价及技术方案研究城市建设子专题报告——天津市生态小城镇建设技术指标体系及实施方案研究 [R]. 2002.
[66] 中国城市规划设计研究院，中国建筑设计研究院，沈阳建筑工程学院 . 小城镇规划标准研究 [M]. 北京：中国建筑工业出版社，2002.
[67] 国家环境保护总局 . 小城镇环境规划编制技术指南 [M]. 北京：中国环境科学出版社，2002.
[68] 袁中金，钱新强，李广斌，等 . 小城镇生态规划 [M]. 南京：东南大学出版社，2003.
[69] 陈峰 . 国内外城镇发展的路径与借鉴 [J]. 武汉建设，34–35.
[70] 于立 . 国际生态城镇发展对中国的启示 [J]. 热点，2010 (07):16–17.

[71] 王宝刚 . 国外小城镇建设经验探讨 [J]. 规划师，2003 (11):97–99.
[72] 王卫华，陈家芹 . 国外小城镇的发展模式 [J]. 中国农村科技，2007 (07):54–55.
[73] 黄汉权 . 美国、巴西城市化和小城镇发展的经验及启示 [J]. 中国农村经济，2004 (01):70–75
[74] 陈玉兴，李晓东 . 德国、美国、澳大利亚与日本小城镇建设的经验与启示 [J]. 世界农业，2012 (08):80–84.
[75] 冯武勇，郭朝飞 . 日本城镇化的得失 [J]. 决策与信息，2013 (05):37–38.
[76] 金振杰 . 应对高速城市化后遗症—韩国如何培育小城镇 [R]. 人民论坛，2013.
[77] 卫琳 . 澳大利亚的小城镇规划发展 [J]. 城乡建设，2005 (03):64–66.
[78] 孟志军，董大昱 . 丹麦生态城镇建设概况与借鉴——以浙江省绍兴城镇为例 [J]. 小城镇建设，2004 (04):48–50.
[79] 陈群元，黄握瑜 . 丹麦建设低碳小城镇的经验及对我国的启示 [C]. 2010 年湖南省优秀城乡规划论文集，2010, 187–191.
[80] 王俊河 . 巴西城镇化建设发展印象 [J]. 城市，2012 (02):61–63.
[81] 李瑞林，王春艳 . 巴西城市化的问题及其对中国的启示 [J]. 延边大学学报（社会科学版），2006 (02):58–62.
[82] Ze–shen Feng, Qiang Cui, Ying Wang, Jia–rong Gao. Assessment of Ecological Environment of River Ecosystem in Suburb of Beijing Based on PSR Model[J]. Energy Procedia, 2011, 11.
[83] 斯文 . 德国积极推进小城镇地热能开发 [J]. 地热能，2013 (2):31–31.
[84] 李梅，苗润莲 . 韩国低碳绿色乡村建设现状及对我国的启示 [J]. 环境保护与循环经济，2011 (11):38–40.
[85] 乔金龙 . 21 世纪苏南小城镇建设与发展 [J]. 江南论坛，2001 (11):15–16.
[86] 谢健 . 温州小城镇发展的启示 [J]. 农村经济，2002 (08):50–52.
[87] 曹捷 . 解析广东城镇化——以深圳市布吉镇为例 [J]. 小城镇建设，2003 (07):10–11
[88] 洪银兴 . 苏南模式的演进及其对创新发展模式的启示 [J]. 南京大学学报(哲学 . 人文科学 . 社会科学版)，2007, 44 (02):31–38.
[89] 张晓缝 . 中南欠发达地区生态小城镇的建设研究 [D]. 长沙：湖南农业大学，2008.
[90] 林勇 . 小城镇生态建设评价研究 [D]. 山东：青岛大学，2008.
[91] 杨根辉 . 南昌市生态城市评价指标体系的研究 [D]. 新疆：新疆农业大学，2007.
[92] 张翔，佘红英，万鹏，等 . 我国城市生态评价研究进展 [J]. 四川环境，2009, 28(3):89–93.
[93] 王发曾 . 城市生态系统的综合评价与调控 [J]. 城市环境与城市生态，1991, 4(2): 26–30.
[94] 顾传辉，陈桂珠 . 生态城市评价指标体系研究 [J]. 环境保护，2001 (11): 24–25, 38.
[95] 朱兴平，曹荣林 . 生态城市的数学模型建立 [J]. 四川环境，2004, 23(2): 59–63.
[96] 孙永萍 . 广西生态城市评价体系的构建与实证分析 [J]. 广西城镇建设，2007 (10):18–21.
[97] 毕东苏，马民 . 城市生态系统生态化综合评价——以长三角为例 [J]. 环境科学与技术，2008, 31(9):142–146.
[98] 薛怡珍，赖明洲，张小飞，等 . 台湾地区生态城市发展评价案例 [J]. 北京大学学报(自然科学版)，2008, 44(2):243–248.
[99] 宋永昌，戚仁海，由文辉，等 . 生态城市的指标体系与评价方法 [J]. 城市环境与城市生态，1999, 12(5):16–19.
[100] 梅卓华，方东，宋永忠，等 . 南京城市生态环境质量评价指标体系研究 [J]. 环境科学与技术，2005, 28(3):81–82, 95.
[101] 王静 . 天津生态城市建设现状定量评价 [J]. 城市环境与城市生态，2002, 15(5):20–22.
[102] 宋冬梅，肖笃宁，申元村 . 我国沿海地区生态城市建设评价 [J]. 地理科学进展，2004, 23(4):80–86.
[103] 徐晓霞 . 中原城市群城市生态系统评价研究 [J]. 地域研究与开发，2006, 25(5):98–102.
[104] 宋菊芳，王江萍，黄婷 . 武汉城市生态化程度评价 [J]. 武汉大学学报(工学版)，2006, 39(3):81–84, 114.
[105] 柳兴国 . 生态城市评价指标体系实证分析 [J]. 济南大学学报(社会科学版)，2008, 18(6):15–20.
[106] 陈雷，周敬宣，李湘梅 . 基于耗散结构理论的城市生态水平评价研究—以武汉市为例 [J]. 长江流域资源与环境，2007, 16(6):786–790.
[107] 王如松，薛元立 . 生态规划及其在城乡生态建设中的作用 [C]. 生态学进展(论文摘要汇编)，2000.
[108] 无锡太湖城管委会 ."无锡中瑞低碳生态城"规划建设的实践与思考 [J]. 建设科技，2010 (13).

[109]《崇明生态岛建设指标体系研究》课题组 . 崇明生态岛建设指标体系研究报告 [R]，2009.
[110] 李爱贞，温娟，等 . 临朐县国家级生态示范区建设规划 [R]. 2002.
[111] 张恺，崔兆杰，等 . 山东省日照循环经济市发展规划 [R]. 2004.
[112] 印开蒲，生态旅游与可持续发展 [M]. 成都：四川大学出版社，2003.
[113] 汪华斌，周玲 . 生态旅游开发 [M]. 北京：科学出版社，2000.
[114] 李宇宏 . 景观生态旅游规划 [M]. 北京：中国林业出版社，2003.
[115] 中国人与生物圈国家委员会秘书处，杨桂华，等，生态旅游的绿色实践 [M]. 北京：科学出版社，2000.
[116] 张建萍 . 生态旅游理论与实践 [M]. 北京：中国旅游出版社，2001.
[117] 钟林生，赵士洞，向宝惠 . 生态旅游规划原理与方法 [M]. 北京：化学工业出版社，2003.
[118] 中国历史文化名城研究会 . 中国历史文化名城保护与建设 [M]. 北京：文物出版社，1987.
[119] 阮仪三 . 中国历史文化名城保护与规划 [M]. 上海：同济大学出版社，1995.
[120] 梁筠，何扬 . 中国历史名城巡礼 [M]. 福建：福建教育出版社，1984.
[121] 何依 . 中国当代小城镇规划精品集——历史文化城镇篇 [M]. 北京：中国建筑工业出版社，2003.
[122] 黄文忠 . 上海卫星城与中国城市化建设 [M]. 上海：上海人民出版社，2003.
[123] 李克惶，等 . 自然地理界面理论与实践 [M]. 北京：中国农业出版社，1996.
[124] 李爱贞 . 生态环境保护概论 [M]. 北京：气象出版社，2001.
[125] 赵晓英，陈怀顺，孙成权 . 恢复生态学：生态恢复的原理与方法 [M]. 北京：中国环境科学出版社，2001.
[126] 白中科 . 工矿区土地复垦与生态重建 [M]. 北京：中国农业科技出版社，2000.
[127] 白中科 . 黄土区大型露天煤矿土地退化与生态重建研究 [D]. 浙江：浙江农业大学，1997.
[128] 边正富 . 矿区土地复垦界面要素的演替规律及调控研究 [D]. 北京：中国矿业大学，1998.
[129] 张国良 . 矿区环境与土地复垦 [M]. 北京：中国矿业大学出版社，1997.
[130] 王仰麟 . 矿区废弃地复垦的景观生态设计与规划 [J]. 生态学报，1998, 18(5):455-461.
[131] 毛汉英，方创琳 . 兖滕两淮地区采煤塌陷地的类型与综合开发生态模式 [J]. 生态学报，1998 (5):449-454.
[132] 赵玉霞，等 . 几种矿区复垦农业利用模式可持续性分析与比较 [J]. 中国人口 . 资源与环境，2000, 10(2):35-37.
[133] 杨居荣，田润浓，赵玉霞，等 . 采煤塌陷地的生态复垦——以唐山开滦煤矿为例 [J]. 中国环境科学，1999, 19(1):85-90.
[134] 祝国军 . 淮北平原煤矿塌陷区的综合发展 [J]. 国土与自然资源研究，1993 (2):10-14.
[135] 郝忠 . 大型矿区可持续发展技术 [M]. 北京：科学技术出版社，1999.
[136] 陆玉书 . 环境影响评价 [M]. 北京：高等教育出版社，2001.
[137] 进士五十八，等 . 乡土景观设计手法 [M]. 李树华译 . 北京：中国林业出版社，2008.
[138] 宇振荣，郑渝，张晓彤，等 . 乡村生态景观建设理论和方法 [M]. 北京：中国林业出版社，2001.
[139] 董哲仁 . 受污染水体的生物——生态修复技术 [N]. 中国水利科技网，2001-12-16.
[140] 董哲仁，刘蒨，曾向辉 . 生态——生物方法水体修复技术生态 [J]. 中国水利，2002.
[141] 仲琳洁 . 小城镇居住小区环境规划研究 [D]. 河北：河北农业大学，2006.
[142] 天津城市建设学院 .《天津市生态居住区建设模式研究》，2010.
[143] 钱旭彤 . 城市生态居住区规划与建设 [D]. 上海：同济大学，2004.
[144] 苗露野 . 浅谈我国生态住宅小区建设的发展思路 [J]. 经济论坛，2005 (18):135-137.
[145] 张琴 . 城市生态居住区建设研究 [D]. 重庆：重庆大学，2006.
[146] 周浩明，张晓东 . 生态建筑——面向未来的建筑 [M]. 南京：东南大学出版社，2002.
[147] 张凯 .《城市生态住宅区建设研究》[M]. 北京：科学出版社，2003.
[148] 柳孝图 . 人居声环境品质及相关的规划设计 [A]. 绿色建筑与建筑物理——第九届全国建筑物理学术会议论文集(一)[C]，2004:306-309.
[149] 楼庆西 . 中国传统建筑文化 [M]. 北京：中国旅游出版社，2008.

[150] 风水（堪舆学）与园林建筑选址 .[EB10L] 装饰网 http：//www.zswcn.com/html/zsfs/jzfs/2009/0811/41_2.html.
[151] 张琴 . 城市生态居住区建设研究 [D]. 重庆：重庆大学，2006.
[152] 王韧 . 传统风水理论在当代生态居住建设中的应用 [J]. 硅谷，2008 (24):105–106.
[153] 任建军 . 中国传统文化中的生态居住环境思想探析 [J]. 郑州轻工业学院学报（社会科学版），2006 (3):61–62.
[154] 季夏微 . 目标导向的上海奉贤区生态居住区评价 [D]. 上海：华东师范大学，2009.
[155] 钱旭彤 . 城市生态居住区规划与建设 [D]. 同济：同济大学，2006：
[156] 唐燕 . 生态住区的适宜技术研究 [D]. 天津：天津大学，2003.
[157] 郭健华 . 对绿色建筑设计的探讨 [J]. 科学之友，2010 (12):156–157.
[158] 黄涛 . 生态建筑、绿色建筑在可持续发展建筑中的定位 [J]. 新建筑，1998 (2):11–12.
[159] 成斌 . 生态建筑与建筑生态化 . 四川建筑，2001 (2):21–22.
[160] 李路明 . 绿色建筑评价体系研究 [D]. 天津：天津大学，2000.
[161] 李启明，欧晓星 . 低碳建筑概念及其发展分析 [J]. 建筑经济，2010 (2):41–43.
[162] 宋勇，屈宁，任重海 . 低碳建筑设计探讨 [J]. 内蒙古石油化工，2010 (21):58–59.
[163] 胡伟民 . 有关绿色设计的几个问题 [J]. 中华建设，2008 (7):43–44.
[164] 吴秀銮 . 绿色建筑设计探析 [J]. 山西建筑，2003, 29(6):9–10.
[165] 李琼 . 生态建筑设计知识框架的建立与应用研究 [D]. 上海：上海交通大学，2007.
[166] 范峥，伊永伟 . 生态建筑设计探究 [J]. 中国科技信息，2006 (6):109–110.
[167] 范建军 . 对我国新农村建设中住宅形式及经济性的分析 [J]. 山西建筑，2007, 33(36):262–263.
[168] 曲静 . 小城镇绿色住宅研究及示范工程设计 [D]. 天津：天津大学，2005.
[169] 林川 . 小城镇住宅建筑节能设计与施工 [M]. 北京：中国建材工业出版社，2004.
[170] 王秀珍 . 农村生态住宅的设计对策之思考 [J]. 湖南工程学院学报，2001, 11(3–4): 88–90.
[171] 叶宇丰 . 基于生态理念的住宅节能设计研究 [J]. 上海：同济大学，2006.
[172] 中国建筑业协会建筑节能专业委员会 . 建筑节能技术 [M]. 北京：中国计划出版社，1996.
[173] 睦向周 . 适合中国国情的生态建筑发展之路 [J]. 安徽建筑，2003 (4):48.
[174] 陈易 . 我国建设生态居住社区的对策 [J]. 同济大学学报，2003, 12(31):1413.
[175] 王秀珍 . 农村生态住宅的设计对策之思考 [J]. 湖南工程学院学报，2001, 11(3–4):88–90.
[176] 裴烨青 . 绿色生态住宅小区及其评价体系的构建 [D]. 上海：东华大学，2007.
[177] 应雪丹，蒋涛 . 论建筑材料可持续发展的对策与技术途径 [J]. 山西建筑，2011, 37(6):99–100.
[178] 中国消费者协会 . 中国建筑材料工业规划研究院 [M]. 农民自建房指导手册，2010.
[179] 周倩 . 去年长三角地区 GDP 超 2 万亿 占全国比重近 1/5[N]. 经济日报，2004–2–20.
[180] 魏翔 . 闲暇经济导论：自由与快乐的经济要义 [M]. 天津：南开大学出版社，2009.
[181] 李玉安，黄正雨 . 中国藏书家通典 [M]. 北京：中国国际文化出版社，2005.
[182] 冯骥才 . 天津城市文化建设整体格局中的滨海新区 [J]. 滨海新区特色文化高层论坛，2007.
[183] 王德中 . “生态文明”理念的提出依据和实践诉求 [J]. 城市管理与科技，2009 (02):24–25.
[184] 赵青朵 . 生态文明对人类中心主义的反思 [D]. 北京：中国人民大学，2008.
[185] 凯文•林奇 . 城市意象 [M]. 方益萍译 . 北京：华夏出版社，2001.
[186] 骆中钊 . 乡村公园建设理念与实践 [M]. 北京：化学工业出版社，2014.
[187] 骆中钊 . 中华建筑文化 [M]. 北京：中国城市出版社，2014.
[188] 骆中钊， 张勃，傅凡，等 . 小城镇规划与建设管理 [M]. 北京：化学工业出版社，2012.
[189] 骆中钊， 商振东，蒋万东，等 . 小城镇住宅小区规划 [M]. 北京：化学工业出版社，2012.
[190] 骆中钊， 胡燕，宋效巍，等 . 小城镇住宅建筑设计 [M]. 北京：化学工业出版社，2012.

后 记

感恩

“起厝功，居厝福 ” 是泉州民间的古训，也是泉州建筑文化的核心精髓，是泉州人“大　精神，善行天下”文化修养的展现。

“起厝功，居厝福 ” 激励着泉州人刻苦钻研、精心建设，让广大群众获得安居，充分地展现了中华建筑和谐文化的崇高精神。

“起厝功，居厝福 ” 是以惠安崇武三匠（溪底大木匠、五峰石艺匠、官住泥瓦匠）为代表的泉州工匠，营造宜居故乡的高尚情怀。

“起厝功，居厝福 ”是泉州红砖古大厝，创造在中国民居建筑中独树一帜辉煌业绩的力量源泉。

“起厝功，居厝福 ”是永远铭记在我脑海中，坎坷耕耘苦修持的动力和毅力。在人生征程中，感恩故乡“起厝功，居厝福 ”的敦促。

感慨

建筑承载着丰富的历史文化，凝聚了人们的思想感情，体现了人与人、人与建筑、人与社会以及人与自然的关系。历史是根，文化是魂。每个地方蕴涵文化精、气、神的建筑，必然成为当地凝固的故乡魂。

我是一棵无名的野草，在改革开放的春光沐浴下，唤醒了对翠绿的企盼。

我是一个远方的游子，在乡土、乡情和乡音的乡思中，踏上了寻找可爱故乡的路程。

我是一块基础的用砖，在莺歌燕舞的大地上，愿为营造独特风貌的乡魂建筑埋在地里。

我是一支书画的毛笔，在美景天趣的自然里，愿做诗人画家塑造令人陶醉乡魂的工具。

感动

我，无比激动。因为在这里，留下了我走在乡间小路上的足迹。1999 年我以“生态旅游富农家”立意规划设计的福建龙岩洋畲村，终于由贫困变为较富裕，成为著名的社会主义新农村，我被授予“荣誉村民”。

我，热泪盈眶。因为在这里，留存了我踏平坎坷成大道的路碑。1999 年，以我历经近一年多创作的泰宁状元街为建筑风貌基调，形成具有“杉城明韵”乡魂的泰宁建筑风貌闻名遐迩，成为福建省城镇建设的风范，我被授予“荣誉市民”。

我，心花怒发。因为在这里，留住了我战胜病魔勇开拓的记载。我历经十个月潜心研究创作的时代畲寮，终于在壬辰端午时节呈现给畲族山哈们，安国寺村鞭炮齐鸣，众人欢腾迎接我这远方异族的亲人。

我，感慨万千。因为在这里，留载了我研究新农村建设的成果。面对福建省东南山国的优美自然环境，师法乡村园林，开拓性地提出了开发集山、水、田、人、文、宅为一体乡村公园的新创意，初见成效，得到业界专家学者和广大群众的支持。

我，感悟乡村。因为在这里，有着淳净的乡土气息、古朴的民情风俗、明媚的青翠山色和清澈的山泉溪流、秀丽的田园风光，可以获得乡土气息的“天趣”、重在参与的“乐趣”、老少皆宜的“谐趣”和净化心灵的“雅趣”。从而成为诱人的绿色产业，让处在钢筋混凝土高楼丛林包围、饱受热浪煎熬、呼吸尘土的城市人在饱览秀色山水的同时，吸够清新空气的负离子、享受明媚阳光的沐浴、痛饮甘甜的山泉水、脚踩松软的泥土香；感悟到“无限风光在乡村”！

我，深怀感恩。感谢恩师的教诲和很多专家学者的关心；感谢故乡广大群众和同行的支持；感谢众多亲朋好友的关切。特别感谢我太太张惠芳带病相伴和家人的支持，尤其是我孙女励志勤奋自觉苦修建筑学，给我和全家带来欣慰，也激励我老骥伏枥地坚持深入基层。

我，期待怒放。在“外来化”即“现代化”和浮躁心理的冲击下，杂乱无章的“千城一面，百镇同貌”四处泛滥。“人人都说家乡好。”人们寻找着“故乡在哪里？”呼唤着“敢问路在何方？”期待着展现传统文化精气神的乡魂建筑遍地怒放。

感想

唐代伟大诗人杜甫在《茅屋为秋风所破歌》中所曰：“安得广厦千万间，大庇天下寒士俱欢颜，风雨不动安如山！”的感情，毛泽东主席在《忆秦娥·娄山关》中所云：“雄关漫道真如铁，而今迈步从头越。从头越，苍山如海，残阳如血。”的奋斗精神，当促使我在新型城镇化的征程中坚持努力探索。

圆月璀璨故乡明，绚丽晚霞万里行。